Vorwort

Der Zugang zur englischen Sprache [illegible] ıes Elektrotechnikers, sich auch in der internati[illegible] gen und die Erkenntnisse englischsprachiger Fac[illegible] 'oraussetzung dar. Im Bereich der Elektrotechnik ist [illegible] ɔares Kommunikationsmittel. Hier fehlt jedoch auch dem fachlich Versierten, der der englischen Sprache kundig ist, häufig die Kenntnis und der Umgang mit den speziellen Fachausdrücken, die nicht Bestandteil der Alltagssprache sind.

Dieses Wörterbuch soll den schnellen und fachlich korrekten Umgang mit Fachausdrücken der Elektrotechnik erleichtern und damit allen eine wertvolle Hilfe sein. Die wesentliche Erweiterung des Wortschatzes in dieser Auflage bietet eine fundierte Basis der elektrotechnischen Begriffe sowohl für die Ausbildung, als auch die alltägliche Anwendung. Ein Anhang mit häufig benutzten Redewendungen ergänzt zusammen mit dem „International System of Units (SI)“ dieses Wörterbuch.

Für den Erwerb der beruflichen Handlungskompetenz mit der Ausweitung auf internationalen Wissensstrukturen und Erfahrungen schließt das Wörterbuch auf dem Stand der Technik eine Lücke, die oft mühsame Recherchen oder Missverständnisse verursachte.

In dem Wortschatz wurden, gegenüber der 2. Auflage, einige Begriffe neu aufgenommen und wenige Begriffe gestrichen bzw. angepasst.

Zur Erhöhung der Leserlichkeit und des Verständnisses sind die Schreibweisen der deutschen und englischen Wortliste optimiert worden.
Die genaueren Erläuterungen hierzu enthält die Seite „Hinweise zur Schreibweise“.

In der vorliegenden 5. Auflage wurden einige Begriffe gestrichen und neue Begriffe hinzugefügt.

Der Verfasser

Hinweise zur Schreibweise

Deutsche Wörterliste
- Substantive sind mit großen Anfangsbuchstaben
- Verben und Adjektive mit kleinen Anfangsbuchstaben

Englische Wörterliste
In der englischen Sprache ist die Kleinschreibung insgesamt üblich (Ausnahmen sind u. a. Satzanfang, Eigennamen und freistehende Begriffe).
Zur Unterscheidung zwischen Substantiven (nouns), Adjektiven (adjectives) und Verben (verbs) ist den Verben das Infinitiv-Kennzeichen (infinitive marker) ***to*** vorangestellt (z. B. to switch off – abschalten), wobei die Einsortierung der Verben alphabetisch erfolgt.

Unterschiedliche Schreibweisen Amerikanisch-Englisch (*AE*) und Britisch-Englisch (*BE*)
Aufgrund der größeren Verbreitung ist die Schreibweise nach der *AE*-Version ausgeführt.
Beispiele:
AE: polari**z**ed relay – *BE*: polari**s**ed relay
AE: centrali**z**ed – *BE*: centrali**s**ed

Im Rahmen einer schriftlichen Ausarbeitung sollte eine Version festgelegt und beibehalten werden.

Zusammengesetzte Wörter (compound words)
Hierbei handelt es sich um Wörter, die aus zwei eigenständigen Worten zusammengefügt werden und eine **neue** Bedeutung bekommen.
Beispiel:
circuit + breaker → circuit-breaker (Stromkreis + Unterbrecher → Leitungsschutzschalter)

Unterscheidungen der Schreibweise

- **Offene** Schreibweise (open compound word)
  Wörter werden ohne Zusatzzeichen getrennt hintereinander geschrieben
  Beispiel: dimming + switch → dimming switch (Abblenden + Schalter → Abblendschalter)

- **Geschlossene** Schreibweise (closed compound word)
  Wörter werden zusammengeschieben
  Beispiel: base → band = baseband (Basis → Band = Basisband)

- **Trennung mit Bindestrich** (hypenated compound word)
  Wörter werden durch Bindestrich getrennt
  Beispiel: single → wound = single-wound (einfach + gewickelt → einfach gewickelt)

Wann welche Schreibweise verwendet wird, ist nicht ganz einfach. Hier helfen immer ein gutes Wörterbuch und viel Übung.

Deutsch

→ Englisch

Deutsch – Englisch

A

abarbeiten	to execute
abbauen	to dismantle
abbildbares Zeichen	displayable character
Abblendschalter	dimming switch
Abbrand (Kontakt-)	contact erosion
Abdeckhaube	cover
A-Betrieb	class A operation
Abfallflanke	falling edge
abfallverzögertes Relais	dropout-delay relay
Abfallverzögerung	dropout delay
Abfallverzögerungszeit (Impuls)	fall time
abführbare Verlustleistung	dissipatable heat loss
Abgabeleistung	power output
Abgang (Stromkreis)	outgoing feeder
Abgangsstromkreis	outgoing circuit
Abgangstrennschalter	outgoing feeder disconnector
abgedeckter Druckknopf	covered pushbutton
abgegebene Blindleistung	reactive power supplied
abgegebene Leistung	output power
abgehende Leitung	outgoing feeder
abgeleitete Einheit	derived unit
abgeschirmte Drucktaste	shrouded pushbutton
abgeschirmter Pol	shielded pole
abgeschlossene elektrische Betriebsstätte	closed (locked) electrical operating area
abgesichert	protected by fuse
abgestimmter Toleranzbereich	stepped tolerance zone
Abgleich	adjustment
Abgleich-Brücke	balancing bridge
Abgleichpotenziometer	trimming potentiometer
Abhängigkeitsnotation	dependency notation
abisolieren	to strip
Abisoliergerät	insulation stripper
abisoliertes Leiterende	stripped conductor end
abklemmen	to disconnect
Abklingzeit (Schwingung)	relaxation time
Abkühldauer	cooling time
abkühlen	to cool down
Ablängzange	cable cutter
Ablaufdiagramm	sequence chart
Ablaufplan	flowchart
Ablaufschaltwerk	sequence processor
Ablaufsteuerung	sequence control system
Ablaufzeit	operating time
ableiten (entladen)	to discharge
Ableiter	arrester
Ableiter-Funkenstrecke	arrester spark gap
Ableitstrom (Kriechstrom)	leakage current
Ableitungsbelag	leakage per unit length
Ableitwiderstand	leakage resistance
Ablenkgenerator	sweep generator
Ablenkplatte	deflector plate
Ablenkstrom	deflection current
Ableseeinheit (Zähler)	meter unit
Ablesefehler	reading error
Abluft	exhaust air
abmanteln	to remove the sheath
Abmeldung	sign off
Abnahme	acceptance inspection
Abnahmeprotokoll	acceptance report
Abnehmeranlage	consumer's installation
Abreißfunken	break spark
Abrieb	abrasion
Abschaltautomatik bei Spannungsausfall	automatic loss-of-voltage tripping equipment
abschaltbarer Neutralleiter	switched neutral
abschaltbarer Verbraucher	interruptible load
abschalten	to switch off

Deutsch	Englisch
Abschaltspannung	breaking voltage
Abschaltstromstärke	breaking current
Abschaltung	disconnection
Abschaltzeit	operating time
Abschirmeffekt	screening effect
Abschirmung	shield
Abschirmung gegen Erde	earth screen
Abschlussbeschaltung	terminating device
Abschlusswiderstand	terminating resistor
Abschnürspannung	pinch-off voltage
Abschrankung	safe guarding
Abschwächung	attenuation
Absicherung	protection by fuses
absichtliches Berühren	intentional contact
absolute Abweichung	absolute error
absolute Dielektrizitätskonstante	absolute dielectric constant
absolute Feuchte	absolute air humidity
absolute Permeabilität	absolute permeability
absoluter Nullpunkt	absolute zero of temperature
Absolutwert	absolute value
Abspanntransformator	step-down transformer
Abstandskurzschluss	kilometric fault
Abstimmen auf Resonanz	tuning to resonance
Abstimmfrequenz	centre frequency
Abstrahlung	radiant emittance
Abstrahlungsgrenze	emission limit
Abtasteinrichtung	scanning device
Abtastfrequenz	scanning frequency
Abtast-Halteschaltung	sample-and-hold circuit
Abtastperiode	sampling period
abwandern	to drift
Abwärme	waste heat
Abwärtsblitz	stroke to earth
Abwärtstransformator	step-down transformer
Abweichung	deviation
abzuführende Verlustleistung	(amount of) heat to be dissipated
Abzweigdose	tapping box
Abzweigklemme	branch terminal
Abzweigmuffe	tap joint
Abzweigschalter	branch-circuit switch
Abzweigstromkreis	final circuit
Abzweigung	junction
Achtung-Signal	„Attention“ signal
Adapter-Stecker	adapter plug
adaptive differenzielle Pulscodemodulation	adaptive differential pulse code modulation
Addierverstärker	summing amplifier
Additionsbefehl	add instruction
Ader (ein- o. mehradrig in Kabel)	core
Aderbruch	core break
Aderendhülse	wire end ferrule
Aderkennzeichnung	core identification
Aderleitung	general purpose single-core non-sheathed cable
Aderquerschnitt	core cross-sectional area
Adervierer	quad
Adressdecodierer	address decoder
Adressleitung	address bus
Akkumulator	battery
aktive Sicherheit	active safety
aktiver Busabschluss	active bus terminator
aktives Teil	live part
Aktor	actuator
aktuell	current
akustische Dämpfung	acoustic damping
Akzeptanzwinkel	acceptance angle
Alarm	alarm
Alarmierungseinrichtung	alarm device
Alarmsignal	danger signal
algebraische Eingabe	algebraic entry
alkalischer Akkumulator	alkaline battery
allgemeine Prüfbedingungen	standard conditions for testing
allgemeine Sicherheitsbestimmungen	general requirements for safety

Deutsch – Englisch

Allpassfilter	all-pass filter
allpoliger Netzschalter	all-pole mains switch
allpoliges Abschalten	all-pole disconnection
Allzwecktransformator	general-purpose transformer
alphanumerisch	alphanumeric
alternierender Code	alternate mark inversion code
Aluminiumfolie	aluminium foil
Amerikanische Drahtlehre	American-Wire-Gauge (AWG)
AMI-Code	AMI-Code (Alternate Mark Inversion)
Amperestunde	ampere-hour
Amperestundenzähler	ampere-hour meter (AHM)
Amperewindungszahl	number of ampere-turns
Amplitudenfaktor	crest factor
Amplitudenfrequenzgang	amplitude frequency response
amplitudenmoduliert	amplitude-modulated
Amplitudenresonanz	amplitude resonance
amtlich anerkannte Norm	official recognized standard
an Erde legen	to connect to earth
Analoganzeige	analog display
Analogausgang	analog output
Analog-digital-Prozessor	analog-to-digital processor
Analogeingang	analog input
analoges Gleichspannungssignal	analog direct voltage signal
Analogwertverarbeitung	analog-value processing
Änderung vorbehalten	subject to change without prior notice
Anfahrstrom	starting current
Anfangsleistung	initial watts
Anfangspermeabilität	initial permeability
Anfangszustand	initial condition
Angabe des Betriebes	declaration of duty
angegebener Wirkungsgrad	declared efficiency
angezeigter Wert	indicated value
Anker	armature
Anker ohne Eisenkern	coreless armature
Ankerblech	armature lamination
Ankerdrehrichtung	direction of armature rotation
Ankerhub	armature stroke
Ankerspannung	armature voltage
Ankerwicklung	armature winding
Ankerwiderstand	armature resistance
Ankopplungskondensator	coupling capacitor
Ankopplungswiderstand	coupling resistor
Anlage	installation, plant
Anlage auf Baustellen	building site installation
Anlage im Freien	outdoor installation
Anlagedaten	plant data
Anlagenfließbild	plant mimic diagram
Anlagenkonfiguration	system configuration
Anlasser	starter
Anlasshilfswicklung	auxiliary starting winding
Anlassleistung	starting power
Anlassstromkreis	starting circuit
Anlassstromstoß	inrush current
Anlauf	start-up
Anlaufart	start-up mode
Anlaufwicklung	starting winding
Annäherung	approach
Anodenanschluss	anode terminal
Anordnungsplan	location diagram
Anpasselektronik	interface electronics
Anpass-Spartransformator	matching autotransformer
Anpassungsdrossel	load balancing reactor
Anreihklemme	modular terminal
Anruf	call
anschließbare Leiterquerschnitte	connectable wire sizes
anschließen	to connect
Anschlussanordnung	pin configuration
anschlussfertig	ready for connection
Anschlussimpedanz	terminal impedance

Anschlusskabel	cable set
Anschlusskasten	terminal box
Anschlusskasten für Kabel	cable connection box
Anschlussleitung	connecting lead
Anschlussplan	terminal diagram
Anschlussstelle	connection point
Ansprecherregung	specified pickup value
Ansprechverzögerung	pickup delay
Ansprechwert	pickup value
Ansprechzeit eines Öffners	opening time of a break contact
Ansprechzeit eines Schließers	closing time of a make contact
ansteigende Flanke	positive going edge
Ansteuerung	control
Anstiegszeit	rise time
Anteil an Oberwellen	harmonic content
Antennensteckdose	aerial socket
antimagnetisch	non-magnetic
antistatisch	antistatic
Antivalenz	non-equivalence
Antriebsleistung (Generator)	propulsion power
Antriebssteuerung	drive control
Anwenderprogramm	user program
Anwenderprotokoll	application protocol
Anwendungsbereich	field of application
Anzeige- u. Bedieneinheit	display and control unit
Anzeigebereich	display range
Anzeigefeld	indicator panel
Anziehungskraft	attractive force
äquivalente Rauschspannung	equivalent noise voltage
Arbeit	work, energy
Arbeiten an unter Spannung stehenden Teilen	live working
Arbeitsanweisung	work instruction
Arbeitserdung	earthing for work
Arbeitskontakt	make contact element
Arbeitsplatz	workplace
Arbeitssicherheit	labour safety
Arbeitsstrom	load current
Arbeitstemperatur	operating temperature
Arbeitsumfang	scope of work
arithmetischer Mittelwert	arithmetic mean (value)
arithmetisch-logische Einheit	arithmetic logic unit
Armierung	armour
Art des Betriebsmittels	kind of item
astabiles Kippglied	astable element
asymmetrische Funkstörspannung	asymmetrical terminal interference voltage
asymmetrischer Kurzschlussstrom	asymmetric short-circuit current
asynchron	asynchronous
Asynchronbetrieb	asynchronous operation
asynchroner Anlauf	induction start
asynchroner Zähler	asynchronous counter, ripple counter
Audiofrequenz	audio frequency
Audit	audit
Aufbau	construction, design
Aufbauautomat	surface-type circuit-breaker
aufbauen	to erect, to construct
Aufbaumaterial	installation accessories
Aufbaurichtlinie	installation guideline
Aufbausystem	rack system
aufgelöste Darstellung	exploded view
aufgenommene Blindleistung	reactive power absorbed
Aufklebeschild	sticker
Aufladezeitkonstante	charge time constant
aufmagnetisieren	to magnetize
Aufputzinstallation	surface wiring
Aufputzsteckdose	surface-type socket-outlet
aufquetschen	to crimp

Deutsch – Englisch

aufschalten	to connect to supply
Aufschriften	markings
Aufsicht	supervision
Aufspanntransformator	step-up transformer
Aufsteckstromwandler	bushing-type current transformer
Aufteilung der Stromkreise	circuit phase distribution
Auftrennung	opening
aufwärts fließender Blitz	upward flash
Aufzugsmotor	lift motor
Augenempfindlichkeitskurve	eye sensitivity curve
ausbaufähig	suitable for extension
Ausfall	failure
Ausfall einer Sicherung	blowing of a fuse
Ausfallart	failure mode
Ausfalldauer	down time
ausfallen	fail, break down
ausfallsicher	fail-safe
Ausfallwahrscheinlichkeit	failure probability
Ausfallzeit	down-time
Ausführungsrichtlinien der Industrie- und Leistungselektronik	manufacturing guidelines for industrial and power electronics
Ausgabe	output
Ausgang	output terminal
Ausgangsbelastbarkeit	output loading capability
Ausgangskreis mit Öffnerfunktion	output break circuit
Ausgangsperipherie	output peripherals
Ausgangsdrehzahl	output speed
Ausgangsklemme	outgoing terminal
Ausgangskurzschlussstrom	short-circuit output current
Ausgangsleistung	output power
Ausgangsnutzleistung	useful output power
Ausgangsspannung	output voltage, secondary voltage
Ausgangsreststrom	output leakage current
Ausgangsspeicher	output latch
Ausgangsstrom	output current
Ausgangsstromkreis	output circuit
Ausgangsübertrager	telephone transformer
Ausgangsverstärker	output amplifier
Ausgangswechselspannung	alternating current output voltage
Ausgangswicklung	output winding
ausgeschaltet	switched off, disconnected
Ausgleichsleiter	equalizing current conductor
Ausgleichsvorgang	transient reaction
Auskoppeldämpfung	extraction loss
Auslastung	capacity utilization
Auslegung	design, dimensioning
auslesen	to read out
Ausleuchtzone	footprint
Auslösecharakteristik	tripping characteristic
Auslösegrenzstrom	ultimate trip current
Auslösekennlinie	tripping characteristic
Auslösekontakt	trip contact
Auslösestrom	tripping current
Ausnutzbarkeit nach Isolationsklasse F	class F capability
Ausnutzungsgrad	power space ratio
ausregeln	to correct, to compensate
Ausrufanlage	paging system
Ausschaltdauer (Sicherung)	operating time
ausschalten	to switch off, to cut off
ausschalten unter Last	to disconnect under load
Ausschalter	on-off switch, one-way switch
Ausschaltstrom	breaking current
Ausschaltvermögen (Sicherung)	breaking capacity (fuse)
Ausschaltverzögerung	off delay
Ausschreibung	tender

Aussendungspegel	emission level
Außendurchmesser	outer diameter
Außenkabel	outdoor cable
Außenleiter	phase, main
Außenleiter-Erde-Spannung	phase-to-earth voltage
Außenleuchte	exterior luminaire
Außenlüfter	external fan
Außenlufttemperatur	outside air temperature
Außenmantel	oversheath
außer Betrieb	out of service
außer Betrieb setzen	to shutdown
äußere Hauptanschlüsse	external main terminals
äußere Isolierung	external insulation
äußerer Schirm	overall shield
äußerer Schutzleiter	external protective conductor
Aussetzbetrieb	periodic duty
Aussteuerbereich	control range
Aussteuerung	modulation
AUS-Taster	off button
austauschbarer Sicherungseinsatz	universal fuse-link holder
Austrittsöffnung (LWL)	aperture
auswechselbar	replaceable, exchangeable
Ausweiskarte	identity card
Auswerteteil	evaluation device
ausziehbarer Teil	withdrawable part
autarkes Bussystem	autonomous bus system
Automat	automaton
Automat (Kleinselbstschalter)	miniature circuit-breaker (m.c.b.)
Automatik-Betriebsart	automatic mode
automatische Brandmeldeanlage	automatic fire detection system
automatische Überwachung	automatic supervision
automatischer Wiederanlauf	automatic restart
automatisches Senden u. Empfangen	automatic send and receive
automatisches Umschalten	automatic change-over
Automatisierungstechnik	automation engineering

B

B(H)-Schleife	B(H) loop
Badewannenkurve	bath-tub curve
Bajonettfassung	bayonet holder
Bananenstecker	banana plug
Band	band
Bandantriebsmotor	capstan motor
Bandbreite	bandwidth
Banderder	earth strip, ground strip
Bandkabel	ribbon cable
Bandlaufwerk	streamer
Bandpassfilter	band-pass filter
Bandsperre	band-stop filter
Basis	base
Basisband	baseband
Basisisolierung	basic insulation
Basisstrom	base current
Batterie	battery, rechargeable battery
Batterie im Erhaltungsbetrieb	floating battery
Batteriebetrieb	operation from battery
batteriegestützte Stromversorgung	battery stand-by supply
Batterie-Kleinladegerät	small battery charger
Bauart	type
Bauartzulassung	type approval
Baudrate	baud rate
Bauelement	component
Bauelement für Oberflächenbestückung	surface mounting device
Baugruppe	module, printed-circuit board

Deutsch – Englisch

Baugruppentechnik	modular system
Bauhöhe	overall height
Bauleistung	nominal power
Bauleiter	site manager
Baumuster	prototype
Bausatz	assembly kit
Baustein	module, chip
Baustelle	worksite
Baustellenanlage	construction site installation
Baustromversorgung	construction site supply
Bauteil	assembly, component
Beanspruchung	stress, load
Beanstandung	complaint, claim
Bearbeitungsfolge	processing sequence
Bedieneingabe	operator input
bedienen	to control, to operate
Bediener	operator
Bedienfeld	operator panel
Bedienprotokoll	operator activities log
Bedienungsanforderung	service request
Bedienungsanleitung	instruction for use
Bedienungselement	actuator, control element
Bedienungshandbuch	operating manual
bedingt kurzschlussfest	non-inherently short-circuit- proof
bedingter Bemessungskurzschluss bei Schutz durch Sicherungen	rated fused short-circuit current
Beeinflussungsspannung	interference voltage
Befehl	command
Befehlsausführung	instruction execution
Befehlseingabe	command input
Befehlsfreigabe	command enabling
Begrenzerdiode	limiter diode
Begrenzung	limiting
Behelfsbeleuchtung	standby lighting
Beidraht	sheath wire
Belag (Kontakt)	tarnish layer
belastbarer Sternpunkt	loadable neutral

Belastungsdauer	in-service period
Belastungsklasse	duty class
Belastungskurve	load profile
belegen	to assign
Bemessung	rating
Bemessungsbetriebsspannung	rated operational voltage
Benutzerklasse	user class of service
beobachten	to watch
Beobachtungsgeräte	human machine interface (HMI)
Bereich	range, span
Bereich mit angehobenem Nullpunkt	elevated-zero range
Bereichsschalter	section circuit-breaker
Bereitschaftsbetrieb	active standby operation
Bereitschaftszustand	standby state
Bergbaukabel	mine-type cable
berührbare Oberfläche	accessible surface
Berührungsdimmer	touch dimmer
Berührungsgefahr	risk of shock, shock hazard
berührungsgeschützt	shock-hazard-protected
Berührungsspannung	touch voltage
Beschaltung (Schutz)	protective circuit
Beschichtung	coating
Beschriftung	marking, labelling
Besetztzustand	busy state
beständig	resistant, durable, proof
Bestätigung	confirmation
Bestellzeichnung	order drawing
bestimmungsgemäßer Betrieb	normal use
bestücken	to equip, assemble, fit
Bestückungsautomat	printed-circuit board assembly machine
Bestückungsseite	component side
Betätigungsmagnet	control electro-magnet
Betätigungssperre	lockout mechanism
Betauung	dew, moisture,

	condensation
Betauungsfestigkeit	resistance to moisture condensation
Betrag	amount
Betreiber	user, owner
Betrieb	operation, service
Betrieb ohne Beaufsichtigung	unattended operation
betriebliche Grenzen	operating limits
Betriebsart	operating mode
Betriebsbedingungen	operating conditions
betriebsbereit	ready for operation
Betriebsdämpfung	operating loss
Betriebsdatenerfassung	production data acquisition
Betriebsdauer	operating time
Betriebseigenschaften	operating characteristics
Betriebserde	functional earth, signal ground
Betriebsfrequenz	operating frequency
Betriebsgrößen	performance quantities
Betriebsisolierung	basic insulation
Betriebsklasse	duty class
Betriebsleistung	power produced
Betriebsleitebene	plant control level
betriebsmäßige Prüfung	maintenance test
Betriebsmittel-Kennzeichen	equipment identifier
Betriebspause	plant shutdown
Betriebsraum mit beschränktem Zutritt	restricted access location
Betriebssicherheit	safety of operation
Betriebsspannung	operating voltage
Betriebsspannungsbereich	operating voltage range
Betriebsstellung	normal service position
Betriebssystem	operating system
Betriebstemperatur	operating temperature
Betriebsverhalten	operational performance
Betriebszeit	operating time, running period
bewährt	field-proven
bewegliche Anschlussleitung	flexible wiring cable
Bewegung	movement, motion
Bewicklung	wrapping
Bezeichner	identifier
Bezeichnung	marking, labelling
Bezeichnungscode	designation code
Bezeichnungsschild	label, name plate
Bezugsleiter	reference conductor
Bezugsnormal	reference standard
Bezugspotenzial	reference potential
bidirektional	bidirectional
biegsam	flexible
bifilar gewickelt	double-wound
bildliche Darstellung	graphical representation
Bildpunkt	pixel
Bildröhre	cathode-ray tube
Bildschirmmenü	screen menu
Bildspeicher	video memory
Bildsymbol	icon
Bimetallkontakt	bimetal contact
Bimetallrelais	bimetal relay
Bimetallschalter	bimetallic element switch
Binäranweisung	binary statement
binäre Schreibweise	binary notation
binäre Verknüpfung	binary logic
binärer Asynchronzähler	binary ripple counter
Binärsystem	binary system
Bipolarschaltung	bipolar circuit
bistabiles Kippglied	bistable element
Bitbündel-Übertragung	burst transmission
Bitfehlerrate	bit error rate
Bitfehlerwahrscheinlichkeit	bit error probability
Bitfolge	bit string
Bits pro Sekunde	bits per second (BPS)
Bitübertragungsprotokoll	physical protocol
Bitübertragungsschicht	physical layer

Deutsch – Englisch

Deutsch	Englisch
bitweise	bit by bit
Bitwertigkeit	bit significance
Blasmagnet	blow-out magnet
Blatteinzug	sheet feeder
Blechisolierung	insulation of lamination
Blechpaket	laminated core
Bleiakkumulator	lead-acid battery
bleibende Abweichung	offset
bleibende Nullpunktabweichung	residual deflection
Bleimantelkabel	lead-covered cable
Blindleistung	wattles power, reactive power
Blindleistungsaufnahme	reactive-power absorption
Blindleistungsfaktor	reactive power factor
Blindleistung-Kompensationskondensator	power-factor correction capacitor
Blindleitwert	susceptance
Blindstrom	reactive current
Blindstromkompensation	reactive-current compensation
Blink-Anzeige	flashing indication
Blinkfrequenz	flashing rate
Blink-Pausenverhältnis	flash-interval ratio
Blitz	lightning flash
Blitzableiter	lightning protection system
Blitzstrom	lightning stroke current
Blockbatterie	monoblock battery
Blockfehlerwahrscheinlichkeit	block error probability
Blockkraftwerk	unit-type district-heating power station
Blockparität	horizontal parity
Blockprüfung	block check
Blockschaltbild	block diagram
Bodenauslassdose	floor outlet box
Bordnetz	vehicle electrical system
Brandgefahr	fire hazard
Brandmeldeanlage	fire alarm system
Brandmelder	fire alarm detector
Brandschutz	fire protection
Breitbandfilter	wide-band passfilter
Breitbandkabel	broad-band cable
Bremsmagnet	braking magnet
Bremsung mittels Netzrückspeisung	regenerative braking
brennbar	combustible
brennen (Lampe)	alight
Brennspannung (Lampe)	lamp voltage
Britische Drahtlehre	standard wire gauge (WG)
Brücke (Mess-, Schaltung)	bridge
Brückenmessgerät	bridge instrument
brummfrei	hum-free
Brüstungskanal	parapet duct
Bruttoleistung	gross output
Buchse (Kontakt)	socket, jack
Bügelkontakt	bow contact
Bündelleiter	conductor bundle
Büroarbeitsplatz	office workplace
Büromaschine der Schutzklasse II	class II machine
bürstenbehaftete Maschine	machine with brush gear
bürstenlos	brushless
Bürstenübergangswiderstand	brush contact resistance
Burst-Übertragung	burst transmission
Busanforderung	bus request
Busanschluss	bus port
Büschelstecker	multiple-spring wire plug
Busdatenübertragungsrate	bus data rate
busförmiges Netz	bus network
Bus-Hauptstrang	backbone
Busphysik	physical bus characteristics
Busrückwand	backplane
Bus-Sender-Empfänger	bus transceiver
Busteilnehmer	station, node

Deutsch	Englisch
Bus-Verstärker	repeater
Buszuteilung	bus arbitration
B-Verstärker	class B amplifier
Bypass-Schalter	bypass switch
byteweise	byte by byte

C

Deutsch	Englisch
CAA (rechnergestütze Montage)	CAA (Computer-Aided Assembly)
Cache-Speicher	cache memory
CAD (rechnergestützter Entwurf)	CAD (Computer-Aided Design)
CAD-Arbeitsplatz	CAD workstation
CADEM (rechnergestützter Entwurf, Engineering u. Fertigung)	CADEM (Computer-Aided Design, Engineering and Manufacturing)
C-Ader	p-wire
Cadmiumakkumulator	cadmium accumulator
CAE (kundenspezifisches Engineering)	CAE (Customer Application Engineering)
CAI (rechnergestützes Erfinden)	CAI (Computer-Aided Innovation)
CAL (rechnergestütztes Lernen)	CAL (Computer-Aided Learning)
CAMAC (rechnerautomatisiertes Steuerungs- u. Messsystem)	CAMAC (Computer-Automated Measurement and Control)
CAN (Steuergerätenetz)	CAN (Computer Area Network)
Cannon-Stecker	Cannon connector
CAPI (allgemeine Programmierschnittstelle)	CAPI (Common Application Programming Interface)
CAQA (rechnergestützte Qualitätssicherung)	CAQA (Computer-Aided Quality Assurance)
CASE (rechnergestütztes Softwareengineering)	CASE (Computer-Aided Software Engineering)
CB-Band	CB band (Citizens' Band)
CCD (ladungsgekoppeltes Bauelement)	CCD (Charge-Coupled Device)
CCD-Bildwandler	CCD image sensor
CCTV (Videoüberwachung)	CCTV (Closed Circuit Television)
CD-ROM-Laufwerk	CD-ROM drive
CEE (Internationale Kommission für die Regelung der Zulassung elektrischer Ausrüstungen)	CEE (Commission on the Rules for the Approval of the Electrical Equipment)
CEE-Kragengerätestecker	CEE-equipment plug
CENELEC (Comité Européen de Normalisation Électrotechnique)	CENELEC (European Committee for Electrotechnical Standardization)
charakteristische Größe	characteristic quantity
Chargenbetrieb	batch processing
Chassis	chassis, frame, motherboard
Chefstation	executive station
chemisch beständig	chemically resistant
Chiffresystem mit öffentlichen Schlüsseln	public key system
chiffrieren	ciphering, encryption
Chiffrierschlüssel	code key
Chipausbeute	die yield
Chipbonden	chip bonding
Chipentwurf nach Kundenwunsch	custom chip design
Chipfreigabe	chip enable
Chipmontage	chip assembly
Chipträger	chip carrier
Chlophen-Transformator	chlophen-filled transformer
Chopper-Übertrager	chopper converter
Chrominanz	chrominance
Chromnickeldrahtwendel	chromium-nickel wire coil
CIM (Fertigungssteuerung im Rechnerverbund)	CIM (Computer-Integrated Manufacturing)

Deutsch – Englisch

Deutsch	Englisch
CISC (Rechner mit komplexem Befehlssatz)	CISC (Complex Instruction Set Computer)
Client-Server-Verarbeitung	client-server computing
CMOS	CMOS (Complementary Metal-Oxide Semiconductor)
CNC (rechnergeführte numerische Werkzeugsteuerung)	CNC (Computerized Numerical Control)
CoC (Kompetenzzentrum)	CoC (Centre of Competence)
Codedarstellung	coded representation
codetransparente Datenübermittlung	code-transparent data transmission
Codeumsetzer	code converter
Codierbrücke	coding jumper
codieren	to code, to encode
Codierer-Decodierer	codec
Codierführungsleiste	polarizing guide
Codierungsregel	encoding rule
Codiervorschrift	coding law
Common-Mode-Ausfall	common-mode failure
Computeranwendung	computer application
computerbasiert	computer based
Computertechnik	computer engineering
Coprozessor	co-processor
cos φ – Messer	power-factor meter
CPS (Zeichen pro Sekunde)	CPS (Characters Per Second)
CPU (zentrale Verarbeitungseinheit)	CPU (Central Processing Unit)
CRC (zyklische Codeprüfung)	CRC (Cyclic Redundancy Check)
Crimpanschluss	crimp termination
Crimphülse	crimp barrel
Crimpkontakt	crimp contact
Crimpwerkzeug	crimp tool
CRT Kathodenstrahlröhre	CRT (Cathode Ray Tube)
CSMA-CD (Vielfachzugriff mit Aktivitätsüberwachung u. Kollisionserkennung)	CSMA-CD (Carrier Sense Multiple Access - Collision Detection)
CTD (Ladungsverschiebeschaltung)	CTD (Charge Transfer Device)
CTI Computer-Telefonie-Integration	CTI (Computer Telephony Integration)
Cursorbewegung	cursor movement
Cycle-Stealing-Verfahren	cycle-stealing method

D

Deutsch	Englisch
Dachabfall (Impuls)	pulse drop
Dachschräge (Impuls)	pulse tilt
Dahlanderschaltung	Dahlander pole-changing circuit
Dämmerungsbeleuchtung	dusk lighting
dämpfen (akustisch)	to dampen, to absorb sound
Dämpfung durch radialen Versatz (LWL)	gap loss
Dämpfungsdrossel	damping reactor
Dämpfungskonstante (Neper o. dB)	attenuation constant
Dämpfungsmaß	damping factor
Darstellung ohne Vorzeichen	unsigned representation
Darstellungsbereich (Bildschirm)	display space
Datei	data file
Datenaufzeichnung	data recording
Datenaustausch	data exchange
Datenbank	database
Datenbasis	database
Datenbusbreite	data bus width
Datenendeinrichtung (DEE)	data terminal equipment (DTE)
Datenerfassung	data acquisition, data collection
Datenfernübertragung (DFÜ)	long-distance data transmission
Datenflussplan	data flowchart
Datenfunksystem	radio data communication system

Datenkonzentrator	data concentrator
Datenkopplung	data link
Datenleitung	data line, data transmission line
Datenpaket	data packet, data frame
Datenquelle	data source
Datenrate	data rate
Datenspeicher	data memory, data storage
Datentransfer	data transfer
Datenübertragung	data transmission
Datenübertragungsaufforderung	data transfer request (DTR)
Datenübertragungseinrichtung	data communication equipment
Datenübertragungsprotokoll	data transmission protocol
Datenübertragungsquittung	data transfer acknowledge
Datenverarbeitungsanlage	data processing equipment
Datenverkehr	data traffic
Datenverlust	loss of data
Daten-Wahlverbindung	switched data circuit
Datum- und Uhrzeitgeber	real-time clock
Dauer der aktiven Wartung	active preventive maintenance time
Dauer der Fehlerbehebung	fault correction time
Dauerbelastung	full load
Dauerbetrieb	continuous operation, uninterrupted duty
Dauerbetriebsstrom	continuous load current
Dauererdschluss	sustained earth-fault
Dauergleichspannung	d.c. steady-state voltage
Dauergrenzstrom	limiting value of mean on-state current
Dauerhöchstleistung	maximum continuous rating
Dauerkurzschluss	continued short circuit
Dauerlauf	continuous running
Dauerleistung	full-load power
Dauerlicht	steady light
Dauermagnet	permanent magnet
dauernd abführbare Leistung	continuous rating
dauernde Pufferung	trickle charging
Dauerstrich-Laser	continuous wave laser
Dauerstrom	permanent current
Dauerstrom-Belastbarkeit (eines Leiters)	continuous current-carrying capacity
Dauer-Stromtragfähigkeit	continuous current rating
Dauertest	continuous test
D-Auffang-Flipflop	D-latch
Daumenrad	thumb wheel
Deckel	cover, removable cover
Decken-Abzweigdose	ceiling tapping box
Decken-Auslassdose	ceiling outlet box
Deckenleuchte	ceiling fitting
Deckenlicht	overhead light
deckungsgleich	coincident
Decodiereinheit	decoding module
DEE-Rückleiter	DTE common return
Dehnmessstreifen	strain gauge
Dekadenschalter	decade switch
dekadischer Logarithmus	common logarithm
dekadischer Zähler	decade counter
Demodulator	demodulator
Demultiplexer	demultiplexer
Detailzeichnung	detailed drawing
dezentrale Datenerfassung	distributed data acquisition
dezentraler Aufbau	distributed configuration
Dezibel (dB)	decibel
Dezimal-Binärcode	binary-coded decimal code
Dezimal-binär-Umsetzer	decimal-to-binary converter
dezimaler Teiler	decimal scaler

Deutsch – Englisch

Dezimalstelle	decimal place
Dezimalzahl	decimal number
D-Flipflop	delay - flip-flop
Diagnosefähigkeit	diagnostics capability
Diagnosemeldung	diagnostic message
Diagnosestecker	diagnostic connector
Diagramm	chart, graph
Dialogbetrieb	interactive mode
DIAZED-Sicherungseinsatz	DIAZED fuse-link
Dichtungsband	sealing strip
Dickschichtschaltung	thick-film circuit
Diebstahl-Warnanlage	anti-theft alarm system
dielektrische Verschiebung	electrostatic induction
Dielektrizitätskonstante	dielectric constant, dielectric coefficient
Dienstbereitschaft	service support
Dienste-integrierendes digitales Netz	integrated services digital network
Dienstgüte	quality of service
Dieselaggregat	diesel-generator set
dieselelektrischer Antrieb	diesel-electric drive
Dieselhorst-Martin-Vierer	multiple-twin quad, DM quad
Differenzeingang	differential input
Differenzialschutzrelais	differential protection relay
Differenzialübertrager	differential transformer
differenzielle Pulscodemodulation	differential pulse code modulation (DPCM)
Differenzierer	differentiator
Differenzmessverfahren	differential method of measurement
Differenzstrom	residual current
Differenzstrom-Überwachungsgerät für Hausinstallationen	residual-current monitor for household use (RCM)
Differenzverstärker	difference amplifier, instrumentation amplifier
Digital-analog-Ausgabe (Baugruppe)	digital/analog output module
digitale elektrische Größe	digital electrical quantity
digitale Impulsdauermodulation (DPDM)	digital pulse duration modulation (DPDM)
digitales Rechnersystem	digital computer system
Distanzschutz	distance protection
Divergenz	divergence
DMA-Schnittstelle	DMA-interface
Dokumentation	documentation
doppeladrige Leitung	twin cord
doppeladriges Kabel	two-core cable, twin cable
Doppelblinklicht	two-frequency flashing light
Doppelerdschluss	double-line-to-ground fault
Doppel-Europakarte	sandwich-type Eurocard
Doppelfadenwicklung	bifilar winding
Doppelflachbaugruppe	dual board
Doppel-Gleichstromsignal	bipolar d.c. signal
Doppelrechnersystem	dual-computer sytem
Doppelspule	double coil, compound coil
Doppelsteckdose	double socket-outlet
Doppelstromrichter	double converter
Doppelstrom-Schnittstellenleitung	double current interchange circuit
doppelt hohe Flachbaugruppe	double high printed-circuit board
Doppel-T-Anker	shuttle armature
doppelte Isolierung	double insulation
Drahtanschluss	wire termination
Drahtbruch	wire breakage, open circuit
Drahtbruchüberwachung	open-circuit monitoring
Drahtbrücke	wire jumper
Drahtfarbencode	wire colour code
Drahtlitzenleiter	stranded wire

Drahtpotenziometer	wire-wound potentiometer
Drahtspule	wire-wound coil
Drahtstärke	wire size
Drahtwiderstand	wire-wound resistor
Drain-Anschluss	drain terminal
Drain-Source-Abschnürspannung	drain-source cut-off voltage
Drehanzeiger	phase-sequence indicator
drehbar	rotatable
Dreheisenmessgerät	moving-iron instrument
drehende elektrische Maschine	rotating electrical machine
Drehfeld	rotating field
Drehfrequenz	rotating frequency
Drehknopf	knob lever
Drehkontakt	rotary contact
Drehmagnet-Messgerät	moving-magnet instrument
drehmomentabhängig	torque-dependent
Drehmomentdiagramm	speed-torque curve
drehrichtiger Anschluss	correct field connection
Drehrichtung	direction of rotation
Drehrichtungsumkehr	reversal , reversing
Drehspannung	three-phase voltage
Drehspulmessgerät	permanent-magnet moving-coil instrument
Drehstrom	three-phase alternating current
Drehstrom-Asynchronmotor	three-phase induction motor
Drehstrom-Generator	three-phase generator
Drehstrom-Hochspannungsübertragung	three-phase high-voltage transmission
Drehung im Uhrzeigersinn	clockwise rotation
Drehwahlschalter	rotary selector switch
Drehzahl pro Minute	revolutions per minute (r.p.m.)
Drehzahl-Drehmoment-Kennlinie	speed-torque curve
Drehzahl-Drehmoment-verhalten	speed-torque characteristic
Drehzahlerfassung	speed measurement
Drehzahlgeber	tachometer generator
Drehzahlmessung	rotational speed measurement
Drehzahlregler	speed controller
drehzahlveränderlicher Motor	variable-speed motor
dreiadriges Kabel	three-core cable
Dreieckanordnung (Freileitung)	triangular configuration
Dreieckschaltung	delta connection
Dreieck-Stern-Umwandlung	delta-star conversion
dreifach geschirmtes Kabel	triple-shielded cable
Dreifachsteckdose	triple socket-outlet
Dreifachtarif	three-rate tariff
Drei-Finger-Regel der linken Hand	left-hand rule
Dreiklanggong	three-tone chime
Dreileiter-Drehstrom-Wirkverbrauchszähler	three-wire three-phase watt hour meter
Dreileiterkabel	three-core cable
Dreiphasen-Dreileiter-Stromkreis	three-phase three-wire circuit
Dreiphasenkabel mit konzentrischem Neutralleiter	three-phase concentric-neutral cable
Dreiphasen-Netzschema	three-phase system diagram
dreiphasiger Kurzschluss	three-phase short circuit
dreipolig	three-pole, triple-pole
dreipolige Abschaltung	disconnection in three poles
dreipoliger Ausschalter	three-pole one-way switch
dreipoliges Wechselstromschütz	triple-pole contactor

Deutsch – Englisch

Dreipuls-Mittelpunktschaltung	three-pulse star connection
Dreischenkelkern	three-limb reactor
Dualaddierer	binary adder
Dualzahl	binary number
Dualzähler	binary counter
Dualziffer	binary digit
Dünnschicht-Widerstandsnetzwerk	thin-film resistance network
Duoschaltung	twin-lamp circuit
Duo-Vorschaltgerät	lead-lag ballast
Duplexbetrieb	duplex operation
durchfluten	to magnetize
Durchflutung	ampere-turns
Durchflutungsgesetz	Ampere's law
Durchführung (für Kabel)	penetration
Durchführungskupplung (LWL)	barrel coupler
durchgängiger Datenverbund	companywide communication system
Durchgangsdämpfung (LAN)	throughput attenuation, throughput loss
Durchgangsprüfer	continuity tester
Durchgangsverdrahtung	through wiring
Durchgangswiderstand (spezifischer)	volume resistivity
Durchgangswiderstandsprüfung	contact resistivity test
durchgebrannte Lampe	burnt-out lamp
durchgehende elektrische Verbindung	electrical continuity
durchgehendes Schutzleitersystem	continuity of protective system
durchgeschalteter Ausgangskreis	effectively conducting output circuit
Durchklingeln	wiring test
durchkontaktiertes Loch	plated-through hole
Durchlassband	pass band
Durchlässigkeit (magnetische)	permeability
Durchlasskennlinie (Diode)	forward characteristic
Durchlasskennwerte	characteristic forward values
Durchlassspannung	conducting-state voltage
Durchlass-Spitzenstrom	peak-off current
Durchlassverlust	forward power loss
Durchlasswiderstand (Diode)	forward d.c. resistance
durchlaufend (Dauerbetrieb)	operating continuously
Durchlauferhitzer	flow-type heater
durchprüfen	to check, to inspect
durchschalten	to switch through, to connect
Durchschlag (Lichtbogen)	disruptive discharge
Durchschlagfestigkeit	electric strength
Durchschlagspannung	disruptive discharge voltage
Durchschleifbetrieb (Monitore)	loop-through arrangement
durchschnittliche Nutzungsdauer	average life
durchstimmen	to tune
Durchverbindung des Schutzleiters	earthing continuity
durchverbundener Schirm	continuous screen
Durchziehdraht	fishing wire
dynamische Hystereseschleife	dynamic B-H loop
dynamische Magnetisierungskurve	dynamic magnetization curve
dynamischer Spannungsregler	dynamic voltage regulator
dynamisches RAM	dynamic RAM
Dynamo	dynamo, d.c. generator
dynamoelektrisches Prinzip	dynamoelectric principle

E

E/A-Anschluss	I/O terminal
Echoschleife	echo loop

Echt-Effektivwertmessung	true root-mean-square value (r.m.s.) measurement
Echtzeit	real time
Eckfrequenz	base frequency
EEPROM	electrically erasable programmable read-only memory
effektive Last	effective load
effektive Luftspaltlänge	effective length of air gap
effektiver Eisenquerschnitt	effective cross section
Effektivwert (quadrat. Mittelwert)	root-mean-square value, r.m.s. value
Effektivwertmessgerät	r.m.s.-responding instrument
eigenbelüftete Maschine	self-ventilated machine
Eigendämpfung	intrinsic damping
Eigenerregung	excitation from direct-coupled exciter
Eigenerwärmung	self-heating
Eigeninduktivität	self-inductance
Eigenresonanzfrequenz	self-resonant frequency
Eigenschaft	property, characteristic
Eigenschwingung	natural oscillation
eigensicheres elektrisches Betriebsmittel	intrinsically safe electrical apparatus
Eigenverbrauch	power consumption
einadrige Leitung	single-core cable (cord)
einadriges Kabel	single-core cable
Ein-/Aus-Anzeige	ON-OFF indicator
Ein-/Aus-Kontaktzeit	close-open time
Ein-/Aus-Schalter	on-off switch
Ein-/Ausschaltzeit	make-break time
Ein-/Aus-Verhältnis	on-off ratio
Einbau	installation, fitting
Einbauanleitung	installation instructions
Einbauautomat	flush-mounting m.c.b.
Einbaugerät	built-in device
Einbau-Leuchtmelder	built-in indicator light
Einbaumotor	integrated motor
Einbauplatz	slot, mounting position
Einbaurahmen	mounting frame
Einbauschalter	flush-type switch
Einbausteckdose	flush-type socket-outlet
Einbautransformator	incorporated transformer
Einbereichsmessgerät	single-range instrument
Ein-Bit-Volladdierer	single-bit full-adder
einbrennen	to burn in
Einbruchmeldeanlage	burglar alarm system
Einerkomplement	one's complement
Einetagenwicklung	single-plane winding
einfach gewickelt	single- wound
einfache Einspeisung	single infeed
einfache Viererverdrillung	twist system
Einfachfehler	single fault
einfachhohe Flachbaugruppe	single-height printed-circuit board (p.c.b.)
Einfachkontakt	single contact
Einfachspule	non-interleaved coil
Einfachübermittlungsverfahren	single-link procedure
Einfachwendel	single-coil filament
einflankengesteuertes JK-bistabiles Element	edge triggered JK-bistable element
Einflussgröße	influencing quantity
einfrieren	freeze, hold
Einfügungsdämpfung	insertion loss
Einfügungsleistungsverstärkung	insertion power gain
Eingabeaufforderung	input request
Eingabeeinheit (Signalaufbereitung)	signal conditioning unit
Eingabeformat	input format
Eingabegerät	input device
Eingabepuffer	input buffer
Eingabezeichen	input character

Deutsch – Englisch

eingängige Parallelwicklung	simplex parallel winding
Eingangsbelastbarkeit	input loading capability
Eingangsbereich	input range
Eingangsgleichspannung	d.c. supply voltage
Eingangsimpedanz	input impedance
Eingangskapazität	input capacitance
Eingangsleitwert	input admittance
Eingangsreststrom	input leakage current
Eingangsschaltung	input configuration
Eingangssicherung	mains fuse
Eingangsspannung	input voltage
Eingangsstromkreis	supply circuit
Eingangsverstärker	input amplifier
eingegossene Wicklung	encapsulated winding
eingeschmolzener Kontakt	sealed contact
Einheit (Maßeinheit)	unit
Einheitengleichung	unit equation
Einheitsstoß (Dirac-Funktion)	unit pulse
einhüllende Kurve	envelope curve
Einknopf-Messbrücke	single-knob measuring bridge
Einkopplung	coupling, interference
Einlaufzeit	run-in period
Einlegebrücke	insertable jumper
Ein-Minuten-Prüfwechselspannung	one-minute power frequency test voltage
Einmodenfaser	monomode fibre
Einphasen-Brückenschaltung	single-phase bridge connection
Einphasenmotor	single-phase motor
Einphasenmotor mit Hilfswicklung	split-phase motor
Einphasen-Reihenschlussmotor	single-phase commutator motor
Einphasen-Spartransformator	single-phase autotransformer
Einphasen-Wechselstromzähler	single-phase kWh meter
Einplatinen-Mikrocomputer	single-board microcomputer
Einplatz-Multitasking-Echtzeit-Betriebssystem	single-user multitasking real-time operating system
einpolig	single-pole
einpolige Hochspannungsgleichstromübertragung	monopolar HVDC system
einpoliger Leitungsschutzschalter	single-pole circuit-breaker
einpoliger Netzschalter	single-pole main switch
einpoliger Wechselschalter	two-way switch
Einpressdiode	press-fit diode
Einpuls-Verdopplerschaltung	one-pulse voltage doubler connection
einreihiger Steckverbinder	single-row connector
Einrichtung (Gerät)	device, facility, apparatus
Einrichtungen der Informationstechnik	information technology equipment
Einsatzbedingungen	field service conditions
Einsatzklasse	installation category
Einsatzort	location, site
Eins-aus-Zehn-Code	one-out-of-ten code
Einschaltbedingungen	making conditions
einschaltbereit	ready for closing
Einschaltdauer	on-period
einschalten	to switch on, to close
Einschalter	on-off switch, one-way switch
Einschaltleistung	making capacity
Einschaltstoßstrom	peak making current
Einschalttest	make-proof
Einschaltverzögerung	closing delay
Einschaltzeit	make-time
einschenklig (Trafo)	single-leg
einschleifen (Leiter)	to loop in
Einschraub-Sicherungsautomat	screw-in miniature circuit-breaker
einschwallen	to flow-solder

Einschwingen	transient condition
Einseitenband	single sideband (SSB)
einseitige Speisung	single-end infeed
Einspeisekabel	incoming-feeder cable
Einspeisespannung	input terminal voltage
Einsteckfassung	push-in lampholder
Einstellanleitung	adjustment instruction
einstellbarer Bimetallschalter	variable thermal time-delay switch
einstellbarer Überstromauslöser	adjustable overcurrent release
einstellbarer Widerstand	adjustable resistor
Einstellbereich	setting range
Einstellen der Betriebsart	operating mode selection
einstellig (Zahl)	one-digit, one-figure
Einstelltransformator	tap-changing transformer
Einstellwert	set value
Einstrahl-Oszilloskop	single-beam oscilloscope
Einstufenanlasser	single-step starter
Eintakt-Durchflusswandler	single-ended forward converter
einwandfrei	faultless
Einweg-Übertragung	simplex transmission
Einwirkung von elektrischen Feldern	effect of electric fields
einzeilig (Baugruppenträger)	single-height
Einzelanschluss (Punkt zu Punkt)	point-to-point connection
Einzelblattzuführung	single-sheet feed
einzelgeschirmtes Kabel	individually screened cable
Einzelkompensation	individual power-factor correction
Einzelleiter (Draht eines mehrdrähtigen Leiters)	strand
Einzelprüfung	individual test
Einzelschrittverarbeitung	single-step mode
Einzel-USV	single UPS
Einzugleser	pull-in reader
Eisbildung	ice formation
Eisenbandkern	iron ribbon core
Eisenblech	iron sheet
eisenfreier Raum	ironless zone
eisengeschlossenes Messgerät	iron-cored instrument
Eisenkern	iron core
Eisen-Konstantan-Thermopaar	iron-constantan thermocouple
eisenlos	ironless, coreless
Eisenverluste	core loss, iron loss
Elektrifizierung	electrification
Elektriker	electrician
elektrisch	electric, electrical
elektrisch abgeschirmt	electrically screened
elektrisch leitende Verbindung	electrically conductive connection
elektrisch neutral	electrically neutral
elektrische Anlage	electrical installation
elektrische Anlage von Gebäuden	electrical installation of buildings
elektrische Arbeit	electrical energy
elektrische Ausrüstung	electrical equipment
elektrische Betriebsmittel	electrical equipment
elektrische Betriebsstätte	electrical operating area
elektrische Durchflutung	current linkage
elektrische Entladung	electric discharge
elektrische Feldstärke	electric field strength
elektrische Größe	electrical quantity
elektrische Isolierung	electric insulation
elektrische Ladung	electric charge
elektrische Leistung	electric power
elektrische Trennung (Schutztrennung)	electrical separation
elektrische Verbrauchsmittel	current-using equipment
elektrischer Dipol	electric dipole
elektrischer Fluss	electric flux
elektrischer Schlag	electric shock
elektrisches Potenzial	electric potential
Elektrizitätsversorgung	supply of electrical energy

Deutsch – Englisch

Elektrizitätsversorgungsunternehmen (EVU)	supply undertaking, power supply company
Elektroausrüstung	electrical set
elektrochemische Korrosion	electrochemical corrosion
Elektrodenabstand	electrode spacing
elektrodynamische Kraft	electrodynamics force
Elektrofachkraft	skilled person
Elektrofahrzeug	electric truck
Elektro-Haushaltsgerät	electrical appliance
Elektroinstallateur	electrician
Elektroinstallationsplan	architectural diagram
Elektrolyt	electrolyte
Elektrolytkondensator	electrolytic capacitor
Elektrolytkupfer	electrolytic copper
Elektromagnet	electromagnet
elektromagnetische Beeinflussung	electromagnetic interference
elektromagnetische Dämpfung	electromagnetic damping
elektromagnetische Induktion	electromagnetic induction
elektromagnetische Umgebung	electromagnetic environment
elektromagnetische Verträglichkeit	electromagnetic compatibility (EMC)
elektromagnetischer Impuls des Blitzes	lightning electromagnetic impulse (LEMP)
elektromagnetisches Feld	electromagnetic field
elektromechanisch	electromechanical
Elektromotor	electric motor
elektromotorisch	electromotive
Elektronenleitung	electron conduction
Elektronenstrahlerzeuger	electron gun
Elektronenvolt	electron volt (eV)
Elektronik-Baugruppe	electronic module
elektronische Datenverarbeitung	electronic data processing
elektronisches Heimsystem	home electronic system
elektronisches Schaltkreissystem	electronic switching system
elektronisches Vorschaltgerät	electronic ballast
elektronisches Zeitrelais	solid-state time relay
elektrooptischer Wandler	electro-optical transducer
Elektroreparaturwerkstatt	electrical repair shop
elektrostatisch gefährdete Bauteile	electrostatic sensitive devices (ESD)
elektrostatische Ablenkung	electrostatic deflection
Elektrotechnik	electrical engineering
elektrotechnisch unterwiesene Person	electrical instructed person
Element (Bauelement)	component
elementarer Zweipol	two-terminal circuit element
ELV-Stromkreis	ELV circuit (extra low voltage)
Emitter	emitter
emittergekoppelte Logik (ECL)	emitter coupled logic
EMK	electromotive force (e.m.f.)
Empfang	reception
Empfängerbaustein	receiver block
Empfangsantenne	receiving aerial
Empfangsempfindlichkeit	receiver sensitivity
Empfangsgüte	data signal quality
Empfindlichkeitsbereich	range of sensitivity
Emulations- und Testadapter	in-circuit emulator
Endabnahme	final acceptance
Endausschlag	full-scale deflection
Endenabschluss (Kabel)	cable termination
Ende-zu-Ende-Konfiguration	point-to-point configuration
Endgeräteschnittstelle	terminal point
Endinduktivität	short-circuit inductance
Endlagenschalter	limit switch
Endlagenstellung	end position

Endmontage		final assembly
Endmuffe		end sleeve
Endstufentransistor		power transistor
Endsystemverbindungsaufbau		network connection establishment
Endverstärker		output amplifier
Endwert		upper range value
Endwertfehler		full-scale error
Energie		energy, work, power
Energieabgabe		energy output
Energieanlagenelektroniker		power electronics installer
Energieaufnahme		energy absorption
Energiebedarf		energy demand
Energiedichte		energy density
Energieeinsparung		energy saving
Energie-Hauptverteiler		main power distribution board
Energiekabel		power cable
Energiequelle		power source
Energierückgewinnung		power recovery
energiesparend		energy-saving
Energietechnik		power engineering
Energietransport		power transmission
Energieumformung		energy conversion
Energieversorgung		electricity supply, power supply
Energieverteilung		power distribution
Energiewirtschaft		energy economy, energy industry
Entflammbarkeit		flammability
entgasen	to	degas, to evacuate
entgegen dem Uhrzeigersinn		anti-clockwise
entgegengesetzt		reverse
entgegengesetzte Phasenlage		phase opposition
entgegengesetzte Polarität		opposite polarity
Entkopplungsdiode		decoupling diode
Entladeanfangsspannung		initial closed-circuit voltage
entladen	to	discharge
Entladenennstrom		nominal discharge current rate
Entladewiderstand		discharge resistor
entleerte, entladene Batterie		discharged drained battery
entleerte, geladene Batterie		charged drained battery
entmagnetisieren	to	demagnetize
Entmagnetisierungskurve		demagnetization curve
entprellen	to	debounce
entschlüsseln	to	decode
entspiegelter Bildschirm		anti-glare screen
Entstördiode		interference suppression diode
Entstörfilter		interference suppressor filter
Entstörung		radio interference suppression
Entwicklung (Leiterplatte)		design
Entwurfszeichnung		draft drawing
Entzerrer		equalizer
EPROM		erasable PROM
äquivalenter Rauschwiderstand		equivalent noise resistance
Erdableitstrom		earth-leakage current
Erdanschluss		earth connection
Erdanschluss zu Betriebszwecken		connection to earth for functional purposes
Erdbodenwiderstand		earth resistance
Erde		earth
erden	to	earth, to ground
Erder		earth electrode, ground electrode
Erde-Wolke-Blitz		upward flash
erdfrei		earth-free, non-earthed
erdfreier Eingang		floating input
Erdkabel		underground cable
Erdkurzschluss		short-circuit to earth
Erdpotenzial		earth potential
Erdpunkt		neutral point
Erdrückleiter		earth return conduc-

Deutsch – Englisch

	tor
Erdschleife	earth loop
Erdschlussbeseitigung	clearing of earth fault
Erdschlussfreiheit	absence of earth faults
Erdschlussmelder	earth-fault indicator
Erdschlussprüfer	earth detector
Erdschlusssuchgerät	earth-fault locator
Erdung mit Potenzialausgleich	equipotential earthing
Erdungsanlage	earthing system
Erdungsart	method of earthing
Erdungspunkt	earthing point
Erdungsschiene	earthing bar
Erdungszeichen	earth symbol, ground symbol
Ergänzungspaket	option package
Ergebnis	result
Erhaltungsladebetrieb	floating operation
Erlang-Verteilung	Erlang distribution
Ermittlung des Wirkungsgrades	calculation of efficiency
erneuerbare Energie	renewable energy
Erprobung	trial, test
Erregerfeld	exciter field
Erregerkreis	field circuit
Erregerspannung	field voltage
Erregerstromquelle	excitation system
Erregerwicklung	field winding
Erregungsverluste	exciting circuit loss
Errichten elektrischer Anlagen	installation of electrical systems and equipment (code of practice)
Ersatzbatterie	replacement battery
Ersatzschaltbild	equivalent circuit diagram
Ersatzsternschaltung einer Dreieckschaltung	star connection equivalent to delta connection
Ersatzteilhaltung	spare parts service
Erschütterung	vibration, shaking
Erstausrüstungsbatterie	original equipment battery
Erwärmung	heating
erweiterter Bereich	extended range
Erweiterungsbaugruppe	expansion board
Erzeugung elektrischer Energie	generation of electrical energy
E-Schnittkern	cut-E core
Etagenkabel	horizontal floor wiring cable
Etagenverteilung	floor panelboard
Europäische Norm	European Standard
Europakarte	Euro-card
Explosionsgefahr	explosion hazard
explosionsgefährdeter Bereich	hazardous area
explosionsgeschützte Ausführung	hazardous-duty design

F

Fabrikatbezeichnung	type designation
fabrikfertiger Installationsverteiler	factory-built distribution board
Fabrikgarantie	maker's warranty
Facharbeiter	skilled worker
Fachgrundnorm	basic specification
Fahnenschaltung (Trafo)	flag cycle
fahrbare Unterstation	mobile substation
fahrerloses Transportsystem	automated guided vehicle system
Fahrstuhl mit Selbststeuerung	automatic self-service lift
Fahrtregler	winder controller
Fahrtwende- und Motortrennschalter	reverser-disconnector
fallende Flanke	falling edge
Fangeinrichtung (Blitzschutz)	air termination
Faraday-Effekt	Faraday effect
Farbart (Lampe)	colour appearance
Farbband	ink ribbon
Farbbildröhre	colour picture tube
Farbcodierung	colour coding

Farbdrucker	colour graphics printer
Farbtripel	colour triad
Faser (optisch)	fibre, optical fibre
Faserkoppler	fibre coupler
faseroptisches Netzwerk	fibre-optic network
Faserverbinder	fibre joint
Fassung (Lampe)	lampholder
Fassungsstecker (Lampe)	lampholder plug
FASTON-Anschluss	FASTON terminal
FDDI	fibre distributed data interface
Federleiste	socket connector
Federleiste für Lötverdrahtung	socket connector for soldered connection
federnder Kontakt	resilient contact
Fehlanpassung	mismatch
Fehlauslösung	false tripping
Fehlbedienung	maloperation
Fehler	fault, error, defect
Fehler gegen Erde	fault to earth
Fehlerabschaltung (Netz)	fault clearing
Fehleranzeige	error display
Fehlerbaumanalyse	fault tree analysis (FTA)
Fehlerfall	fault scenario
fehlerfrei	faultless
fehlerfreie Betriebszeit	mean time between failures (MTBF)
fehlerhaft	faulty
fehlerhafter Betrieb	faulty operation
Fehlermeldung	error alarm
Fehlerspannungsschutzschalter	voltage-operated earth-leakage circuit-breaker
Fehlerstrom	fault current, leakage current
Fehlerstrom (FI-Schalter)	residual current
Fehlerstromauslöser zum Anbau an Leitungsschutzschalter (FI-Block)	residual current unit (RCU)
Fehlerstrom-Schutzeinrichtung	residual-current device (RCD)
Fehlerstrom-Schutzschalter	residual-current circuit-breaker
Fehlerstrom-Schutzschalter (FI) in Steckdosenausführung (FI-Steckdose)	socket-outlet with residual-current-operated device (SRCD)
Fehlerstrom-Schutzschalter mit integriertem Leitungsschutzschalter FI-/LS-Schalter	residual-current circuit breaker with integral overcurrent protection (RCBO)
Fehlerstrom-Schutzschalter ohne integrierten Überstromschutz (RCCB)	residual-current circuit-breaker without integral overcurrent protection (RCCB)
fehlertolerant	fault-tolerant
Fehlerverhütung	prevention of non-conformance
Fehlerwahrscheinlichkeit	error probability
Fehlspannung	offset voltage
Fehlsynchronisation	incorrect synchronization
Fehlverhalten (menschliches)	mistake, human error
Feinabgleich	fine adjustment
feindrähtiger Leiter	flexible conductor
Feinheit (Auflösung)	resolution
Feld (elektr., magn.)	field, field system
Feldabbau	field decay
Feldbus	field bus
Felddichte	field density
Felddurchflutung	field ampere-turns
Feldeffekttransistor mit Metall-Oxid-Halbleiter-Aufbau	metal-oxide semiconductor field-effect transistor (MOSFET)
Felderhöhung	field forcing
feldfrei	field free
Feldintensität	field intensity
Feldkonstante (elektr.)	electric constant, permittivity
Feldkonstante (magn.)	magnetic constant

Deutsch – Englisch

Feldkraft	force acting in a field
Feldlinie	field line
Feldliniendichte	field density
Feldlinienverlauf	field form
Feldplattenwandler	magnetoresistive transducer
Feldregler	field rheostat
Feldschwächung	field weakening
Feldsonde (Hall)	Hall flux-density probe
Feldstärke	magnetic force
Feldumkehr	field reversal
Feldwicklung	field winding
Fernanzeige	remote indication
fernbedientes Gerät	remotely operated apparatus
Fernbetätigung	remote control
Fernbus	data highway
Fernbus-Kabel	multi-drop cable
Fernbus-Verstärker	remote repeater
Fernerfassen	remote sensing
Fernkabel	trunk cable
Fernmelde-Außenkabel	outdoor cable for telecommunication systems
Fernmeldeleitung	telecommunication line
Fernmelde-Luftkabel	telecommunications aerial cable
Fernmessung	telemetry
Fernschalter	remote control switch
Fernschreiber	teletypewriter
Fernsehüberwachungs-anlage	closed-circuit TV monitoring system
Fernspeisung	remote powering
Fernsprechanlage	telephone system
Fernsteuerkreis	remote control circuit
Fernsteuerzentrale	remote control centre
Fernübertragung	long-distance transmission
Fernwirkanlage	telecontrol installation
Fernwirkgerät	telecontrol unit
Ferrit	ferrite
ferroelektrisch	ferroelectric
ferromagnetisch	ferromagnetic
Fertigbauinstallation	wiring (system) of prefabricated buildings
Fertigung	manufacturing
Fertigungsnummer	serial number
Festanschluss	permanent connection
Festdrehzahlantrieb	fixed speed drive
feste Anschlussleitung	non-detachable flexible cable
feste Installation	fixed wiring
feste Verlegung	fixed installation
festeingebautes Gerät	non-withdrawable unit
fester Anschluss	fixed connection
festgebremster Motor	stalled motor
festgelegter Auslösestrom	conventional tripping current
Festkörper-Elektronik	solid state electronics
Festkörper-Laser	solid state laser
Festplattenlaufwerk	hard disk drive
festprogrammierte Steuerung	fixed-programmed controller
Festpunktdarstellung	fixed-point notation
Feststoffelektrolyt-Batterie	solid electrolyte battery
Festwertregler	fixed setpoint controller
Festwertspeicherbaustein	read-only memory chip
feuchte und nasse Räume	damp and wet locations
Feuchtigkeitsklasse	humidity rating
Feuchtraum	damp location
Feuchtraumkabel	damp-proof cable
feucht-warmes Klima	damp tropical climate
Feuerbeständigkeit	resistance to burning
feuergefährdete Betriebsstätte	location exposed to fire hazards
feuerhemmend	fire-retardant
Feuerlöscher	fire extinguisher
Feuerschutzabschluss	fire barrier
FFT-Verfahren	Fast-Fourier-Transformation

Filterbaugruppe	filter module
Firstleiter	roof conductor
FI-Schutzschaltung	current-operated earth-leakage circuit-breaker
Flachbaugruppe	printed-circuit board (p.c.b.)
Flächendichte des Stroms	surface current density
Flächendurchgangswiderstand	volume resistance per unit area
Flächenleuchte	surface lighting luminaire
Flächentransistor	junction transistor
Flachkabel	flat cable
Flachklemme für Kabelschuh	cable-lug-type screw terminal
Flachleitungsstecker	ribbon cable connector
Flachrelais	flat-type relay
Flachstecker	tab connector
Flachtastatur	low-profile keyboard
Flackern	flicker
Flammenwächter	flame detector
Flammpunkt	flash point
Flammwidrigkeitsprüfung	flame retardance test
Flanke	edge, flank
Flankenabfallzeit	fall time
Flankenanstiegszeit	rise time
flankengesteuerter Eingang	edge-triggered input
Flankensteilheit	edge steepness
Flankenwechsel	edge change
Flankenzeit	slope time
Flanschmotor	flange-mounting motor
flexible Leiterplatte	flexible printed board
flexibler Isolierschlauch	flexible insulating sleeving
flexibles Kabel	flexible cable
flexibles Schutzrohr	flexible protection tube
flickerfreie Beleuchtung	flickerless lighting
Flickerspannung	flicker voltage
Fliehkraftregler	centrifugal controller
Fließschaubild	mimic flow diagram
Flimmerfrequenz	flicker frequency
flinke Sicherung	fast fuse, quick blow fuse
FLOPS	floating-point operations per second
Fluchtweg	escape route
Fluorchlorkohlenwasserstoff	chlorofluorohydrocarbon
Fluoreszenz	fluorescence
Fluss (magn.)	flux
Flussdiagramm	flowchart
flüssigkeitsdicht	liquid tight
Flüssigkeitsisolierung	liquid insulation
Flüssigkeitskühlung	liquid cooling
Flüssigkristallanzeige	liquid-crystal display
Flussmesser	fluxmeter
Flussmittel (Löten)	soldering flux
Flussverkettung	flux linkage
Flutlicht-Beleuchtung	floodlighting
FM-Rauschen	FM noise
Fokussierung	focusing
Folgeausfall	secondary failure
Folgekontakt	sequence-controlled contact
Folgeregelung	follow-up control
Folgeschaltung	sequential circuit
Folienisolierung	foil insulation
Folientastfeld	membrane switch array
Fördermotor	conveyor motor
formaler Parameter	formal parameter
Formatanweisung	format statement
Formfaktor	form factor, electrical form factor
Formkabel	cable harness
Formspule	former-wound coil
Formverzerrung (Impulse)	waveshape distortion
fortlaufende Wicklung	continuous winding
Fortleitung elektrischer Energie	transmission of electricity

Deutsch – Englisch

Fortpflanzungsgeschwindigkeit	speed of propagation
Fortschaltimpuls	clock pulse
Fortschaltrelais	notching relay
Fortschalttaste	stepping key
Fotodiode	photodiode
fotoelektrisches Relais	photoelectric relay
Fotoelement	photoelement
Fotoempfänger	photodetector
Photonenrauschen	photon noise
Fotospannung	photovoltage
Fotostrom	photoelectric current
Fotowiderstand	photoresistor
Fotozelle	photocell, phototube
Fourier-Analyse	Fourier analysis
FPLA	field programmable logic array
frei in Luft verlegtes Kabel	cable laid in free air
freier Kontakt	unassigned contact
freier Steckplatz	unassigned slot
freier Sternpunkt	isolated neutral
Freigabe auf Anforderung	release on request (ROR)
Freigabeeingang	enable input
Freigabetaste	enabling button
freigeben	to enable
Freilaufdiode	freewheeling diode
Freileitungsabzweig	overhead line feeder
Freiluftausführung	outdoor type
Freimeldung bei Arbeitsende	notice of completion of work
freiprogrammierbar	user programmable
freischalten	to isolate
frei stehende Aufstellung	free-standing installation
fremdbelüftete Maschine	forced-ventilated machine
fremderregte Maschine	separately excited machine
Fremdfeldeinfluss	influence of magnetic induction of external origin
fremdgetakteter Stromrichter	externally clocked converter
Fremdlicht (fremde Strahlung)	ambient light
Fremdspannung	interference voltage
Fremdstrom	interference current
Frequenzabgleich	frequency adjustment

G

Gallium-Arsenid-Diode	gallium-arsenide diode
galvanisch getrennt	metallically separated
galvanische Beeinflussung	galvanic coupling
galvanische Trennung (Kontakte)	contact separation
galvanische Verbindung	electrical connection
Ganzzahldarstellung	integer number representation
ganzzahlige Oberwelle	Integer frequency harmonic
Garn	yarn
Gasaußendruckkabel	external gas pressure cable
gasbeständig	gas-proof
Gasentladungsableiter	expulsion-type arrester
Gate-Anschluss	gate terminal
Gate-Isolierschicht	insulating layer
Gate-Reststrom	gate cut-off current
Gatterfeld	gate array
Gebäudeinstallation	building installation
Gebäudeleittechnik	building services management system
Geber	sensor, detector
Gebläse	blower
geblätterter Eisenkern	laminated iron core
geblechter Kern mit 45°-Schnitt	laminated core with 45° corner cut
Gebots- u. Verbotszeichen	mandatory and prohibition signs
gebräuchliche Nenn-	standard reference

spannungen	voltages
Gebrauchsanleitung	instruction for use
Gebrauchsdauer	service life
Gebrauchslage	position of normal use
gebrückt	jumpered, short-circuited
gedämpfte Skala	contracting scale
gedruckte Schaltung	printed circuit
gedruckter Leiter	printed conductor
geerdeter Eingang	earthed input
geerdetes Netz	earthed-neutral system
geerdetes Schutzkleinspannungssystem	earthed separated extra low voltage system, (SELV-E)
Gefährdungsspannung	voltage liable to cause danger
Gefahrenschalter	emergency switch
gefährlicher Fehler	dangerous fault
gefährlicher Körperstrom	shock current
gefährliches aktives Teil	hazardous live part
Gefahrmeldeeinrichtung	alarm signalling system
Geflechtschirm	braided shield
geflickte Sicherung	rewired fuse
geflochtene Litze	braided litz lead
Gefriergerät	food freezer
gefüllte, entladene Batterie	filled and discharged battery
gefüllte, geladene Batterie	filled and charged battery
gegen unbefugte Eingriffe gesichert	tamper-proof
gegen Wiedereinschalten sichern	to immobilize in the open position
gegen zufällige Berührung geschützt	protected against accidental contact
Gegendrehfeld	reverse field
Gegendrehrichtung	reverse direction of rotation
Gegenerregung	negative excitation
Gegeninduktivität	mutual inductance
Gegenkopplung	negative feedback
gegenläufiges Drehfeld	negative sequence field
Gegenmagnetisierung	reverse magnetization
Gegenparallelschaltung	inverse parallel connection
Gegenphase	opposite phase
Gegenschlag (Kabel)	cross lay
gegenseitige Beeinflussung (Kopplung)	cross coupling
gegenseitige Induktion	mutual induction
gegensinnig geschaltet	connected in opposition
Gegenspannung	back electromagnetic force
Gegensprechsystem	two-way intercom system
Gegenstrom	reverse current
Gegentakt-B-Verstärker	push-pull Class B amplifier
Gegentaktspannung	normal-mode voltage
Gegenwindung	back-turn
Gegenzelle (Batterie)	counter-cell
gegurtete Bauteile	taped components
Gehäuse	housing, enclosure, case, cabinet, container
Gehäusebauform	enclosed assembly
gekapselt	enclosed, clad
gekapselte Sammelschiene	enclosed busbar
gekapselter Sicherungseinsatz	closed-fuse link
geklemmte Spannung	clamped voltage
gelernter Arbeiter	skilled worker
gemeinsam geschirmtes Kabel	collectively shielded cable
gemeinsame Erdungsanlage	common earthing system
gemeinsamer Rückleiter	common return
gemeinsames Bezugspotenzial	signal common
Gemeinschaftsleitung	party line
gemessene Größe	measured quantity
gemietete Leitung	leased line
Genauigkeit	accuracy, exactness
Genauigkeitsklasse	accuracy class

Deutsch – Englisch

genehmigungspflichtiges Teil	component requiring approval
Generator	generator
Generatorbetrieb	generator operation
Generatorleistung	generator output
genormte Bezugsspannungen	standard reference voltages
genormter Isolationspegel	standard insulation level
genulltes Netz	TN-system, multiple-earthed system
geplante Leistung	design power
geplante Wartung	scheduled maintenance
gepolter Kondensator	polarized capacitor
gepoltes Relais	polarized relay
gepuffert	battery-backed
gepulster Stromrichter	impulse-commutated converter
Gerät	item of equipment, device, appliance
Gerät der Schutzklasse I	class I appliance
Gerät mit veränderlicher Leistungsaufnahme	variable consumption apparatus
Geräteanschlussleitung	appliance cord
Geräteeinschub	withdrawable unit
Gerätehandbuch	instruction manual
Gerätekennzeichnung	item designation
Geräteschutzschalter	circuit-breaker for equipment
Gerätestecker	appliance inlet
gerätetechnische Konfiguration	hardware configuration
Geräte-Verdrahtungstabelle	unit wiring table
Geräuschbeurteilungskurve	noise rating curve
Geräuschspannung	noise voltage
geregelte Maschine	closed-loop-controlled machine
geregelter Antrieb	closed-loop-controlled drive
Gerüst	framework, rack, supporting structure
Gesamtanordnung	overall arrangement
Gesamtanschlusswert	total connected load
Gesamtausschaltzeit	total break time
Gesamtbaudrate	aggregate baud rate
Gesamtbelastung	total load
Gesamteinfügungsdämpfung	total insertion loss
Gesamterdungswiderstand	total earthing resistance
Gesamtrauschzahl	overall average noise figure
Gesamtstromlaufplan	overall schematic circuit diagram
Gesamtummagnetisierungsverlust	total loss mass density
Gesamtwindungszahl	total number of ampere-turns
gesättigt	saturated
gescherter Kern	gapped core
geschirmter Steckverbinder	shielded connector
geschlossene Bauform	enclosed assembly
geschlossene elektrische Betriebsstätte	closed electrical operating area
geschlossene Zelle (Batterie)	vented cell
geschlossenes Kühlsystem	closed-circuit cooling system
geschottete Sammelschiene	segregated phase bus
geschützte Anlage im Freien	sheltered installation
geschützte Leuchte	dustproof luminaire
Geschwindigkeit (Drehzahl)	speed
gesetzliche Auflagen	statutory requirements
gesetzliche Bestimmungen	statutory regulations
gespeicherte Energie	stored energy
Gestell	rack
Gestellerde	frame ground
Gestellerdschluss	frame earth fault
Gestellreihe	rack row

gesteuerte Spannungsquelle	controlled voltage source
gestörter Betrieb	operation under fault conditions
gestörtes Netz	faulted system
gestufte Isolation	graded insulation
getaktetes Netzteil	switched-mode power supply
getränkte Isolation	impregnated insulation
getrennte Erdung	independent earthing
getrennte Wicklungen	separate windings
Getriebemotor	geared motor
Gewährleistungsanspruch	warranty time
Gewebeband	textile tape
gewelltes Stahlpanzerrohr	corrugated steel conduit
gewerblich genutzte Anlage	commercial installation
gewickelte Isolierung	lapped insulation
gewickelter Läufer	wound rotor
Gewindesockel	screw cap
Gewitterüberspannung	overvoltage due to lightning
gießharzisoliert	resin-encapsulated
Gipfelspannung	peak voltage
Glasfaser	glass fibre
Glasfaserkabel	glass-fibre cable, fibre-optic cable
glasierter Drahtwiderstand	vitreous enamel wire-wound resistor
Glassockellampe	glass-base lamp
Glättungsdrossel	smoothing reactor (filter choke)
Gleichanteil	direct component
gleiche Polarität	same polarity
gleichgewichtiger Code	constant-weight code
Gleichlauf	synchronous operation
Gleichlaufempfänger	synchro receiver
gleichnamige Pole	poles of same polarity
gleichphasig	in phase
Gleichrichter in Brückenschaltung	bridge-connected rectifier
Gleichrichterbetrieb	rectifier operation
Gleichrichtung	rectification
Gleichspannung	direct voltage
Gleichspannungsfestigkeit	electric strength in d.c. test
Gleichspannungsübersprechen	d.c. crosstalk
Gleichspannungsumrichter	d.c. – d.c. voltage converter
Gleichspannungswiderstandsteiler	d.c. resistive volt ratio box
Gleichstrom	direct current (d.c.)
Gleichstrombetätigung	d.c. control
Gleichstromgenerator	d.c. generator
Gleichstromgröße	d.c. electrical quantity
Gleichstrommagnetspule	d.c. coil, d.c. solenoid
Gleichstromschalter	d.c. circuit-breaker
gleichstromseitig	on d.c.- side
Gleichstromumrichter mit Wechselstrom-Zwischenkreis	a.c.-link d.c. converter
Gleichstromverluste	I^2R loss
Gleichstromzähler	d.c. electricity meter
Gleichstromzwischenkreis mit konstanter Spannung	constant-voltage d.c. link
Gleichtakt-Eingangsspannungsbereich	common-mode input voltage range
Gleichtaktsignal	common-mode signal
Gleichtakt-Spannungsverstärkung	common-mode voltage amplification
Gleichtaktstörung	common-mode interference
gleichwertiger Dauerbetrieb	equivalent continuous rating
gleichzeitig berührbare Teile	simultaneously accessible parts
Gleichstromwiderstand	d.c. resistance, ohmic resistance
Gleitentladung	creeping discharge
Gleitpunktarithmetik	floating-point arithmetic
Glimmentladung	glow discharge

Deutsch – Englisch

Glimmerfolie	mica film
Glimmerisolation	mica insulation
Glimmlampe	negative glow lamp
Glühfaden	incandescent filament
Glühkathode	hot cathode
Glühlampe	incandescent lamp
Glühstarter	thermal starter
Goliathsockel (E40)	mogul cap
Gradientenfaser (LWL)	graded-index optical-fibre
Grafikbaugruppe	graphics board
Grafiksichtgerät	graphics monitor
Gray-Code	Gray code, cyclic binary code
Greinacher-Schaltung	half-wave voltage doubler
Grenzbeanspruchung	maximum limit stress
Grenzdrehzahl	limit speed
Grenzfrequenz	cut-off frequency
Grenzlast	full load
Grenzmagnetisierung	limits of induction
Grenzschalter	limit switch
Grenzschicht (LWL)	barrier layer
Grenzstrom	limit current
Grenztemperatur	limiting temperature
Grenzwert	limit value
Grenzwerte beim Transport	limiting values for transport
Grenzwertgeber	limit monitor
Grenzwertkontrolle	limit-value check
Grenzwertüberschreitung	off-limit condition
Griffbereich	arm's reach
große Schalthäufigkeit	frequent operation
Größenordnung	order of magnitude
größer als	greater than
großer Pilzdruckknopf	palm-type pushbutton
großintegrierter Schaltkreis	large-scale-integrated circuit
größter Augenblickwert	peak value
größter Haltestrom	limiting no-damage current
größter positiver Wert	most positive value
Grundausbau	basic configuration
Grundbelastung	base load
Grundfrequenz	fundamental frequency
Grundladung	bias charge
Grundlastkraftwerk	base-load power station
Grundleistungsfaktor	power factor of the fundamental
Grundmagnetisierung	bias
Grundnorm	basic specification (standard)
grundsätzliche Schaltung	basic circuit
Grundschwingungsgehalt	fundamental factor
Grundstellung (Schütz)	normal position
Grundtyp	basic type
Grundverdrahtung	basic wiring
Gruppenabsicherung	group fusing
gruppenweise Potenzialtrennung	grouping isolation
G-Sicherungseinsatz	cartridge fuse-link
Gummiaderleitung	rubber-insulated wire
Gummischlauchkabel	rubber-insulated flexible cable
Gummischlauchleitung für leichte mechanische Beanspruchungen	ordinary tough-rubber-sheathed flexible cord
Gummistecker	rubber plug
Gurtung von Bauteilen	packaging of components on continuous tapes
Guss-Abzweigdose	cast-iron junction box
guter Kontakt	good contact
Gütezeichen	quality mark

H

Haftrelais	latching relay
halb automatisches Umschalten	semi-automatic changeover
Halbbrücke	half-bridge

halbduplex	half-duplex
halbleitend	semi-conductive
Halbleiter	semiconductor
Halbleiterbauelement	semiconductor device
Halbleitergleichrichter	semiconductor rectifier
Halbleiterlaser	solid-state laser
Halbleiterschütz	semiconductor contactor
Halbleiterspeicher	semiconductor memory
Halbperiode	half-period
halbsymmetrische Wicklung	semi-symmetrical winding
Halbwelle	half-wave
Halbwertbreite	full-width of half maximum
Hall-Plättchen	Hall plate
Halogenglühlampe	tungsten-halogen lamp
Halte-Eingangssignal	hold input signal
Haltekontakt	locking contact
Halterung (Kontakte)	retention system
Haltestrom	holding current
Haltewert (Relais)	non-release-value
Haltewicklung	holding winding
Hamming-Abstand	Hamming distance
Hand-Automatik-Umschalter	manual-automatic selector switch
Handbereich	normal arm's reach
handbetätigt	manually operated
Handbuch	manual
Handeingabe	manual input
handgeführtes Elektrowerkzeug	hand-held electric tool
Handhabung	handling
Handleser	hand-held scanner
Handleuchte	hand lamp
Handsender	hand-held transmitter
handwerkliche Ausführung	workmanship
Handzange	crimping tool
Hängeisolator	suspension insulator
harmonische Resonanz	harmonic resonance
hartes Stillsetzen	abrupt stopping
hauchvergoldet	gold-flashed
Häufigkeitszähler	event counter
Hauptanschlusskasten	main terminal box
Hauptausfall	major failure
Haupterdungsklemme	main earthing terminal
Haupterdungsschiene	main earthing bar
Hauptfeldwicklung	main field winding
Hauptinduktivität	magnetizing inductance
Hauptkabel (LAN)	trunk cable
Hauptleiter	main incoming line conductor
Hauptleitungsabzweig	main branch circuit
Hauptmeldezentrale	fire alarm receiving station
Hauptnormal	primary standard
Hauptplatine	main board
Haupt-Potenzialausgleichsleiter	main equipotential bonding conductor
Hauptresonanzfrequenz	dominant resonant frequency
Hauptschalter mit Sicherung	incoming disconnector-fuse
Hauptschaltgerät	main switching device
Hauptschleife	major loop
Hauptsicherung	line fuse, main fuse
Hauptspeicher	main storage
Hauptsteigleitung	rising mains
Haupt-Steigleitungsschacht	mains riser duct
Hauptstromkreis	main circuit
Hauptuhr	master clock, central clock
Hauptverteilertafel	main distribution switchboard
Hausanschluss	supply service
Hausanschlusskabel	service cable
Hausanschlussmuffe	service junction box
Haus-Elektronik-System	home electronic system
Haushaltsgerät	household appliance
Hausinstallation	domestic electrical

Deutsch – Englisch

	installation
Hausleittechnik	building services management system
Haustechnik	building installation practice
Hautwiderstand	film resistance
Heimbeleuchtung	home lighting
heiße Reserve	hot standby
Heißleiter	NTC thermistor
Heizfaden	heating filament
Heizkabel	heating cable
Heizkraftwerk	district heating power station
Heizlüfter	fan heater
Heizungs-, Lüftungs- u. Klimatechnik	heating, ventilation and air conditioning
Heizwendel	heater coil
Helligkeitsregler mit Schieberegler	slide-type dimmer
herausgeführter Sternpunkt	brought-out neutral
herausnehmbarer Teil	removable part
Herdanschlussdose	cooker connector box
hermetisch abgeschlossenes Relais	hermetically sealed relay
herstellerunabhängig	multi-vendor
Heruntertransformieren	step down
Herzkammerflimmerschwelle	threshold of non-fibrillation
Hexadezimalzahl	hexadecimal number
HF-Dämpfungswiderstand	radio-frequency (RF) shunt resistance
HF-Impuls	RF impulse
HF-Rauschen	parasitic RF noise
HGÜ-Fernübertragung	HVDC transmission system
hierarchisches Netz	hierarchical network
Hilfsader (Schutzader)	pilot wire
Hilfsantrieb (Motor)	auxiliary drive
Hilfsauslöser	shunt release
Hilfskanal (DÜ)	backward channel
Hilfskontakt	auxiliary contact
Hilfsphase	auxiliary phase
Hilfsschalter	control switch
Hilfsschütz	contactor relay
Hilfsspannungsquelle	auxiliary source
Hilfswicklung für Erdschlusserfassung	auxiliary winding for earth-fault detection
Hin- u. Rücklaufzeit	round trip propagation time
Hinkanal	forward channel
hintereinanderschalten	to connect in series
Hintergrundnetz	backbone ring
hitzebeständige Aderleitung	heat-resistant non-sheathed cable
hochauflösend	high-resolution
hochfrequente Beeinflussung	radio-frequency interference (RFI)
Hochfrequenz	high frequency
Hochfrequenzkabel	radio-frequency cable
Hochfrequenzschweißen	high-frequency pressure welding
hochintegrierter Schaltkreis (LSI)	large-scale-integrated circuit
hochkoerzitiv	high-coercivity
Hochlaufzeit	acceleration time, ramp-up time
Hochleistungsleuchte	high-intensity luminaire
Hochmast	high mast
hochohmig	high-resistance
Hochpass	high pass
hochpermeabel	high-permeability
Hochsetzsteller	step-up converter
Hochspannung	high voltage
Hochspannungsanschluss	high-voltage terminal
Hochspannungsnetz	primary network, high-voltage system
Hochspannungsschaltanlage	high-voltage switching station
höchste Anlagenspannung	highest voltage for equipment
höchste Dauerleistung	maximum continuous rating
höchste Spannung für Betriebsmittel	highest voltage for equipment
höchster Bemessungs-	maximum rated

durchgangsstrom (Trafo)	through-current
Höchstfrequenz	extra-high frequency (EHF)
Höchstpegel	maximum level
Hochstromtrennschalter	heavy-current disconnector
höchstzulässiger Kurzschlussstrom	maximum permissible short-circuit current
Hoch-Tief-Regelung	high-low-control
hochverfügbar	high-availability, redundant
hochverfügbar und fehlersicher	redundant and fail-safe
hochwarmfest	high-temperature-resistant
hochzugfest	high-tensile
Höckerstrom	peak-point current
höherintegrierte Schaltung	medium-scale integrated circuit
Hohlader-Kabel	loose tube cable
Hohlleiter (Wellenleiter)	waveguide
Hohlwandinstallation	wiring (installation) in hollow wall
homogenes Feld	homogeneous field
Hörfrequenz	audio frequency
Horizontalablenkung	horizontal deflection
horizontale Bauform	horizontal type
Horizontalrücklauf	horizontal flyback
Hörnerfunkenstrecke	horn spark gap
H-Pegel	high level
Hub (Abweichung)	deviation
Hubmagnet	solenoid
Hufeisenmagnet	horseshoe magnet
Hüllkurve	envelope curve
Hüllkurvenumformer	envelope-curve transducer
Hülse	sleeve, bush
Hupe	horn, hooter
Hutschiene	top-hat rail (DIN rail)
H-Welle	transverse electric wave
Hybridantrieb	hybrid drive
Hystereseabweichung	hysteresis error
Hystereseschleife	hysteresis loop

I

I4.0-Komponente	I4.0 component
I4.0-Plattform	I4.0 platform
I4.0-System	I4.0 system
i (Eigensicherheit - Kennbuchstabe)	i (classification letter for intrinsic safety)
I^2t-Kennlinie	I^2t characteristic
Identifikation	identification
Ikon	icon
Immission	immission
Impedanz	impedance
Impedanz des Versorgungsnetzes	supply-system impedance
Impedanzbelag	impedance per unit length
Impedanzwandler	impedance transformer
Imprägnierung	impregnation
Impulsabfallzeit	pulse fall time
Impulsamplitudenmodulation	pulse-amplitude modulation
Impulsantwort	impulse response
Impulsbetrieb	pulse operation
Impulsbreite	pulse width
Impulsdauer	pulse duration
Impulsdiagramm	pulse timing diagram
Impulsform	pulse shape
Impulsgeber	pulse generator, purser
Impulskontakt	impulse contact
Impulspaketsteuerung	burst firing control
Impulsrate	pulse rate
Impulsregelung	impulse excitation
Impulsschreiber	pulse recorder
Impulsspitze	pulse overshoot
Impulsstörung	impulse noise
Impulsübertrager	pulse transformer
Impulsverzerrung	pulse waveform distortion

Deutsch – Englisch

Impulszähler	pulse counter
Imputz-Installation	semi-flush installation
Imputz-Steckdose	semi-flush-type socket-outlet
inaktives Teil	inactive part
Inbetriebnahme	start-up, commissioning
Inbetriebnehmer	system start-up engineer
indirekte Beheizung	indirect heating
indirekte Erdung	indirect earthing
indirekter Auslöser	indirect release
indirekter Steckverbinder	two-part connector
indirektes Berühren	indirect contact
Induktion	induction, flux density
induktionsarm	low-inductance
Induktionsheizung	induction heating
Induktionskonstante	permeability of free space
Induktionsofen	induction furnace
Induktionsspannung	induced voltage
induktiv	inductive, reactive
induktive Blindleistung	lagging reactive power
induktive Last	inductive load
induktiver Ausschaltstrom	inductive breaking current
induktiver Näherungsschalter	inductive proximity switch
induktives Vorschaltgerät	inductive ballast
Induktivität	inductance, inductivity
Induktor	inductor
Industrieelektronik	industrial electronics
Industriegelände	industrial premises
Industriekraftwerk	industrial power station
induzieren	to induce
Influenzspannung	influence voltage
Informatik	computer science
Informationsgeheimhaltung	non-disclosure of information
Informationsübertragung	information transmission
Informationsverarbeitung	information processing
Infrarot-Fernbedienung	infrared remote control
Infrarotstrahler	infrared radiator
Inhaltsverzeichnis	directory
inhomogenes Feld	inhomogeneous field
inkrementaler Weggeber	incremental position resolver
Innenbeleuchtung	interior lighting
Innenkabel	indoor cable
Innenklima	indoor environment
Innenläufer	internal rotor
Innenlüfter	internal fan
Innenraumaufstellung	installation indoors
Innenraum-Erdungsschalter	indoor earthing switch
Innenraum-Schaltgeräte	indoor switchgear and controlgear
Innenreflektor	internal reflector
Innenwiderstand	internal resistance
Innenraumanlage	indoor installation
innere Isolierung	internal insulation
innere Leitschicht	conductor screen
innerer Erdschluss (Gerät)	winding to frame fault
innerer Fotoeffekt	internal photoelectric effect
innerer Kurzschluss	internal short circuit
innerer Spannungsabfall	impedance drop
innerer Wärmewiderstand	internal thermal resistance
Instabilität	instability
Installationsbus	installation bus
Installationsgerät	accessory, device
Installationskabel	wiring cable
Installationskanal	trunking, ducting
Installationsplan	architectural diagram
Installationsrohr für leichte (mittlere, schwere) Druckbeanspruchung	conduit for light (medium, heavy) mechanical stress

Installationsschacht	vertical wiring duct
Installationstechnik	wiring practice, installation practice
Installationsverteiler mit Kleinselbstschaltern	miniature circuit-breaker (m.c.b.) board
installierte Leistung	installed load
Instandhaltung	maintenance, servicing
Instandhaltungsgrundsätze	maintenance policy
Instandhaltungskonzept	maintainability concept
instand setzen	to repair, to restore
Instandsetzungsdauer	corrective maintenance time
Instrumentengehäuse	instrument case
integral wirkender Regler	integral-action controller
integrierendes Messgerät	integrating instrument
integrierte Anpassungsschaltung	interface integrated circuit
integrierte Hybridschaltung	hybrid integrated circuit
integrierte Speicherschaltung	memory integrated circuit
integrierter Operationsverstärker	integrated operational amplifier
integriertes Bauteil	on-board component
integriertes Datennetz	integrated text and data network
interaktive Verarbeitung	interactive mode
Interferenz	interference
intermittierender Ausfall	intermittent failure
Internationale Elektrotechnische Kommission	International Electrotechnical Commission (IEC)
Internationale Fernmeldeunion	International Telecommunication Union (ITU)
Internationaler Ausschuss zur Registrierung von Frequenzen	International Frequency Registration Board (IFRB)
Internationales Einheitensystem (SI)	International System of Units
interne Masse	internal earth terminal
interne Synchronisierung	internal synchronization
Interruptprogramm	interrupt service routine
Intervall-Laden	charging in intervals
In-Tritt-Fallen	pulling into step
Intrusionsschutzanlage	intruder alarm system
inverser Betrieb	inverse direction of operation
invertierender Verstärker	inverting amplifier
invertierter Ausgang	negated output
Ionenleitung	ionic conduction
Ionisationsfeuermelder	ionization fire detector
Ionisationsrauchmelder	ionization smoke detector
I-Regelung	integral-action control
ISM	industrial, scientific, medical
Isolation (Eigenschaft)	Insulation (property)
Isolation gegen geerdete Teile	system voltage insulation
Isolation zwischen den Windungen	interturn insulation
Isolationsanzeige und -warnungseinrichtung	insulation monitoring and warning device
Isolationsbeanspruchung	insulation stress
Isolationsbemessung	insulation rating
isolationsdurchdringende Klemme	insulation piercing connecting device
Isolationseigenschaften	dielectric properties
Isolationsfehler	insulation fault
Isolationsfestigkeit	insulation resistance
Isolationsgruppe	insulation group
Isolationskoordination	coordination of insulation
Isolationsprüfer	insulation tester, megohmmeter

Deutsch – Englisch

Isolationsprüfung	dielectric test
Isolationsstrecke	isolating distance, insulating clearance
Isolationswächter	earth-leakage monitor
Isolationswiderstand	insulation resistance
Isolator	insulator
Isolierband	insulating tape
Isoliereigenschaft	insulating property
isolierende Abdeckung	insulating cover
Isolierfolie	insulating foil
Isolierkörper	insulator
Isolierkupplung	insulated coupling
Isoliermantel	insulating wrapper
Isoliermaterial	insulating material
Isolierschicht	insulating layer
Isolierschlauch	insulating sleeving
Isolierstoffgehäuse	insulating case
isolierstoffgekapselter Verteiler	insulation-enclosed distribution board
Isolierstoffklasse	insulation class
Isolierstoff-Sicherungskasten	moulded-plastic fuse box
Isolierstrecke	insulating clearance
isoliert aufgestellt	installed on insulating mountings
isolierter Leiter	insulated conductor
Isolierung (Werkstoff)	insulation (material)
Isolierunterlage	insulating pad
ISO-Referenzmodell	ISO reference model
Istanzeige	true indication
Isterfassung	actual-value acquisition
Istleistung	actual power
Ist- und Sollwert-Vergleich	comparison of actual and setpoint values
Istwert	actual value
Istzeit	real time
IT-Netz	IT-system
IU-Kennlinie	cconstant-voltage/constant-current curve
I-Umrichter	current source inverter

J

Jahresbelastungsdauer	annual load duration
Jahresbelastungskoeffizient	annual load factor
Jahresbenutzungsdauer	annual load duration
Jahresbetriebsdauer	operating time per year
Jahresschaltuhr	twelve-month time switch
Jahresspitze	annual peak
Jahresverbrauch	annual consumption
Jahreszeittarif	seasonal tariff
Jam-Signal	jam signal
Ja-Nein-Code	on-off code
Jedermann-Band	citizens' band
JFET	junction field-effect transistor
JFIF	JPEG File Interchange Format
Jitter	jitter
JK-Kippglied mit Zweiflankensteuerung	master-slave bistable element
Jobanweisung	job statement
Jobeingabe	job entry
Joch	yoke
Jochblech	yoke lamination
Jochgestell	frame yoke
Jochrückkopplung	yoke kickback
Johnson-Effekt	Johnson effect
Jokerzeichen	wildcard character
Josephson-Speicher	Josephson (junction) memory
Joulesche Wärme	Joulean heat
JPEG	Joint Photographic Experts Group
JTC1	Joint Technical Committee 1
Jumper	jumper
jungfräuliche Kurve	initial magnetization curve
justieren	to adjust, to re-adjust
Justierfehler	alignment mismatch
Justiergenauigkeit	alignment accuracy

Justiergerät	alignment device
Justiermarke	adjusting mark
Justieroptik	aligner optics
Justierpotenziometer	trimming potentiometer
Justierspule	alignment coil
Justierung der Nulllage	re-adjustment of zero
Justierwellenlänge	alignment wavelength
Justierwiderstand	trimming resistor

K

Kabel	cable, electric cable
Kabel für Erdverlegung	direct-buried cable
Kabelabdeckstein	cable tile
Kabelabschlussgarnitur	cable terminal fitting
Kabelabstand	cable spacing
Kabelabzweigklemme	cable tapping block
Kabelarmierung	cable armour
Kabelausschaltvermögen	cable-charging breaking capacity
Kabelbaum	cable harness
Kabeleinführung	cable entry
Kabelendverschluss	cable sealing end
Kabelentzerrer	cable equalizer
Kabelfernsehanlage	cabled distribution TV system
Kabelgerüst	cable rack
Kabelkanal	cable duct, cable channel
Kabelkupplung	cable coupler
Kabelmantel	cable sheath
Kabelmesser	cable stripping knife
Kabelmuffe	cable joint
Kabelquerschnittsfläche	cable cross-sectional area
Kabelrohr	cable conduit
Kabelschacht	cable pit
Kabelschlaufe	cable loop
Kabelschuh	cable lug
Kabelspleißstelle	cable splice
Kabelsuchgerät	cable detecting device
Kabeltrasse	cable route
Kabeltrommel	cable drum
Kabelverlegung	cable laying
Kabelverschraubung	cable gland
Kabelverteiler	cable distribution cabinet
Kabelwanne	cable tray
Kabelziehstrumpf	cable grip
Käfigläufer	cage rotor
Käfigzugklemme	cage clamp terminal
Kalibriernormal	calibration standard
kalte Lötstelle	dry joint
Kältebeständigkeit	cold resistance
Kaltgerätestecker	inlet connector for non-heating apparatus
Kältekompressor	refrigerating compressor
kaltgezogen	cold-drawn
Kaltleiter	PTC-thermistor (positive temperature coefficient)
Kaltstart	cold restart
Kaltwiderstand	cold resistance
Kameraröhre	camera tube
Kammrelais	cradle relay
Kanal (Kabel)	duct, raceway
Kanalabstand (DÜ)	channel spacing
Kanaleigenschaften	channel characteristics
Kanalüberwachung	channel monitoring
Kanalwähler	channel selector
Kanalzeitschlitz	channel time slot
kantenemittierende LED	edge-emitting LED
Kapazität (Kondensator)	capacitor
Kapazität bei hoher Frequenz	high-frequency capacitance
Kapazität gegen Erde	capacitance to earth
Kapazität in Ah	ampere-hour capacity
kapazitätsarm	low-capacitance
Kapazitätsbelag	capacitance per unit

Deutsch – Englisch

	length
Kapazitätsdiode	variable capacitance diode
kapazitiv	capacitive
kapazitiv geschaltete Leuchte	luminaire with capacitive circuit
kapazitive Blindleistung	leading reactive power
kapazitive Kopplung	capacitive coupling
kapazitive Last	capacitive load
kapazitiver Ausschaltstrom	capacitive breaking current
kapazitiver Blindwiderstand	capacitive reactance
kapazitiver Reststrom	capacitive residual current
kapazitiver Spannungsteiler	capacitor voltage divider
kapazitiver Widerstand	capacitive reactance
Kippspannung	clamp(ing) voltage
Kartenleser	card reader
Kartenrelais	printed-board relay
Kaskadenanlasser	cascade starter
Kaskadenschaltung	cascade connection
Kassette	plug-in unit
Kassettendecke	coffered ceiling
Kastenbauform	box-type assembly
Kathodenemission	cathode emission
Kathodenstrahl-Oszilloskop	cathode-ray oscilloscope
Kathodenvorheizung	cathode preheating
kathodischer Korrosionsschutz	cathodic protection
Kehrwert der Kapazität	elastance
Keilrelais	a.c.- d.c. relay
Kennbuchstabe	letter symbol
Kennfaden	tracer thread
Kennfarbe	identification colour
Kenngröße	parameter, characteristic
Kennimpedanz	characteristic impedance
Kennlinie	characteristic curve
Kennlinie eines Systems	inherent characteristic of a system
Kennlinienschar	family of characteristics
Kennmelder	indicator
Kennwort	keyword, code word
Kennzeichen (Schaltplan)	qualifying symbol
kennzeichnen	to mark, to designate
Kennzeichnung	marking, designation
Keramik-DIP-Gehäuse	ceramic DIP
Keramikkondensator	ceramic capacitor
Keramiksockel	ceramic base
Kern (Magnet, Trafo)	core, iron core
Kern in Einzelblechschichtung	single-lamination core
Kernbauform (Trafo)	core form, core type
Kernenergie	nuclear energy
Kernfenster	core window
Kernfluss	core flux
Kernkraftwerk	nuclear power station
Kerzenlampe	candle lamp
Kessel-Erdschlussschutz	frame leakage protection
Kettenoberleitung	overhead contact line with catenary
Kettenschaltung	ladder network
Kilowattstundenzähler	kilowatt-hour meter
Kippfrequenz	sweep repetition rate
Kippgrenze (elektr. Maschine)	stability limit
Kippmoment	breakdown torque
kippsichere Zelle (Batterie)	unspillable cell
Kippstufe	flip-flop
Kippzeit (Monoflop)	delay time
Kissenverzeichnung	pin-cushion distortion
Klappdeckel (Steckdose)	spring flap cover
Klarglaslampe	clear lamp
Klarzeit	up time
Klasse (Genauigkeit)	class (accuracy)
Klebeband	adhesive tape
Klebespleiß (LWL)	glue splice
Klebfreiheit (Kontakt)	absence of sticking
kleiner als	less than

kleiner Prüfstrom	conventional non-fusing current
Kleinklima	microclimate
Kleinleiterplatte	miniature printed-circuit board
Kleinmotor	small-power motor
Kleinrelais	miniature relay
Kleinschaltrelais	miniature all-or-nothing relay
Kleinselbstschalter	miniature circuit-breaker (m.c.b.)
Kleinsignalverstärkung	small-signal gain
Kleinspannung	extra-low voltage (e.l.v.)
kleinster Ausschaltstrom	minimum breaking current
kleinster Schmelzstrom	minimum fusing current
Kleinstsicherungseinsatz	subminiature fuse-link
Kleinverbraucher	low-rating load
Kleinverteiler	small distribution board
Klemme elektr. Anschluss	terminal
Klemmenanschlussplan	terminal diagram
Klemmenbezeichnung	terminal marking
Klemmenisolator	terminal insulator
Klemmenkasten	terminal box
Klemmenleiste	terminal strip
Klemmkabelschuh	clamp-type cable lug
Klemmmontage	clip-on fixing
Klemmprüfspitze	clamp-type test prod
Klimaanlage	air conditioning system
klimabeständig	climate proof
Klimaklasse	climatic category
Klingelanlage	bell system
Klingelstegleitung	flat webbed bell wire
Klingeltransformator	doorbell transformer
klirrarm	low-distortion
Klirrfaktor	total harmonic distortion
Knebelschalter	knob-operated switch
Knick	kink, knee, bend
Knickpunktspannung	knee-point voltage
Knickschutzhülle	anti-kink sleeve
Knopf (Taste)	button
Knoten (Netz)	node
Knotenpunktregel von Kirchhoff	Kirchhoff's first law (current law)
Koaxialbuchse	coaxial jack
Koaxialkabel	coaxial cable
Koaxialstecker	coaxial connector
Koerzitivfeldstärke	coercive field strength
Kohlebürste	carbon brush
Kohlekraftwerk	coal-fired power station
Kohlenstoff-Zink-Batterie	carbon-zinc battery
Kohleschichtwiderstand	carbon-film resistor
Kollektor	collector
Kollektor-Basis-Reststrom	collector-base cut-off current
Kollektor-Basis-Spannung	collector-base voltage
Kollektor-Emitter-Spannung	collector-emitter voltage
kollektorloser Gleichstrommotor	brushless d.c. motor
Kollisionserkennung (LAN)	collision detection (CD)
Kollisionsverhinderung (LAN)	collision avoidance (CA)
Kombileuchte	combination luminaire
Kombinator (LWL)	combiner
kombinatorische Schaltung	combinatorial circuit
kombinierte Sicherheits- und Funktionserdung	combined protective and functional earthing
kombinierter Messwandler	combined instrument transformer
kombinierter Schutz- und Neutralleiter	combined protective and neutral conductor

Deutsch – Englisch

Kommando	command
Kommandoraum	control room
Kommunikation offener Systeme	Open Systems Interconnection (OSI)
Kommunikationsnetz	communications network
Kommunikationsprotokoll	session protocol
Kommunikationsverbindung	communications link
Kommutator	commutator
Kommutatorbürste	commutator brush
Kommutatorfeuer	commutator sparking
Kommutatorteilung	commutator pitch
Kommutierung durch direkt angeschlossenen Kondensator	directly coupled capacitor commutation
Kommutierungsdrossel	commutating reactor
Kommutierungswinkel	commutation angle
kompakter Leistungsschalter	moulded-case circuit-breaker (MCCB)
Komparator	comparator
kompatibel	compatible
Kompensation	compensation
Kompensationsanlage	reactive-power compensation equipment
Kompensationskondensator	power-factor correction capacitor
kompensierte Leuchte	power-factor corrected luminaire
kompensiertes Netz	compensated network
kompilieren	to compile
Kompilierer	compiler
komplementärer Ausgang	complementary output
komplementärer Zustand	complementary state
Komplementbildung	complementation
komplexe Größe	complex quantity
komplexer Widerstand	complex impedance
komplexes Amplitudenspektrum	Fourier amplitude spectrum
Komponente	component, unit
Komponentenbauweise	modular design
Compounderregung	compound excitation
Kompressor	compressor
Kondensator der Klasse X	capacitor of class X
kondensatorgestützte Stromversorgung	capacitor back-up power supply
Kondensatorbatterie	capacitor bank
Kondensatordurchführung	capacitor bushing
Kondensatoreinschaltstrom	capacitor bank inrush making current
Kondensatormotor	capacitor motor
Kondensatormotor mit Anlauf und Betriebskondensator	two-value capacitor motor
Kondensatorpuffer	capacitor energy store
konfektionierter Stecker	moulded plug
konfektioniertes Kabel	cable assembly, cable set
Konfiguration	configuration
Konjunktion	AND operation
Konstante	constant
konstante Spannungsabweichung	steady-state voltage change
Konstanthalter	constant-voltage transformer
Konstantspannungsladung	constant-voltage charge
Konstantspannungsquelle	stabilized voltage source
Konstantstromladung	constant-current charge
konstruktiver Aufbau	construction
Kontakt öffnet	contact opens
Kontakt schließt	contact closes
Kontaktabbrand	contact erosion
Kontaktabnutzung	contact wear
Kontaktabstand	contact gap
Kontaktanordnung	contact arrangement
Kontaktbelastbarkeit	contact rating
Kontaktfeder	contact spring
Kontaktgabe	contact making
Kontakthub	contact travel

Kontaktkreis	contact circuit
kontaktlos	contactless
kontaktlose Steuerung	solid-state control
Kontakt-Nennspannung	nominal contact voltage
Kontaktprellen	contact bounce
Kontaktreiben	contact wipe
Kontaktsatz	set of contacts
Kontaktstörung	contact disturbance
Kontaktübergangswiderstand	contact resistance
Kontaktverschweißen	contact welding
Kontaktvervielfachung	contact multiplication
Kontaktzeit "Aus"	contact parting time
Kontaktzeit "Ein"	contact making time
kontinuierliche Drehzahlverstellung	stepless speed variation
Kontrastverhältnis	contrast ratio
Kontrolle	check, inspection, verification
Kontrollempfänger	check-back receiver
Kontrollschalter	switch with pilot lamp
Kontrollzentrum	control centre
konventioneller Betrieb	manual mode of operation
konventioneller thermischer Strom in freier Luft	conventional free-air thermal current
Konvergenz	convergence
Konzentrator	concentrator
konzentrierte Impedanz	lumped impedance
konzentrische Spule	concentric coil
konzentrischer Außenleiter	concentric outer conductor
Koordinatenachse	axis of coordinate
Kopflampe	cap lamp
Kopfstation (LAN)	head-end
Kopie	copy
Kopierverstärker (Spannungsfolger)	unity-gain amplifier
Koppeldämpfung	coupling loss
Koppelfeld	switching matrix
Koppler	optical-fibre coupler
Kopplungsfaktor	mode of coupling
Kopplungsimpedanz	mutual impedance
Kopplungsprotokoll (DÜ)	communications protocol
Korbwicklung	chain winding
Korkenzieherregel	corkscrew rule
kornorientiert	grain oriented
Körper (elektr. Betriebsmittel)	exposed conductive part
Körperschluss	short-circuit to frame
Körperstrom (gefährlicher)	shock current
Körperströme (Schutz gegen gefährliche)	protection against electric shock
Korrosionsschutz	corrosion protection
Korrosionsstrom	corrosion current
Kraftdichte im elektrischen Feld	electric force density
Kraftfahrzeugelektronik	automotive electronics
Kraftfeld	field of force
Kraft-Licht-Steckdose	combined power and lighting socket-outlet
Kraftlinie	magnetic line of force
Kraftlinienbild	magnetomotive force pattern
Kraftmoment	moment of force
Kraftsensor	force sensor
Kraftsteckvorrichtung	power socket outlet and plug
Kraftstromanlage	electrical power installation
Kraft-Wärme-Kopplung	combined heat and power
Kraftwerk	power station, power plant
Kraftwerkleittechnik	power station control
Krampfschwelle (Stromunfall)	freezing current
Kreisdiagramm	circle diagram
Kreisfrequenz	angular frequency
Kreisverstärkung	loop gain
kreuzförmiger Kern	cruciform core
Kreuzschalter	intermediate switch
Kreuzschaltung	cross connection

Deutsch – Englisch

Kreuzspulinstrument	crossed-coil instrument
Kreuzung	crossing
Kriech- und Luftstrecken	creepage distances and clearances
Kriechstrom gegen Erde	earth leakage current
Kriechstromschutz	leakage current screen
Kriechweg	creepage path
kritische Drehzahl	critical speed
kritische Spannungssteilheit	critical rate of rise of voltage
kritischer Ausfall	critical failure
kritischer Ausschaltstrom	critical breaking current
Krokodilklemme	alligator clip
Kryptobox	cryptobox
Kryptonlampe	krypton-filled lamp
Kugelfunkenstrecke	sphere gap
Kugelkopfkabelschuh	spherical-head cable connector
Kugelstrahler	globe spotlight
Kühlanlage	cooling system
Kühlerventilator	radiator fan
Kühlkörper	heat sink
Kühlkörperwärmewiderstand	thermal resistance of heat sink
Kühlleistung	cooling capacity
Kühlungsart	cooling method
Kunde	consumer
künstliche Alterung	artificial ageing
künstliche Beleuchtung	artificial lighting
künstliche Erde	counterpoise
künstliche Intelligenz	artificial intelligence
künstlicher Nullpunkt	artificial neutral point
Kunststoff-Aderleitung	thermoplastic single-core non-sheathed cable
Kunststoffgehäuse	plastic enclosure
Kunststoffkabel	plastic-insulated cable
Kunststoffkanal	plastic duct
Kunststoffkondensator	film capacitor
Kunststoff-Lichtwellenleiter	all-plastic optical-fibre
Kunststoff-Panzerrohr	heavy-gauge plastic conduit
kunststoffüberzogener Leiter	plastic-covered conductor
Kupferdrahtseil	stranded copper conductor
Kupferfüllfaktor	copper space factor
Kupfergeflecht	copper braid
kupferkaschiert	copper-clad
Kupfer-Konstantan-Thermoelement	copper-constantan thermocouple
Kupferlackdraht	enamelled copper wire
Kupferoxid-Zink-Batterie	copper oxide-zinc battery
Kupferverluste	copper loss
Kuppelleitung	tie line
Kuppelschalter (USV)	tie switch
Kupplungssteckvorrichtung	cable coupler
Kurbelinduktor	megger, ductor
Kurvenform	waveform, waveshape
Kurvenform der Spannung	voltage waveform
Kurvenschar	family of curves
kurzer Impuls	short pulse
kurzgeschlossen	short-circuited
kurzschließen	to short-circuit
Kurzschließer	short-circuiter
Kurzschließstecker	short-circuiting plug
Kurzschluss	short circuit
Kurzschlussauslöser	short-circuit release
Kurzschluss-Ausschaltleistung	short-circuit breaking capacity
Kurzschlussbeanspruchung	short-circuit stress
Kurzschlussdauer	duration of the first short-circuit current flow
kurzschlussfest	short-circuit proof
kurzschlussfester Ausgang	short-circuit-proof output
Kurzschlussimpedanz	short-circuit impedance

Kurzschlusskennlinie	short-circuit characteristic
Kurzschlussleistung	short-circuit power
Kurzschlusspunkt	short-circuit point
Kurzschlusssicherung	back-up fuse
Kurzschlussverstärkung	short-circuit forward current transfer ratio
Kurzschlusswicklung	squirrel-cage winding
kurzverzögerter Auslöser	short-time-delay release
kurzverzögerter elektromagnetischer Überstromauslöser	short-time-delay electromagnetic release
kurzwellig	short-wave
Kurzzeitbelastbarkeit	short-time current carrying capacity
Kurzzeitbetrieb	short-time duty
Kurzzeitdrift	short-term drift
kurzzeitige Kontaktgabe	momentary contact making
Kurzzeit-Überlastbarkeit	short-time overload capacity
kWh-Verbrauch	kWh consumption

L

Lackisolation	varnish insulation
lackisolierter Draht	enamel-insulated wire
Ladeart	charging method
Lade-/Entladebetrieb	cycle operation
Ladekontrolllampe	battery-charge warning lamp
Ladeschlussspannung	end-of-charge voltage
Ladesteckdose	charging socket-outlet
Ladestecker	charging plug
Ladeverlauf	progress of charge
Ladezustand der Batterie	charge of battery
Ladungserhaltung	charge retention
ladungsgekoppeltes Bauelement (CCD)	charge-coupled device (CCD)
Ladungsmenge (Elektrizitätsmenge)	quantity of electricity
Ladungsträger	charge carrier
Ladungstransport	charge transfer
Ladungsverstärker	charge amplifier
Lage (Wicklung)	layer
Lagenabstand (Leiterplatte)	layer-to-layer spacing
Lagenisolation	layer insulation
Lagenspannung	voltage between layers
Lageregelung	closed-loop position control
lagerfähig	storable
Laie	ordinary person
Lampe	lamp
Lampen der Hauptreihe	standard lamps
Lampenfassung	lampholder, lamp socket
Lampenleistung	lamp wattage
Lampenprüftaste	push-to-test button for lamp
Lampenschirm	lamp shade
Lampentreiber	lamp driver
LAN	local area network
Längenausdehnungskoeffizient	coefficient of linear expansion
langfristig	long-term
langsames Blinken	slow flashing
Langsamläufer	low-speed machine
Längskapazität	series capacitance
Längsleitwert	series admittance
Längsparität	longitudinal parity
Längsstreufeld	direct-axis stray field
langverzögerter Überstromauslöser	thermally delayed overcurrent release
Langzeitbeeinflussung	long-time interference
Langzeitfehler	drift
LAN-Netzübergangseinheit	LAN gateway
Lärmpegel	noise level
Laserbereich	laser area
Lasereinrichtung der Klasse I	class I laser product

Deutsch	Englisch
Laserstrahlung	laser radiation
Last abschalten	to disconnect the load
Last zuschalten	to connect the load
Lastabhängigkeit	load impact effect
Lastabsenkung	load reduction
Lastabwurfschutz	load-shedding protection
Lastaufteilung	load sharing
Last-Ausschaltvermögen	mainly active load breaking capacity
Lastenheft	requirements specification
Lastfaktor	load factor
lastgetakteter Stromrichter	load-clocked converter
Lastimpedanz	load impedance
Lastmanagement	load management
Lastrückwirkung	load reaction
Lastschalter mit Sicherungen	switch-fuse
lastseitig	load-side
lastseitiger Phasenwinkel	load power-factor angle
Lastspitze	peak load
Laststeuerung	system demand control
Laststufenschalter	load tap changer
lastunabhängig	load-independent
Lastunsymmetrie	unbalanced load
Lastverteiler	power distribution board
Lastwiderstand	load impedance
Lastwiederkehr	load recovery
Lastzuschaltung	connecting the load
Laterne	lantern
Laufeigenschaft	performance, running property
laufen	to be in operation
Läufer	rotor, inductor
Läuferkäfig	rotor cage
Läufersteller	rotor controller
Läuferwicklung	rotor winding
Laufrichtung	direction of motion
Laufwasserkraftwerk	run-of-river power station
Laufwerk (Antrieb)	drive
Laufzeit (Maschine)	running time
Laufzeitänderung	signal duration drift
Laufzeitüberschreitung	time-out
Laufzeitüberwacher	watchdog timer
Lautsprecheranlage	public-address system
Lawinendurchbruch	avalanche breakdown
LCD	liquid-crystal display
Lebensdauer	lifetime
Lebenserwartung	life expectancy
Leckstrom im Aus-Zustand	off-state leakage current
LED	light-emitting diode
Leergehäuse	empty enclosure
Leerkontakt	unwired contact
Leerlauf	no-load operation
Leerlauf-Ausgangsspannung	no-load output voltage
Leerlaufbetrieb (Netz)	open-line operation
Leerlaufdrehzahl	no-load speed
Leerlauf-Eisenverluste	open-circuit core loss
leerlauffest	stable at no load
Leerlaufkennlinie	open-circuit characteristic
Leerlauf-Kurzschlussverhältnis	short-circuit ratio
Leerlaufspannung (Batterie)	off-load voltage
Leerlaufspannung (Generator)	open-circuit voltage
Leerlaufverstärkung	open-loop gain
Leerplatz	free space
Lehrbaukasten	instruction kit
leicht entflammbares Material	readily flammable material
leichte PVC-Mantelleitung	light PVC-sheathed cable
Leichtmetallgehäuse	light-alloy enclosure
Leistung (allgemein)	performance, capacity
Leistung (elektrisch)	power, energy, output
Leistung im Dauerbe-	continuous rating

trieb	
Leistungsabgabe	power output
Leistungsaufnahme	power input
Leistungsbedarf	power requirement, maximum demand
Leistungsbegrenzer	power limiter
Leistungseinheit	unit of demand
Leistungselektronik	power electronics
leistungsfähig	powerful
Leistungsfaktormessgerät	power-factor meter
Leistungsfluss	energy flow
Leistungsgleichrichter	power rectifier
Leistungshalbleiter	power-semiconductor component
Leistungspreis	price per kilowatt
Leistungsrückgewinnung	power recovery
Leistungsschalter	circuit-breaker (CB)
Leistungsschalterabgang	outgoing circuit-breaker unit
Leistungsschaltgeräte	power switchgear
Leistungsschild	rating plate
Leistungsschutzschalter mit Fehlerstromschutz	circuit-breaker incorporating residual-current protection (CBR)
Leistungsschwankung	power fluctuation
Leistungsstufe	rating class
Leistungsumformer	power converter
Leistungsverbrauch	power consumption
Leistungsverstärker	power amplifier
Leistungswächter	maximum-demand monitor
Leiteinrichtung	controlling system
leitender Belag	conductive layer
leitendes Erdreich	conductive mass of soil
Leiter	conductor
Leiterabstand	conductor spacing
Leiterbahn (gedruckte Schaltung)	circuit-board conductor
Leiterbündel	conductor bundle
Leiterisolierung	conductor insulation
Leiter-Leiter-Abstand	phase-to-phase clearance
Leiter-Leiter-Kapazität	capacitance between conductors
Leiterpaar (verdrillt)	twisted-pair wires
Leiterplatte	printed-circuit board
Leiterquerschnitt	conductor cross-section
Leiterschleife	conductor loop
Leiterspannung	phase-to-phase voltage
leitfähige Schutzkleidung	conductive clothing
leitfähiges Teil	conductive part
leitfähiges Teil (Körper)	body
Leitlack	conducting varnish
Leitrechner	master computer, host computer
Leitstand	control room
Leitstelle	control centre
Leitung (Energieübertragung)	electric line
Leitung (Kabel)	cable
Leitung (Speiseleitung)	feeder
Leitungen auf Putz	surface wiring
Leitungen unter Putz	concealed wiring
Leitungsabschluss	line termination
Leitungsanschluss (Eingang)	incoming-line terminal
Leitungsaufbauzeit (DÜ)	connection establishment delay
Leitungsdämpfung	line attenuation
Leitungsdurchführung	bulkhead cable gland
Leitungsende	line end, cable end
Leitungserdschluss	line-to-earth fault
leitungsgeführte Störgröße	conducted disturbance
Leitungskonstante	circuit constant
Leitungsnachbildung	equivalent line network
Leitungsschnittstelle	line interface
Leitungsschnur	cord, flexible cord
Leitungsschutzschalter	circuit-breaker
Leitungsschutzschalter	miniature circuit-

(LS)	breaker (m.c.b.)
Leitungsschutzsicherung	fuse
Leitungsstecker	cable connector
Leitungsstromdichte	conduction current density
Leitungssucher	line detector
Leitungstrasse	cable route
Leitungstreiber	line driver
Leitungstülle	cable grommet
Leitungsverlust	conduction loss
leitungsvermittelte Übertragung	circuit-switching transmission
Leitungsverstärker	repeater
Leitweg (DÜ)	route
Leitwerk	instruction control unit
Leitwert	admittance
Leitwertbelag	per-unit admittance
LEMP	lightning electromagnetic impulse
Leonardschaltung	Ward-Leonard control system
Lesefehler	read(ing) error
Lesegerät	reader unit
Lese-Schreib-Speicher	read-write memory
Lesestift (Strichcode)	reading wand
Leseverstärker	sense amplifier
Lesezyklus	read cycle
Leuchtbaustein	illuminated tile
Leuchtdichte	luminance
Leuchtdiode	light-emitting diode
Leuchtdrucktaste	illuminated key
Leuchte für Allgemeinbeleuchtung	general-purpose luminaire
Leuchte für rauen Betrieb	rough-service luminaire
Leuchtenanordnung	luminaire arrangement
Leuchtenwirkungsgrad	light output ratio
Leuchtmelder	indicator light
Leuchtmelder mit Lampenprüftaste	push-to-test indicator light
Leuchtröhre	neon tube
Leuchtschaltbild	illuminated mimic diagram
Leuchtstofflampe für Starterbetrieb	switch-start fluorescent lamp
Leuchtstofflampendimmer	dimmer for fluorescent lamps
Leuchtzifferanzeige	illuminated digital display
Lichtaufnehmer	light sensor
Lichtaustrittsfläche	effective reflex surface
lichtbeständig	resistant to light
Lichtbogenentladung	arc discharge
Lichtbogen-Erdschluss	arc-over earth fault
Lichtbogenkammer	arc chute
Lichtbogen-Löscher	arc quencher
Lichtbogen-Schweißtransformator	arc-welding transformer
Lichtbogenüberschlag	Arc flashover
Lichtbündel	light beam
lichtelektrischer Empfänger	photodetector
Lichtempfänger	opto-receiver
Lichtgriffeleingabe	light-pen hit
Lichtleiter (Beleuchtung)	light guide
Lichtleiterbus	fibre-optic bus
Lichtmaschine (Kfz)	generator
Lichtrufanlage	luminous call system
Lichtschranke	photoelectric barrier
Lichtsender	opto-transmitter
Lichtstrom	luminous flux
Lichtstromkreis	lighting circuit
Lichttaster	light pushbutton
Lichtverteilung (Installation)	lighting distribution
Lichtwellenkabel	optical-fibre cable
Lichtwellenleiter	optical fibre
Lichtwellenleiterbus	fibre-optic bus
Lichtwellenleiter-Fernsprechkabel	optical fibre telephone cable
Lichtwellenleiter-Übertragungssystem	fibre-optic transmission system
Lieferung (von Strom)	supply of power
Lieferzeichnung	delivery drawing
LIFO	last-in-first-out

Linearantrieb	linear-motion drive
lineare Schwingung	rectilinear vibration
Linearität	linearity
Linear-Schrittmotor	linear stepper motor
Linienstromschnittstelle	current-loop interface
Linienverbindung (DÜ)	partyline link
Linke-Hand-Regel	left-hand rule
links schieben	shift left
Linksdrehung	left-hand rotation
Linkslauf	anti-clockwise rotation
Linsenscheinwerfer	lens spotlight
Lithium-Batterie	lithium battery
Litze	litz wire
Litze	litz wire, flexible lead
logarithmische Teilung	logarithmic scale
logarithmisches Amplitudenverhältnis	logarithmic gain
Logikablaufplan	logic sequence diagram
logische Grundfunktion	basic logic function
logische Prüfung	logic test
logische Verbindung	logical link
logische Verknüpfung	logic operation
logischer Zustand	logic state
Lokales Datennetz (LAN)	local area network
Lorentz-Kraft	Lorentz force
lösbare Verbindung	disconnectable connection
Löschanlage (Feuer)	extinguishing system
löschbarer u. programmierbarer Festwertspeicher	erasable programmable read-only memory (EEPROM)
Löscheinrichtung (Speicher)	erasing facility
löschen (Anzeige)	to cancel
löschen (Daten)	to erase
Löschgas	quenching gas
Löschkondensator	surge absorbing capacitor
Löschkopf (Magnet)	erasing head
Löschtaste	cancelling button
lösen (abnehmen)	to detach
Lötabdecklack	solder resist
Lötanschluss	solder termination
Lötbad	solder bath
lötbar	solderable
löten	to solder
lötfreie Verbindung	solderless connection
Lötmittel	soldering flux
Lötöse	soldering tag
Lötverteiler	tag block
Lötzinn	tin solder
L-Potenzial	low potential
Lücke	gap
lückenlos	contiguos
Luftabstand	clearance in air
luftdicht	air-tight
Luftdrosselspule	air-core inductor
Lüfter	fan
Lüftergehäuse	fan housing
Luftfeuchtigkeit	air humidity
Luftfunkenstrecke	spark gap in air
luftisoliert	air-insulated
Luft-Lasttrenner	air-break switch-disconnector
Luft-Luft-Wärmetauscher	air-to-air heat exchanger
Luftschall	air-borne noise
Luftschütz	air-break contactor
Luftspalt	air gap
Luftspaltinduktion	air-gap induction
luftspaltloser Magnetkreis	closed magnetic circuit
Luftstrecke zwischen den Polen	clearance between poles
Lufttransformator	air-core transformer
Luftverdichter	air compressor
Lumineszenz	luminescence
Lüsterklemme	lamp-wire connector
LWL-Koppler	optical-fibre coupler
LWL-Spleiß	optical-fibre splice
LWL-Steckeckverbinder	optical-fibre connector

M

MAC	Medium Access Control
Magnet	magnet
Magnetanker	magnet armature
Magnetbandkassettenlaufwerk	cartridge tape drive
Magnetdurchflutung	ampere-turns
Magnetfeld	magnetic field
Magnetfeldstärke	magnetic field strength
Magnetfluss	magnetic flux
magnetisch	magnetic
magnetisch geschirmt	screened against magnetic effects
magnetische Abschirmung	magnetic shielding
magnetische Auslösung	magnetic tripping
magnetische Beeinflussung	magnetic effects
magnetische Durchlässigkeit	permeability
magnetische Empfindlichkeit	magnetic sensitivity
magnetische Feldstärke	magnetic field strength
magnetische Induktion	magnetic induction
magnetische Kraftlinien	magnetic lines of force
magnetische Remanenz	magnetic remanence
magnetische Sättigung	magnetic saturation
magnetische Umlaufspannung	magnetic potential difference along a closed path
magnetische Vorzugsrichtung	preferred direction of magnetisation
magnetischer Dipol	magnetic dipole
magnetischer Kern	magnetic core
magnetischer Leitwert	permeance
magnetischer Nebenschluss	magnetic shunt
magnetischer Pol	magnetic pole
magnetischer Weg	magnetic path
magnetischer Widerstand	reluctance
magnetisches Erdfeld	geomagnetic field
magnetisches Haftrelais	magnetically latched relay
magnetisches Restfeld	remanent magnetic field
magnetisches Zeitrelais	magnetic time-delay relay
magnetisieren	to magnetize
Magnetisierungsarbeit	magnetization energy
Magnetisierungsrichtung	direction of magnetisation
Magnetisierungsschleife	hysteresis loop
Magnetismus	magnetism
Magnetjoch	magnet yoke
Magnetkartenausweis	magnetic stripe identity card
Magnetkern	magnet core
Magnetlegierung	magnetic alloy
magnetostriktiver Effekt	magnetrostrictive effect
Magnetplatte	magnetic disc
Magnetron	magnetron
Magnetschalter	electromagnetic switch
Magnetschütz	electromagnetic contactor
Magnetstahl	magnet steel
Magnettrommel	magnetic drum
Magnetverstärker-Spannungsregler	magnetic-amplifier voltage regulator
MAN	Metropolitan Area Network
Mängelbericht	non-conformance report
männlicher Kontakt	male contact
Mantel (Kabel)	sheath, jacket
Manteldruckkabel	self-contained pressure cable
Manteldurchmesser (LWL)	cladding diameter
Mantelkern	sleeve core
Mantelleitung	light plastic-sheathed cable
manueller Betrieb	manual mode of

	operation
markieren	to mark
Masche (Netzwerk)	mesh
Maschenerder	grid-type earth electrode
Maschenregel	Kirchhoff's second law (voltage law)
Maschine für eine Drehrichtung	non-reversing machine
Maschine mit Fremderregung	separately excited machine
Maschine mit Strahlwasserschutz	hose-proof machine
Maschine mittlerer Leistung	machine of medium-high rating
Maschinenhaus	power house
maschinenorientierte Programmiersprache	computer-oriented language
Maschinensprache	machine code
Maschinenumformer	motor-generator set
Maskendialogsystem	interactive forms system
maskenprogrammierter Festwertspeicher	mask-programmed read-only memory
Maß (Abmessung)	dimension
Masse (Erdung)	earth, ground
Masseanschluss	bonding to frame
Masseband	earthing strip
Maßeinheit	unit
Massekabel	earthing cable
Massepotenzial	frame potential
Masseverbindung	chassis earth connection
Massivleiter	solid conductor
Massivsilberauflage	solid-silver facing
Mast (Holz, Beton)	pole, post
Master-Slave-Betrieb	master-slave operation
Mastfundament	tower footing
Matrix-Tintendrucker	ink-jet matrix printer
Mattenisolierung	blanket-type insulation
MAU	Medium Attachment Unit
Maus (Eingabegerät)	mouse
Maximalausschlag	maximum deflection
maximale Ausgangsfrequenz	full-scale output frequency
maximale Erregung	maximum field
maximale Stromstärke in Abhängigkeit vom Leiterquerschnitt	cross-section/current relationship
maximale zulässige Umgebungstemperatur	maximum ambient temperature
maximaler Speicherausbau	maximum memory configuration
maximales Ausgangssignal	maximum signal output
Maximal-Verlustleistung	maximum power loss
Maximum-Messrelais	maximum measuring relay
Maximumtarif	demand tariff
Maximumwächter	maximum-demand monitor
mechanische Endbegrenzung	mechanical end stop
mechanische Magnetbremsung	electromagnetic braking
mechanische Wiedereinschaltsperre	mechanical reclosing lockout
mechanischer Abgleich	mechanical balance
mechanischer Leistungsschutzschalter	mechanical circuit-breaker
mechanisches Zeitrelais	mechanically timed relay
Medium-Anschlusseinheit	medium attachment unit
Mehrkanalbetrieb	multi-channel mode
Mehrlagen-Leiterplatte	multi-layer printed board
mehrlagige Spule	multi-layer coil
Mehrleiterkabel	multi-conductor cable
Mehrmodenfaser	multimode fibre
Mehrphasenstromkreis	polyphase circuit
Mehrplatzsystem	multi-user system
mehrpolig	multipole
mehrpoliger Steckver-	multipole connector

binder	
Mehrprozessorsystem	multiprocessor system
Mehrpunktverbindung (DÜ)	multi-endpoint connection
Mehrquadrantenantrieb	multi-quadrant drive
Mehrrechnersystem	multi-computer system
mehrreihiger Steckverbinder	multi-row connector
Mehrschichtwicklung	multi-layer winding
Mehrsignal-Messgerät	multiple-channel instrument
Mehrspannungsnetzgerät	multi-voltage power supply unit
mehrsträngig	multi-phase
Mehrstrom-Generator	multiple-current generator
mehrwertige Logik	majority logic
mehrzeilig	multi-tier
Mehrzweckanlage	multi-purpose system
Meister	foreman
Meldeanlage	signalling system
Meldeeingang	signal input
Meldeeinrichtung	annunciator
Meldekabel	signalling cable
Meldekontakt	signalling contact
Meldelampe	pilot lamp
Melder (Brand)	detector
Melderelais	pilot relay
Melderlinie (Brand)	detector zone
Meldespannung	signalling-circuit voltage
Meldestromkreis	signalling circuit
Meldetafel	annunciator panel
Meldezentrale (Brand)	fire alarm receiving station
Meldung	indication, annunciation
Meldungsanzeige (Monitor)	event display
Meldungsverarbeitung	event processing
menschliches Versagen	human error
Mensch-Maschine-Dialog	man-machine dialog
menügeführt	menu assisted
Merkmal	characteristic
Mess-, Steuer- und Regelgeräte	measuring and control equipment
Messbereich	effective range
Messbereichsanfangswert	lower limit of effective range
Messbereichsendwert	upper limit of effective range
Messbuchse	test socket
Messeinheit	unit of measurement
Messeinrichtung	metering unit
messen	to measure
Messergebnis	result of a measurement
Messerkontakt	blade contact
Messerleiste	plug connector
Messfühler	sensor
Messgenauigkeit	measuring accuracy
Messgerät	meter, measuring instrument
Messgerät mit Spannungsteiler	instrument used with voltage divider
Messgerät mit Zifferanzeige	digital meter
Messgrößenaufzeichnung	recorded measured quantity
Messklemme	test terminal
Messkonstante	constant of measuring instrument
Mess-Nebenwiderstand	measuring shunt
Messplatz (Prüfplatz)	test stand
Messprotokoll	test record
Messschleife	measuring loop
Mess-Spannungswandler	measuring voltage transformer
Messstellenumschalter	measuring-point selector
Messtechnik	measurement technique
Messumformer	measuring transducer
Messunsicherheit	measurement uncertainty
Messverstärker	instrument amplifier

Messwandler	instrument transformer
Messwert (gemessener Wert)	measured value
Messwert (zu messender Wert)	measurand
Messwerterfassung	measured value acquisition
Messwiderstand	laboratory resistor
Messzusatz	measurement adapter
metallen blank	metallic bright
Metallfilmwiderstand	metal film resistor
Metallfolienkondensator	metal-foil capacitor
metallhaltige Bürste	metallized brush
metallisierter Kondensator	metallized capacitor
Metall-Isolator-Halbleiter-FET	metal-insulator-semiconductor FET (MIS FET)
Metallkern-Leiterplatte	metal-core printed board
Metallmantelkabel	metal-sheathed cable
Metalloxidschicht-Halbleiterschaltung	metal-oxide semiconductor circuit (MOS)
Metalloxid-Varistor-Ableiter	metal-oxide varistor arrester
Metall-Papier-Kondensator	metallized-paper capacitor
Metallschichtwiderstand	metal film resistor
Mietleitung	leased line
Mikroelektronik	microelectronics
Mikrokrümmung (LWL)	micro-bending
mikroprogrammierbare Steuerung	microprogrammable control
Mikroprozessorsteuerung	microprocessor-based control
Mikroschalter	microswitch
Mikrostreifenleitung	microstrip line
min $^{-1}$ (Umdrehung pro Minute)	revolutions per minute (r.p.m.)
Mindestabstand von benachbarten Bauteilen	minimum clearance from adjacent components
Mindestausschaltstrom	minimum breaking current
Mindestlaststrom	minimum load current
Mindestleistung	minimum demand
Miniaturstecker	subminiature connector
minimaler Abstand zwischen Teilen unter Spannung und geerdeten Teilen	phase-to-earth clearance
Minipolrelais	subminiature polarized relay
Minusabweichung	negative deviation
Mischdiode	mixer diode
Mischfederleiste	hybrid socket connector
Mischspannung	pulsating voltage
Mischverdrahtung	combined wiring
mitgeführter Schutzleiter	protective conductor incorporated in cable
Mitkopplung	positive feedback
mitlaufendes System	positive phase-sequence system
mitschwingen	to resonate
Mittelanzapfung	centre tap
mittelbare Erdung	indirect earthing
Mittelfrequenz	medium frequency (MF)
Mittelleistungstransformator	medium-power transformer
Mittelleiter (mit Schutzfunktion)	protective neutral conductor
Mittelleiter (Neutralleiter)	neutral conductor
Mittelpunkt (Sternpunkt)	neutral point
Mittelpunktschaltung	centre-tap connection
Mittelschenkel (Trafo)	centre limb
Mittelspannung	medium voltage (MV)
Mittelspannungsnetz	primary distribution network
Mittelstellung	centre position
mittelträge Sicherung	medium time-lag fuse
Mittelwert	mean value, average

	value
Mittelwert der Leistung	mean value of power
Mitteneinspeisung	centre infeed
Mittenfrequenz	centre frequency
Mittenschutzkontakt	centre earthing contact
mittlere Abweichung	mean deviation
mittlere Dauerleistung	mean continuous output
mittlere Entladespannung	mean discharge voltage
mittlere Ladespannung	mean charging voltage
mittlere PVC-Schlauchleitung	ordinary PVC-sheathed flexible cord
mittlere Reparaturdauer	mean time to repair (MTTR)
mittlere Spannung	mean voltage
mittlere Verfügbarkeit	mean availability
mittlere Windungslänge	mean length of turn
mittlerer Ausfallabstand	meantime between failures (MTBF)
MKL-Kondensator	metallized-plastic capacitor
MKV-Kondensator	low-loss metallized-dielectric capacitor
mnemotechnischer Code	mnemonic code
Modem	modem (modulator-demodulator)
Modul	module
modulares Fehlerstromgerät	modular residual-current device (m.r.c.d.)
Modulbreite	module width
momentane Verfügbarkeit	instantaneous availability
Momentanwert	instantaneous value
monostabiles Kippglied	monostable element
monostabiles Relais	monostable relay
Montage	installation, erection
Montageanleitung	assembly instructions
Montageplan	installation schedule
Montagewerkzeug	assembly tool
Motor	motor
Motor für allgemeine Anwendungen	general-purpose motor
Motor für eine Drehrichtung	non-reversing motor
Motor für zwei Drehrichtungen	reversing motor
Motor mit Betriebskondensator	capacitor start and run motor
Motor mit mehreren Drehzahlen	multi-speed motor
Motor mit Reihenschlusswicklung	series-wound motor
Motor mit Widerstandsanlasser	resistance-start motor
Motoranlasser	motor starter
Motoraufhängung	motor suspension
motorbetriebenes Gerät	motor driven apparatus
Motor-Generator	motor-generator set
motorisch angetrieben	motor-driven
Motor-Lastschalter	motor switch
Motornennleistung	rated motor output
Motorschutz	motor protection
Motorschütz	motor contactor
Motorschutzschalter	motor protecting switch
Motorstarter	motor starter
Motorsteller	motorized rheostat
Motorvollschutz	thermistor-type motor protection
MP-Kondensator	metallized-paper capacitor
Muffe	sleeve, bush
Muffe (Kabelverbindung)	joint
Multimeter	multimeter
Multiplexbetrieb	multiplex operation
Multivibrator	multivibrator
Mumetall	nickel iron
Mutteruhr	master clock

N

nach M schaltend	current sinking
nach P schaltend	current sourcing
nacheilende Kontaktgabe	late closing
Nachführung (Spannung)	correction, adjustment
nachgehende Uhr	slow clock
nachgeordnete Sicherung	downstream fuse
nachjustieren	to re-adjust
nachladen	to reload
Nachladestrom	absorption current
Nachlauf (Motor)	slowing down
Nachlaufregelung	servo-control
Nachleuchten	persistence
Nachrichtencodierung	message coding
Nachrichtensatellit	communication satellite
Nachrichtentechnik	telecommunications engineering
Nachrichtenübertragungsleitung	telecommunication line
Nachrichtenverschlüsselung	message coding
nachtriggern	to retrigger
Nachtspeicherheizung	off-peak storage heating
Nachweis der Isolationsfestigkeit	verification of dielectric properties
Nadeldruckkopf	matrix print head
Nadelimpuls	spike
Nagel-Doppelschelle	nailing saddle
Nahbuskabel	drop cable
Nah-Entstörung	short-distance interference
Näherungsschalter	proximity switch
Nahfeld	near field
Nahfeldlänge	near field length
Nahkopplung	local link
NAND	NAND element
NAND-Verknüpfung	NAND operation
Nass-Primärbatterie	wet primary battery
Natrium-Schwefel-Batterie	sodium-sulphur battery
natürlicher Erder	fortuitous earth electrode
natürliches Rauschen	natural noise
N-Auslöser	n-release
Nebenbandaussendung	out-of-band emission
nebeneinanderschalten	to connect in parallel
Nebenlicht	ambient light
Nebenschleife	minor loop
Nebenschluss-Erregerwicklung	shunt field winding
Nebenschlussgenerator	shunt-wound generator
Nebenschlussmaschine	shunt-wound machine
Nebensprechen	crosstalk
Nebenviererkopplung	quad-to-quad coupling
Nebenwiderstand	shunt resistor
Negation	logic negation
negative Flanke	negative edge
negative Rückkopplung	negative feedback
negativer Pol	negative pole
negatives Vorzeichen	negative sign
Nennausgangsspannung	rated output voltage
Nennbereich	nominal range
Nennbetrieb	operation at nominal value
Nennbetriebsbedingungen	rated operating conditions
Nennbetriebsdauer	nominal operating time
Nenndrehzahl	basic speed
Nenneingangsspannungsbereich	rated supply voltage range
Nennfrequenz	nominal frequency
Nenngröße	nominal value
Nennkapazität	nominal capacity
Nennleistung	nominal power
Nennleistungsfaktor	nominal power-factor
Nenn-Netzspannung	system nominal voltage

Nenntemperatur	nominal temperature
Nennwirkleistung	nominal active power
Nettodaten	net data
Nettokapazität (Speicher)	formatted capacity
Nettoleistung (Generator)	net output
Netz	system network
Netz mit Erde als Rückleitung	earth return system
Netz mit geerdetem Sternpunkt	earthed-neutral system
Netzabschaltung	disconnection from line
Netzadapter	line adapter
Netzanschluss	supply connection
Netzausfall	mains failure, power failure
netzbetrieben	mains-operated
Netzdrossel	line reactor
Netz-Ein-Schalter	power-on switch
Netzersatzaggregat	standby generating set
Netzfilter	line filter, mains filter
Netzfrequenz	system frequency
netzgeführter Stromrichter	line-commutated converter
Netzgerät	power pack
Netzimpedanz	system impedance
Netzkuppeltransformator	system interconnecting transformer
Netzlast	mainly active load
Netzleittechnik	power system management
Netzleitung	mains cable
Netzplantechnik	network planning technique (critical path method)
Netzrückspeisung	power recovery
Netzschalter	mains switch
Netzschalter (Gerät)	power switch
Netzspannung	supply voltage
Netzspannungsfall	system voltage drop
Netzstabilisiergerät	power system stabilizer
Netzsteckdose	mains socket-outlet
Netzstecker	mains plug
Netzsternpunkt	system neutral
Netzteil	power supply unit
Netztransformator	main transformer
Netzumschalter	system selector switch
Netzversorgung (USV)	prime power
Netzwächter	line monitor
Netzwerkanschlusseinheit	network access unit
Netzwerkprotokoll	network protocol
Netzwicklung (Trafo)	line winding
Netzzugangspunkt (LAN)	terminal access point
Neuanlauf	cold restart
Neutralleiter	neutral conductor
N-Halbleiter	N-type semiconductor
NH-Sicherung	low-voltage high-breaking-capacity fuse
nicht abschaltbare Steckdose	unswitched socket-outlet
nicht aktivierte Batterie	unactivated battery
nicht bewehrtes Kabel	non-armoured cable
nicht eigensicher	non-intrinsically safe
nicht einstellbarer Auslöser	non-adjustable release
nicht gerichteter Stromschutz	non-directional current protection
nicht in Betrieb	non-operating state
nicht polarisiert	non-polarized
nicht umkehrbarer Motor	non-reversible motor
Nichtanlauf	failure to start
Nichtauslösefehlerstrom	residual non-operating current
Nichtauslösezeit	non-tripping time
nicht automatischer Brandmelder	manual alarm box
Nichteisenmetall	non-ferrous metal
nicht elektrisch	non-electric
nichtflüchtiges RAM	non-volatile RAM
Nicht-Glied	NOT
nicht invertierender	non-inverting ampli-

Verstärker	fier
nicht leitend	non-conductive
nicht lineare Verzerrung	non-linear distortion
nicht magnetisch	non-magnetic
nicht-netzfrequenter Anteil	non-line-frequency content
nicht periodisch	non-periodic
nicht rückstellbarer Melder	non-resettable detector
nicht selbstheilender Kondensator	non-self-healing capacitor
nicht stationär	non-steady
nicht synchroner Betrieb	non-synchronous operation
Nichtverfügbarkeit	unavailability
Nickel-Kadmium-Akkumulator	nickel-cadmium battery
Nickel-Eisen-Blech	nickel-iron sheet
niederfrequent	low-frequency
Niederfrequenz (NF)	audio frequency
niederohmig	low-resistance
niederohmiger Widerstand	low-value resistor
Niederspannung	low voltage
Niederspannungsanlage	low-voltage system
Niederspannungshauptverteilungsleitung	low-voltage distribution mains
Niederspannungslampe	low-volt lamp
Niederspannungs-schaltanlage	low-voltage switchgear
Niederspannungsverteiler	distribution board
Niederspannungs-wandler	low-voltage instrument transformer
niederwertiges Bit	least significant bit (LSB)
niedrigste Versorgungs-spannung	minimum power supply voltage
Niveauwächter	level switch
N-Klemme	neutral terminal
Nockenantrieb	cam-operated mechanism
Nockenschalter	cam-operated switch
nominaler Skalenendwert	nominal full-scale value
Nomogramm	nomogram
NOR-Glied	NOR element
Normalbedingungen	normal service conditions
Normalbelastung	standard load
Normalbetrieb	normal operation
normale Beanspruchung	for normal use
normale Betriebsbedingungen	normal operating conditions
normale Kontaktöffnungsweite	normal-gap construction
Normal-EMK	standard electromotive force
Normalformat	standard format
Normalien-Stelle	standards laboratory
Normalklima	standard atmospheric conditions
Normalprüffinger	standard test finger
Normalreihe	standard range
Normalstörgrad	normal interference level
Normalzähler	standard meter
Norm-Bezugswert	standard reference value
Normentwurf	draft standard
normgerecht	in conformance with standards
normiert	scaled, normalized
normierter Frequenzgang	normalized frequency response
normierter Impuls	standard pulse
Normmotor	standard motor
Normprofilschiene (Hutschiene)	top-hat rail
Normspannungen	standard voltages
Normteil	standard part
NOR-Verknüpfung	NOR operation
Notabschaltung	emergency stop
Not-Aus-Drucktaste	emergency stop button
Not-Aus-Schalteinrichtungen	emergency devices
Not-Aus-Schleife	emergency stop

	circuit
Notbeleuchtung	emergency lighting
Notbetrieb	emergency operation
Not-Halt	emergency stop
Notkühlung	standby cooling
Notleuchte	emergency luminaire
Notruf	emergency call
Notrufanlage	emergency telephone
Notstrombatterie	emergency battery
Notstromgenerator	emergency generator
Notstromversorgung	emergency power supply
n-polig	n-pole
n-stellig	n-digit
NTC-Halbleiterfühler	negative temperature coefficient thermistor detector
n-te Harmonische	nth harmonic
Nullabgleich	balance
Nulldurchgang	zero crossing
Nulldurchgang (Spannung)	voltage zero
Nullleiter (PEN)	PEN conductor
Nullleiter-Fehlerstromschutzschalter	PEN conductor monitoring circuit-breaker
Nullmodem	null modem
Nullphasenwinkel	zero phase angle
Nullpotenzial	zero potential
Nullpunkt (Sternpunkt)	neutral point
Nullpunktabweichung	offset error
Nullpunktdrift	zero drift
Nullpunktfehler	zero error
Nullspannungsauslöser	no-volt release
Nullstellen des Zählers	reset the counter
Nullstellung	zero position
Nullung	TN system
numerisch gesteuerte Maschine	numerically controlled machine
numerische Apertur (LWL)	numerical aperture
numerische Tastatur	numerical keypad
Nummernschema	numbering scheme
Nur-Lese-Speicher	read-only memory
Nutenanker	slotted armature
Nutfrequenz	tooth pulsation frequency
Nutzarbeit	useful work
Nutzbrenndauer (Lampe)	useful life
Nutzenergie	useful energy
Nutzfluss	useful flux
Nutzfrequenz	fundamental frequency
Nutzpegel	useful signal level
Nutz-Störsignal-Verhältnis	signal-to-disturbance ratio
Nutzung elektrischer Energie	utilization of electrical energy

O

Oberbeleuchtung	overhead lighting
oberer Leistungsbereich	high performance level
oberer Schaltpunkt (Regler)	higher switching value
Oberflächenbestückung	surface mounting
Oberflächendichte des Stroms	surface current density
Oberflächenerder	conductor earth electrode
Oberflächen-Isolationswiderstand	surface insulation resistance
Oberflächenleitung	surface conduction
Oberflächentemperatur	surface temperature
Oberflächenüberschlag	surface flashover
oberflächenvergoldet	gold-plated
oberirdische Leitung	overhead line
Oberschwingungsanteil	harmonic component
Oberschwingungsquarz	overtone-mode crystal
Oberspannungsanschluss	high-voltage terminal
Oberspannungsanzapfung	high-voltage tap
Oberspannungsseite	high-voltage side
Oberwelle dritter Ordnung	third harmonic

Oberwellen höherer Ordnung	high-order harmonics
Oberwellenfilter	harmonic filter
oberwellenfrei	harmonic free
Objektcodeprogramm	object code program
OCR-Handleser	hand-held OCR scanner
ODER-Glied	OR element
offene Installation	exposed wiring
offene Regelschleife	open-loop control
offene Stellung	open position
offene Zelle (Batterie)	open cell
offener Stromkreis	open circuit
öffentliches Fernsprechnetz	public telephone network
Offlinebetrieb	off-line operation
öffnende Temperatursicherung	normally closed thermal link
Öffner	break contact
Öffner vor Schließer	break-before-make contact
Öffnungsverzögerungszeit	aperture delay time
Ohmmeter	ohmmeter
ohmsch	ohmic
ohmsche Belastung	resistive load
ohmsche Kopplung	resistive coupling
ohmscher Kontakt	ohmic contact
ohmscher Spannungsfall	ohmic voltage drop
ohmscher Spannungsteiler	potentiometer-type resistor
Ohm-Wert	Ohm-value
ohne Unterbrechung schaltend	bridging operation
Oktalzahl	octal number
Öldrosselspule	oil-imersed reactor
Öldruckkabel	oil-pressure cable
Öldruckkabel	oil pressure cable
ölisoliert	oil-insulated
Öl-Leistungsschalter	oil-circuit-breaker
Öltransformator	oil-immersed transformer
Öltransformator mit natürlicher Luftkühlung	oil-immersed self-cooled transformer
Onlinebetrieb	on-line operation
Operationscode	operation code
Operationsverstärker	operational amplifier
Optik	optics
optimale Ausgangsleistung	optimum output power
optische Abtastung	optical scanning
optische Zeichenerkennung	optical character recognition (OCR)
optischer Empfänger	optical detector
optischer Impulsgeber	optoelectronic impulsing transmitter
optischer Isolator	optical isolator
optischer Koppler	optical coupler, optocoupler
optischer Rauchmelder	optical smoke detector
optoelektrischer Wandler	optoelectric receiver
Optokoppler	optocoupler
organisatorische Sicherheitsmaßnahmen	administrative safety measures
Orientierungsbeleuchtung	pilot lighting
Orten von Störungen	fault localisation
örtliche Bedingungen	local conditions
örtliche Betätigung	local control
Ortsbatterie	local battery
Ortserde	building ground
ortsfeste elektrische Betriebsmittel	stationary electrical equipment
ortsfeste elektrische Installation	fixed electrical installation
ortsfester Transformator	stationary transformer
Ortskurve des Frequenzganges	frequency response locus
Ortsnetz	urban network
ortsveränderliche Betriebsmittel	portable equipment
ortsveränderliche Fehlerstrom-Schutzeinrichtung	portable residual overcurrent device (PRCD)

Deutsch – Englisch

ortsveränderliches Gerät	portable appliance
Ortung (Erdschluss)	localization
OSI	Open Systems Interconnection
Ost-West-Verzerrung	horizontal distortion
Oszillator	oscillator
Oszilloskop	oscilloscope
OW	oil-water cooling
Oxidschicht	oxide film

P

PA-Anschlussklemme	terminal for potential equalizing circuit
paarig verseilte Adern	twisted-pair wires
Paket (Kernblech)	packet, laminated core
paketvermittelndes Datennetz	packet switching data network
Panzerplatte (Batterie)	iron-clad plate
Panzerrohr (PVC)	hard PVC-conduit
Papierdecklage	paper top layer
Papierkondensator	paper capacitor
Parabolreflektor	parabolic reflector
parallel geschaltet	connected in parallel
parallel gewickelt	parallel-wound
Parallelbetrieb	parallel operation
Parallel-Erdschluss-schalter	parallel-contact earthing switch
Parallelkapazität	parallel capacitance
Parallelkompensation (Leistungsfaktor)	parallel power-factor correction
Parallelresonanz	parallel resonance
parallelschalten	to connect in parallel
Parallelschnittstelle	parallel interface
Parallelschwingkreis	anti-resonant circuit
Parallel-Serien-Schaltung	parallel-series connection
Parallelwicklung	common winding
Parallelwiderstand	shunt resistor
Parameter	parameter
parasitäre Schwingung	parasitic oscillation
Paritätsfehler	parity error
Paritätsprüfung	parity check
Passeinsatz (Sicherung)	gauge piece
passive Linienstrom-schnittstelle	passive current loop interface
passiver Teilnehmer (Bus)	slave
passives Filter	passive filter
Passwort	password
Pause (Maschine)	machine at rest and deenergized
Pausenzeit	time interval
PC-Messgerät	PC-based measuring instrument
PCM-Impulsrahmen	PCM-frame
PCS-Faser	plastic-coated silicon fibre
PC-Zentraleinheit	PC central unit
PD-Regelung	proportional-plus-derivative control
PE (Schutzerde)	protective earth
Peakhöhe	peak height
Pegel	level
Pegelmesser	level meter
Pegelumsetzer	level converter
Peilantenne	direction-finding aerial
PE-Leiter (geerdeter Schutzleiter)	protective earth conductor
Pendelleuchte	pendant luminaire
Pendeln (Netz)	power swing
PEN-Klemme	PEN-terminal
Periode	cycle, period
Periodendauer	period, period of oscillation
periodisch	periodic
periodische Betätigung	cyclic actuation
periodische Spitzen-spannung	recurring peak voltage
periodischer Aussetz-betrieb	periodic duty
Peripherie	peripherals
Peripheriebaugruppe	interface module
Peripheriestecker	non-bus edge connector

permanenterregte Maschine	permanent-field machine
Permeabilität	permeability
Permeabilität des leeren Raumes	permeability of free space
Permeabilitätskonstante	electric constant, permittivity
Permittivität	absolute permittivity
Personenrufanlage	paging system
Pfeiltaste	arrow key
Pferdestärke	horsepower (h.p.)
pflegen	to maintain
Pflichtenheft	requirements specification
P-Glied	P-element
Phantomkreis	phantom circuit
Phantom-ODER	wired OR
Phantom-UND	wired AND
Phase-Erde-Isolation	phase-to-earth insulation
Phasen L1,L2,L3	phases L1, L2, L3
Phasenabweichung	phase difference
Phasenanschnittsteuerung	phase-fired control
Phasenauswahlrelais	phase selection relay
Phasendrehung	phase rotation
Phasenfolge	phase sequence
Phasenfolgeanzeiger	phase-sequence indicator
Phasen-Frequenzgang	phase-frequency response
Phasengang	phase response
phasengleich	in phase
Phasenkurzschluss	phase-to-phase short circuit
Phasenlage	phase angle
Phasenprüfer	phasing tester
Phasenschieber	synchronous compensator
Phasenschieber-Kondensator	power-factor correction capacitor
Phasenschreiber	recording phasemeter
Phasenspannung (Strang)	phase voltage
Phasenspannung gegen Erde	line-to-earth voltage
Phasensprung	sudden phase change
phasensynchronisierte Schleife	phase-locked loop (PLL)
Phasenüberwachung	open-phase protection
Phasenumkehr	phase reversal
Phasenungleichheit (Winkel)	phase-angle displacement
Phasenverschiebung um 900	phase quadrature
Phasenverschiebungswinkel	phase difference
Phasenvertauschung	phase transposition
Phasenverzerrung	phase distortion
pH-Messgerät	pH-meter
physikalische Adresse	physical address
PID-Regelung	proportional-plus-integral-plus-derivative action control
piezokeramischer Schwinger	piezoceramic oscillator
Pilotkontakt	pilot contact
Pilz-Druckknopf	mushroom pushbutton
Pilztaster	mushroom button
pinkompatibel	pin-compatible
PI-Regler	proportional-plus-integral controller
P-Kanal-Feldeffekttransistor	P-channel field-effect transistor
Plan (Anordnung)	layout
Plastikgehäuse	plastic case
Plastik-LWL	all-plastic optical-fibre
Platine (Leiterplatte)	printed-circuit board
Platin-Widerstandsthermometer	platinum resistance thermometer
Plattenpaar (Batterie)	plate couple
Plattenspeicher	magnetic disk storage
Platz (auf Leiterplatte)	location
Platz (im Baugruppen-	position

träger)	
platzsparend	compact
Plombe	lead seal
plötzlicher Lastabwurf	sudden load rejection
Plus-Anzapfung	plus tapping
Pluszeichen	plus sign
Polarisation	polarization
polarisiertes Relais	polarized relay
Polarität	polarity
Polaritätsanzeiger	polarity indicator
Pole (Maschine)	poles
Polfläche	pole face
Polkern	pole core
Polmagnet	pole magnet
Polpaarverhältnis	pole-pair ratio
Polrad	rotor
Polschraube u. Polmutter (Batterie)	connection screw
Polschuh	pole shoe
Polspannung	synchronous generated voltage
Polspule	field coil
Polstärke	pole strength
Polumkehr	polarity reversal
polumschaltbarer Motor	pole-changing motor
Polumschaltschütz	pole-changing contactor
Polung	polarization
Polwechsler (Umpolung)	polarity reverser
Polygonschaltung	polygon connection
Positionsmarke	cursor
Positionsschalter	position switch
positive Flanke	positive edge
positive ganze Zahl	positive integer
positive Platte (Batterie)	positive plate
Potenzialanschluss	potential connection
Potenzialausgleich	equipotential bonding
Potenzialausgleichsschiene	equipotential bonding strip
Potenzialebene	ground plane
potenzialfreier Kontakt	floating contact
potenzialgebunden	non-floating
Potenzialsteuerung	voltage grading
Potenzialtrenner	buffer isolator
Potenzialverschleppung	potential transfer
Potenziometer	potentiometer
Preisregelung für die Industrie	industrial tariff
prellfrei	bounce free
Presskabelschuh	compression-type socket
Primäranschluss	primary terminal
Primärauslöser	direct overcurrent release
primäre Last	primary load
Primärelement	primary cell
Primärseite	primary side
Primärwicklung	primary winding
Prinzipschaltbild	block diagram
Prioritätszuordnung	priority assignment
Probebetrieb	trial operation
Probeschalten	trial operation
problemorientierte Programmiersprache	problem-oriented language
Produkt aus Drehzahl und Polpaarzahl	speed frequency
Produktionsleitsystem	production management system
professionelles Gerät	professional equipment
Programm	program
Programmablaufplan	program flowchart
Programmanweisung	statement
Programmaufbau	program structure
Programmhaltepunkt	breakpoint
programmierbare Intervalluhr	programmable interval timer
programmierbarer Festwertspeicher	programmable read-only memory (PROM)
programmierbarer Zähler	programmable counter
programmierbares Messgerät	programmable measuring apparatus
Programmiergerät	programming unit
Programmiersprache	programming language
Programmquelltext	program source text
Programmschaltwerk	program controller

Programmunterbrechung		program interruption
Projektabwicklung		project management
projektieren	to	project, to design
Projektierung		planning and design
Projektierungshandbuch		project planning guide
Projektwirtschaft		project controlling
Proportional-Integral-Differential wirkender Regler		proportional-plus-integral-plus-derivative controller
Protokoll (DÜ)		protocol
Protokollabwicklung		protocol handling
Protokollschicht		protocol layer
Protokollwandler		protocol converter
provisorische Erdung		temporary earth
prozedurorientierte Sprache		procedure-oriented language
Prozessalarm		process alarm
Prozessautomatisierung		process automation
Prozessdaten		process data
Prozessleittechnik		process control engineering
Prozessor-Statuswort		processor status word
Prozessperipherie		process peripherals
Prüfadapter		test adapter
Prüfanlage		testing station
Prüfanschluss		test connection
Prüfanweisung		inspection instruction
Prüfautomat		automatic inspection and test unit
Prüfbedingungen (allgemein)		standard conditions for testing
Prüfbescheinigung		inspection certificate
Prüfbuchse		test socket
prüfen	to	test, to check, to inspect
Prüfer		inspector
Prüfintervall		inspection interval
Prüfklasse		category
Prüfklima		test environment
Prüfling (EMV)		equipment under test
Prüfplakette		inspection sticker
Prüfroutine		test routine
Prüfschaltung		test circuit
Prüfschleife (DÜ)		loopback
Prüfspannung		test voltage
Prüfstellung		test position
Prüf-Stoßstrom		impulse test current
Prüftelegramm		test message
Prüfumfang		scope of inspection
Prüfung am Aufstellungsort		site test
Prüfung der Polarität		polarity test
Prüfung der Wicklungen gegeneinander		winding-to-winding testing
Prüfung durch Strom-Spannungs-Messung		ammeter-voltmeter test
Prüfung in der Anlage		in service test
Prüfung mit Fremdspannung		separate-source voltage-withstand test
Prüfunterlagen		inspection and test documents
Prüfvorschrift		test code
Prüfzeichnung		inspection drawing
P-Schaltend		switching to P potential
Puffer		buffer
Pufferbatterie		buffer battery
Pufferspeicher		buffer storage
pull-down-Widerstand		pull-down resistor
pull-up-Widerstand		pull-up resistor
Pulsamplitudenmodulationsschaltung (PAM)		pulse-amplitude modulation circuit
Pulsbetrieb		pulse control operation
Pulsburst		pulse burst
Pulsfolgesteuerung		pulse frequency control
pulsierend		pulsating
pulsierende Spannung		pulsating voltage
Pulsumrichter		pulse-controlled a.c. converter
Pulsverbreiterung		pulse spreading
Pulswechselrichter		pulse-controlled inverter
Pulszittern		pulse jitter
Pumpspeicherkraftwerk		pumped-storage power station

Deutsch – Englisch

Punkt	spot
punktförmiger Melder	point detector
Punktmatrixanzeige	dot matrix display
Punktstrahler	spotlight
Punkt-zu-Punkt-Kopplung	peer-to-peer link
push-pull-Steckverbinder	push-pull connector
PVC-Aderleitung	PVC-insulated single-core non-sheathed cable
PVC-Verdrahtungsleitung	PVC non-sheathed cable for internal wiring
P-Verhalten (Regler)	proportional action
P-Verstärkung	proportional gain

Q

Q-Faktor	quality factor
Quad-In-Line-Gehäuse	quad-in-line package
quadratischer Mittelwert	root-mean-square value
Quadraturamplitudenmodulation	quadrature-amplitude modulation
Quadraturamplitudenumtastung	quadrature-amplitude shift keying
Quadratwurzel	square root
Quadrophonie	quadrophony
Qualitätsanforderung	quality requirement
Qualitätsaudit	quality audit
Qualitätsbericht	quality report
Qualitätsingenieur	quality assurance engineer
Qualitätsmangel	quality defect
Qualitätsmerkmal	quality characteristic
Qualitätssicherung	quality assurance
Qualitätssicherungs-Handbuch	quality assurance manual
Quantisierungsfehler	quantizing error
Quantisierungsrauschen	quantization noise
Quantisierungsstufe	quantization level
Quartärgruppenabschnitt	supermaster group section
Quarzfaser	crystal fibre
Quarzgenerator	quartz oscillator
Quarzhalter	crystal holder
Quarzschwinger	quartz resonator
quarzstabilisiert	quartz-stabilized
Quarztaktgeber	quartz clock
Quasi-Effektivwertmesser	quasi-r.m.s. detector
quasistationärer Zustand	quasi-static state
Quecksilberbatterie	mercury battery
quecksilberbenetzter Kontakt	mercury-wetted contact
Quecksilberfilmrelais	mercury-wetted relay
Quecksilberschalter	mercury switch
Quelladresse	source address
Quelle (gesteuert)	controlled source
Quelle (Transistor)	source
Quellenenergie	source energy
Quellenimpedanz	source impedance
Quellenrauschen	source noise
Quellprogramm	source program
Quellsprache	source language
Queraufstellung	transverse arrangement
Querfelderregung	quadrature excitation
Querfeldwicklung	auxiliary field winding
Querfluss	quadrature-axis magnetic flux
Querglied	shunt component
Querkapazität	case capacitance
Querkompensation	shunt compensation
Querkopplung	cross coupling
Querleitwert	transverse conductance
Quermagnetisierung	lamellar magnetization
Querparität	vertical parity
Querparitätsprüfung	vertical redundancy check
Querresonanz	transverse resonance

Querschnitt	cross section
Querschnitt (aktiver)	effective cross-sectional area
Querschnittsbereich	wire range
Querschnittsschwächung	reduction of cross section
Querschwingung	transverse vibration
Querskale	straight horizontal scale
Querspannung (Schutz)	transverse voltage
Querspuraufzeichnung	transverse track recording
Querstreufeld	quadrature-axis stray field
Querstromlüfter	radial-flow fan
Quersumme	checksum
Querübersetzung (DV)	cross compiling
Querübersprechen	transverse crosstalk
Querverdrahtung	cross wiring
Querwasserdichtigkeit (Kabel)	lateral watertightness
Quetschhülse	ferrule
Quetschkabelschuh	crimping cable lug
Quetschverbinder	crimp connector
Quetschverbindung	crimp connection
Quittierschalter	accept switch
Quittierzeit	acknowledgement time
Quittungsabfrage	acknowledgement query
Quittungsbetrieb	handshake procedure
Quittungssignal	acknowledgement signal
Quittungsverkehr	handshake procedure
Quittungsverzug	time-out
Quotientenmessgerät	quotientmeter
Quotientenrelais	quotient measuring relay

R

radiale magnetische Feldstärke	radial magnetic field
Radiallüfter	radial-flow fan
Radialnetz	star network
Radiometrie	radiometry
Rahmen	frame, frame work
Rahmenbelegung	slot assignment
Rahmenformatfehler (DÜ)	frame size error
Rahmennorm	generic specification
Rahmensynchronisation	frame synchronization
RAM	random-access memory (RAM)
Rampe	ramp
Randfeldstärke	marginal field intensity
Randkontakte	edge-board contacts
rangierbar	reconnectable
Rangierdraht	jumper wire
Rangierfeld	junpering panel
Rangierverdrahtung	distribution wiring
Rangierverteiler	terminal block
Rasiersteckdose	shaver socket-outlet
rastbare Taste	latch-down key
rastender Schlagtaster	latching emergency pushbutton
Rasterabstand	grid element spacing
Rastermaß (Steckverbinder)	contact spacing
Rasterplotter	raster plotter
Raststellung (Schütz)	latched position
Rasttaster	latched pushbutton
Rauchmelder	smoke detector
rauer Betrieb	rough service
Raumbedarf	overall space required
Raumbeleuchtung	interior lighting
Raumheizgerät	space heater
Raumklimagerät	room air conditioner
Raumtemperaturregler	room thermostat
rauschäquivalente Leistung	noise equivalent power

Deutsch – Englisch

rauscharm	low-noise
Rauschfaktor	noise factor
Rauschtemperatur	noise temperature
RC-Beschaltung	RC-circuit
RCD Type B	RCD type B
RC-Glied	RC-element
RC-Kopplung	RC-coupling
RCL-Messbrücke	RCL-measuring bridge
Reaktanz	reactance
Reaktionszeit	response time
Realteil	real part
Realzeitverarbeitung	real-time processing
Rechen- und Steuereinheit	arithmetic and control unit
Rechenleistung	computing power
Rechenverstärker	operational amplifier
Rechnen	calculating
Rechneranschluss	computer link
rechnergesteuert	computer controlled
Rechteckgenerator	square-wave generator
Rechteckimpuls	square-wave pulse
Rechteckschwingung	square wave
Rechteckstoß	rectangular impulse
Rechte-Hand-Regel	Fleming's right hand rule
rechtes Byte	low-order byte
rechts rotieren	rotate right
rechts schieben	shift right
rechtsdrehendes Feld	clockwise rotating field
rechtsverbindliche Norm	mandatory standard
Reduktionsfaktor (Leitung)	screening factor
redundante USV	redundant UPS
Redundanz	redundancy
reduzierender Leiter	shielding conductor
reduzierter Betrieb	reduced service
Reed-Relais	reed relay
reeller Sternpunkt	real neutral point
Referenzdiode	voltage reference diode
Referenzmodell (ISO)	reference model
Referenzspannung	reference voltage
reflektierte Welle	reflected wave
Reflexionsfaktor	reflection factor
Regelabschaltung	normal shutdown
regelbar	adjustable
regelbarer Antrieb	variable speed drive
Regelbereich	control range
Regelbetrieb	closed-loop control
Regelgenauigkeit	control precision
Regelgröße	controlled variable
Regelkreis	control loop
Regelmotor	servo-motor
regeln	to control
Regeln (Vorschriften)	regulations, rules
Regelschleife	closed loop
Regelstrecke mit Ausgleich	self-regulating process
Regelsystem mit geschlossenem Kreis	closed-loop control system
Regeltransformator in Sparschaltung	regulating autotransformer
Regelung	feedback control
Regelungs- und Steuerungstechnik	automatic control science and technology
Regelungsalgorithmus	control algorithm
Regelungstechnik	automatic control engineering
Regelventil	control valve
Regelverhalten	control response
Regelzeit	acting time
Regenerationsverstärker	regenerative repeater
regionale Leitstelle	district control centre
Registerinhalt	register contents
registrieren	to record
Registriergerät	recorder
Regler	controller
Reglerstruktur (PI, PID, PD)	controller type
Reglerverzögerungszeit	controller lag
Regulierdrehzahl	governed overspeed
reiben (Kontakt)	to wipe
Reibungselektrizität	triboelectricity

Reichweite	reachable space
Reihe (Folge)	sequence
Reihe (Serie)	series
Reihenabstand	tier spacing
Reiheneinbaugerät	DIN rail mounted device
Reihenersatzwiderstand	equivalent series resistance
Reihenfolge der Leiter	sequence of conductors
Reiheninduktivität	series inductor
Reihenkompensation (Leuchte)	series power-factor correction
Reihenkondensator	series capacitor
Reihen-Parallel-Anlasser	series-parallel starter
Reihen-Parallel-Schaltung	series-parallel connection
Reihenresonanzkreis	series resonant circuit
Reihenschaltung	connection in series
Reihenscheinwiderstand	series impedance
Reihenschlussmotor	series-wound motor
Reihenschwingkreis	series resonant circuit
Reihenstromkreis	series circuit
reine ohmsche Belastung	pure resistive load
reine Wechselstromgröße	sinusoidal quantity
reiner Binärcode	straight binary code
reiner Gleichstrom	pure d.c.
Reinluftraum	clean room
Reißleinenschalter	pull-wire switch
Reklamation	claim
rekursiv (Programm)	recursive
Relais mit Abfall- und Anzugsverzögerung	relay with pickup and dropout delay
Relais mit Haltewirkung	latching relay
Relais mit Vormagnetisierung	biased relay
Relais-Kontaktplan	relay ladder diagram
Relaissteuerung	relay control
relative Dielektrizitätskonstante	relative dielectric constant
relative Einschaltdauer (Maschine)	cyclic duration factor
relative Einschaltdauer (Schütz)	on-load factor
relative Einschaltdauer (Trafo)	duty ratio
relative Feuchte	relative humidity
relative Luftfeuchtigkeit	relative air humidity
Reluktanz	reluctance
remanent	non-volatile
remanente magnetische Erregung	residual magnetic polarization
Remanenz	remanence
Remanenz-Hilfsschütz	remanence contactor relay
Remanenz-Spannung	remanent voltage
Reparatur	repair
Reparaturdienst	repair service
Reparaturverbinder	repair sleeve
Reparaturwerkstatt	repair shop
Repulsionsmotor	repulsion motor
Reservebatterie	reserve battery
Reserveeinbauplatz	spare slot
Reservesystem	back-up system
Reserveteil	spare part
resistente Datenspeicherung	non-volatile data storage
Resonanzanordnung	resonant structure
Resonanzfaktor	resonance factor
Resonanzkreis	resonant circuit
Resonanzschwingungen	sympathetic oscillations
Resonanzüberhöhung der Amplitude	peak value of magnification
Restdurchflutung	residual ampere-turns
Restfehlerrate (DÜ)	residual error rate
Restkapazität (Batterie)	residual capacity
Restmagnetismus	residual magnetism
Restseitenband	vestigial sideband
Restspannung	residual voltage
Reststrom (Transistor)	cut-off current
Resynchronisierung	synchronism restoration
reversibel	reversible
Reversierbetrieb	reversing duty

Deutsch – Englisch

Revisionsöffnung	inspection opening
Richtcharakteristik (Mikrofon)	directional characteristic
Richtfunknetz	radio relay system
richtiges Arbeiten	correct operation
Richtkoppler	directional coupler
Richtlinien	guidelines
Richtung (DÜ)	route
richtungsabhängiger Erdschlussschutz	directional earth-fault protection
Richtungskoppler (LWL)	direction coupler
Richtungsschalter	reverser
Richtungsumkehr	reversal
Richtwert	guide value
Ring (Netz)	ring feeder
Ring-Ausschaltstrom	closed-loop breaking current
Ringeinspeisung	incoming ring-feeder unit
Ringerder	ring earth electrode
ringförmiges Netz (LAN)	ring network
Ringkern	toroidal core
Ringkern-Stromwandler	toroidal-core current transformer
Ringleitungsverteiler	wiring concentrator
Ringleuchtstofflampe	annular fluorescent lamp
Ringnetz mit Sendeberechtigungsmarkierung (LAN)	token ring
Ringpufferspeicher	ring buffer store
Ringsammelschienenstation	ring substation
Ringstelltransformator	rotary variable transformer
Ringstellwiderstand	toroidal rheostat
RJE	remote job entry
Robotertechnik	robotics
Robustbauform	ruggedized model
Rohdaten	raw data
Rohr (Installation)	conduit
Rohr auf Putz	surface-mounted conduit
Rohr unter Putz	embedded conduit

Röhrchenplatte (Batterie)	tubular plate
Röhre	electronic tube
röhrenförmige Leuchtstofflampe	tubular fluorescent lamp
Rohrerder	earth pipe
Rohrleiter	tubular conductor
Rohrpostanlage	tube conveyor system
Rohrschelle	pipe clamp
Rohsignal	unconditioned signal
Rollbalken (Anzeige)	scroll bar
rollen (Anzeige)	to roll up, to roll down
Rolltreppe	electric stairway
ROM	read-only memory (ROM)
Röntgenbild	X-ray image
rostfrei	stainless
rotationsfreies Feld	non-rotational field
Rotationsfrequenz	rotational frequency
rotierender Umformer	motor-generator set
Rotor	rotor, inductor
RS-Flipflop	set-reset flip-flop
RS-Speicherglied mit Grundstellung	RS-flip-flop with preferred state
Rückarbeitsbremsung	regenerative braking
rückfallen (Relais)	to release
rückfallverzögertes Zeitrelais	delay-release time-delay relay
Rückfallzeit	release time
Rückflussdämpfung	return loss
Rückführbeschaltung	feedback network
Rückgang (Relais)	return
Rückgewinnung (Energie)	recovery
Rückkehrwert (Relais)	resetting value
Rückkopplungsverstärker	broad-band feedback amplifier
rücklaufen (Zeitrelais)	to return
rückläufige Kennlinie	fold-back characteristic
Rückleiter	return conductor
Rückleitungskabel	return cable
Rückleitungsschiene	return conductor rail
Rückleseeingang	readback input

Rückmeldekreis		indicating circuit
Rückmeldung		check-back signal
rückseitige Verdrahtungsplatte		backplane p.c.b.
rückseitiger Anschluss		back connection
Rücksetzeingang		reset input
Rücksetzimpuls		reset pulse
Rücksetztaste		reset button
Rückspannung		reverse voltage
rückspulen	to	rewind
rückstellbar		resettable
Rückstelldruckknopf		reset push-button
Rückstellkraft		reset force
Rückstellzählwerk		resettable register
Rückstreudämpfung (LWL)		backscatter attenuation
rückübersetzen	to	recompile
Rückumformer		energy recovering motor-generator set
Rückumsetzen		reconvert
Rückverfolgung		tracing
Rückwandverdrahtungsplatte		wiring backplane
rückwärts sperrend		reverse blocking
Rückwärtsdiode		backward diode
Rückwärtsdurchlassspannung		reverse conducting voltage
Rückwärtsschiebeeingang		right-to-left shifting input
Rückwärtsschritt		back space
Rückwärtssteilheit		reverse transfer admittance
Rückwartsstromverstärkung		reverse current transfer ratio
rückwärtszählen	to	count down
Rückwärtszähler		down counter
Rückwirkung		effect, reaction
Rückwirkungen in Stromversorgungsnetzen		disturbances in electricity supply networks
rückwirkungsfrei		non-reacting
Rufanlage		call system
Rufannahme		call accepted
rufende Station		calling station
Rufmelder		call button unit
Rufumleitung		call redirection
Ruhekontakt		break contact element
Ruhelage		neutral position
ruhende elektrische Maschine		static electrical machine
ruhender Anker		stationary armature
Ruhespannung (Leerlauf)		open-circuit voltage
Ruhestellung (Schalter)		off position
Ruhestromauslöser		closed-circuit shunt release
Ruhestromschaltung		closed-circuit connection
Ruhezustand (Relais)		release state
Runddrahtbewehrung (Kabel)		round-wire armouring
runder Steckverbinder		circular connector
Rundfunkentstörung		radio interference suppression
Rundfunkstörspannung		radio interference voltage
Rundkabel		round cable
Rundleiter		circular conductor
Rundrelais		round relay
Rundsicherung		cylindrical fuse
Rundsteuerempfänger		ripple-control receiver
rundum isoliert		all-insulated
Rundumwarnleuchte		warning beacon
Rundzelle (Batterie)		cylindrical cell
rüttelfest		vibration-resistant
Rüttelprüfung		vibration test
RZ-Code		return-to-zero code

S

Sabotageschutz		tamper protection
Sachnummer		object number, item number, part number
Sachverständiger		expert
Sägezahngenerator		sawtooth voltage generator

Deutsch – Englisch

Sägezahnkurve	sawtooth curve
Salznebel-Prüfverfahren	saline fog test method
Sammelalarm	group interrupt
Sammelerder	earthing bus
Sammelkabel	bus cable
Sammelmeldung	centralized alarm
Sammelschienenabschnitt	busbar section
Sammelschienenerder	busbar earthing switch
Sammelschienenfehler	busbar fault
Sammelschienenkupplung	bus tie
Sammelschienenleitungszug	busbar run
Sammelschienen-Quertrenner	bus-tie disconnector
Sammelschienen-Überführung	busbar crossover
Sammelschienen-Unterführung	busbar crossunder
Sammelsignal	group signal
Sammelstörmeldung	centralized fault indication
sandgefüllte Sicherung	sand-filled fuse
Sanftanlauf	soft start
Sanfteinschaltrelais	inrush suppressor relay
satter Erdschluss	dead short circuit to earth
satter Körperschluss	dead short circuit to exposed conductive part
Sättigung	saturation
Sättigungsbereich	saturation region
Sättigungsdrossel	saturable reactor
Sättigungsinduktion	saturation induction
Sättigungsinduktivität	saturation inductance
Sättigungskennlinie	saturation curve
Sättigungsmagnetisierung	saturation magnetization
Satzendezeichen	end-of-block character
saubere Umgebung	clean situation
Sauerstoff-Wasserstoff-Brennstoffzelle	oxygen-hydrogen fuel cell
Saugdrossel	interphase transformer
Saugtransformator	booster transformer
Säulendiagramm	bar chart
säurehaltige Luft	acid-laden atmosphere
Schacht	vertical raceway
schachteln (Programme)	to nest
Schaden	damage
Schalenkern (Magnetkern)	pot-type core
Schall	sound
Schallabsorption	sound absorption
Schalldämpfung	sound attenuation
Schalldruckpegel	sound pressure level
Schallimpuls	sound pulse
Schalllaufzeit	sound propagation time
Schallmessraum	anechoic room
Schallschluckhaube	noise absorbing cover
Schallschwingung	acoustic oscillation
Schaltablauf	operating sequence
Schaltalgebra	Boolean algebra
Schaltanlage (Station)	switching station
Schaltanlage für Energieverbrauch	controlgear
Schaltanlage für Energieverteilung	switchgear
Schaltaugenblick	switching instant
schaltbare Klemme	isolating terminal
schaltbare Steckdose	switch socket-outlet
Schaltbild	diagram
Schaltdiagramm	operating diagram
Schaltdiode	switching diode
Schaltdraht	interconnecting wire
schalten	to switch
schalten (Relaisabfall)	to disengage
schalten (verdrahten)	to connect
Schalten ohmscher Last	switching of resistive

	load
Schalten unter Last	switching under load
Schalten unter Spannung	hot switching
Schalter	switch
Schalter für Hausinstallationen	switch for domestic installations
Schalter mit normaler Kontaktöffnung	switch of normal gap construction
Schalter mit Schutzgaskontakt	dry-reed switch
Schalter ohne Sicherung	non-fusible switch
Schalterabdeckplatte	switch plate
Schalterbaugröße	breaker size
Schalterdose	switch box
Schaltergehäuse	breaker enclosure
Schalterkombination	switchgroup
Schalter-Steckdosenkombination	switch-socket block
Schaltfeld	panel
Schaltfolgediagramm	switching sequence chart
Schaltfunkenstrecke	switching spark gap
Schaltgerätekombination für Freiluftaufstellung	assembly for outdoor installation
Schaltgeräteschutzsicherung	switchgear fuse
Schaltglied mit Doppelunterbrechung	double-gap contact element
Schaltglied mit Einfachunterbrechung	single-gap contact element
Schalthäufigkeit (Relais)	duty rating
Schalthäufigkeit unter Last	frequency of on-load operating cycles
Schaltkabel	switchboard cable
Schaltkasten	switchbox
Schaltkasten (für Kabel)	link box
Schaltkondensatorfilter	switched-capacitor filter
Schaltkontakt (beweglich)	moving contact
Schaltkreis	electric circuit
Schaltlast (Relais)	contact rating
Schaltleistung	switching capacity
Schaltlitze	stranded interconnecting wire
Schaltnetzteil	switched-mode power supply
Schaltplan	circuit diagram
Schaltpunkt	operating point
Schaltpunktabwanderung	drift of operating point
Schaltregler	switching controller
Schaltreiter	control rider
Schaltrelais	all-or-nothing relay
Schaltschrank	control cabinet
Schaltschütz	contactor
Schaltseite (Wicklung)	connection end
Schaltskizze	sketched circuit diagram
Schaltspannung	switching voltage
Schaltsperre	lockout device
Schaltspiel	switching cycle
Schaltspieldauer	cycle time
Schaltspule (Trafo)	tapping coil
Schaltstellung	position
Schaltstellungsanzeiger	position indicating device
Schaltstellungswechsel	changeover
Schaltstoßspannung	switching impulse
Schaltstoßspannungsfestigkeit	switching impulse strength
Schaltstrecke	clearance between open contacts
Schaltstrom	switched current
Schaltstückabbrand	contact erosion
Schaltstückabstand	contact gap
Schaltsymbol	graphical symbol
Schalttafel	switchboard
Schalttafel-Messinstrument	switchboard measuring instrument
Schalttransistor	switching transistor
Schaltuhr	clock timer
Schaltung (Stromkreis)	electric circuit
Schaltung mit diskreten Bauelementen	circuit with discrete components
Schaltungsart	method of connec-

	tion
Schaltungsaufbau	circuit design
Schaltungsbeispiel	typical circuit
Schaltungsentwicklung	circuit design
Schaltungstechnik	circuit engineering
Schaltungsunterlagen	circuit documentation
Schaltvermögen	switching capacity
Schaltvermögen der Kontakte	contact rating
Schaltverstärker	switching amplifier
Schaltverzögerung	operating delay
Schaltwerk	sequential circuit
Schaltwiderstand	switching resistor
Schaltzeichen für Binärdarstellung	logic symbol
Schaltzeit	operating time
scharf begrenzter Übergang	sharp transition
schattenlose Beleuchtung	shadow free lighting
Schaubild	graph
Schauzeichenrelais	flag relay
Scheibenisolator	disc insulator
Scheibenspule	disc coil
Scheinarbeit	volt-ampere per unit time
scheinbarer Innenwiderstand (Batterie)	apparent internal resistance
Scheinleistung	apparent power
Scheinleistungsmessgerät	volt-ampere meter
Scheinleistungsverlust	apparent power loss
Scheinverbrauchszähler	volt-ampere hour meter
Scheinwiderstand	impedance
Scheitelfaktor	peak factor
Scheitelspannung	peak voltage
Scheitelwert der Netzspannung	crest working line voltage
Scheitelwert des Einschaltstroms	peak making current
Schellenklemme	saddle terminal
schematische Darstellung	schematic representation
Schenkel (Trafo)	limb
Schenkelkern (Trafo)	limb-type core
Scherung (magnetische)	shear
Schicht (OSI-Referenzmodell)	layer
Schicht (Wicklung)	layer
Schicht-Drehwiderstand	non-wire-wound potentiometer
Schichtenmodell	layer model
Schichtisolierung	lamination insulation
Schichtkondensator	film capacitor
Schichtschaltung	film circuit
Schiebeeingang	shifting input
Schieberegister	shift register
Schiebeschalter	slide switch
Schiebewiderstand	slide resistor
Schieflast	load unbalance
Schieflastrelais	phase unbalance relay
Schiene (Strom-)	busbar
Schiffskabel	shipboard cable
Schiffsschaltanlage	marine switchboard
Schild (Kennzeichnung)	tag, label
Schirm (gegen Störbeeinflussung)	screen
Schirm (Kabel)	shield
Schirmfaktor	screening factor
Schirmfolie	foil screen
Schirmgeflecht	braided screen
Schirmspannung	shield standing voltage
Schirmverbindungsleitung	shield bonding lead
Schirmwirkung	screening effectiveness
Schlag (Kabel)	lay, twist
Schlagdruckknopf	emergency button
schlagfest	impact-resistant
Schlaglänge der verseilten Ader	pitch of laid-up core
Schlagtaster	emergency pushbutton
schlagwettergeschützte	flameproof machine

Maschine	
Schlappseilschalter	slack-rope switch
Schlauchleitung	flexible sheathed cable
Schlauchschelle	tube clip
Schlauchverschraubung	tube coupler
schlechte Verbindung	bad connection
schleichender Erdschluss	earth leakage
Schleifen-Impedanz	loop impedance
Schleifenleitung	loop lead
Schleifenwicklung	lap winding
Schleifenwiderstand	loop resistance
Schleifer (Potenziometer)	slider
Schleifring	slipring
Schleifringleitung	slipring lead
Schleifringmotor	slipring motor
Schleppleitung	trailing cable
Schließanlage	master-key system
Schließer (Relais)	make contact
Schließer vor Öffner	make-before-break contact
Schließ-/Öffnungszeit	close-open time
Schlitzleitung	slotline
Schlitzmaskenröhre	slotted shadow mask tube
Schlossschalter	key-operated control switch
Schlosstaster	key-operated momentary-contact switch
Schlupffrequenz	slip frequency
Schluss (Kurzschluss)	short circuit
Schlüssel-Drehschalter	key-operated rotary switch
schlüsselfertiges System	turnkey system
Schlüsselsperre	key interlock
schmalbandige Aussendung	narrow-band emission
Schmelzcharakteristik	pre-arcing time/current characteristic
Schmelzdraht	fusible wire
Schmelzeinsatz	fuse link
Schmelzfaktor	fusing factor
Schmelzperle	bead of molten metal
Schmelzsicherung	fuse
Schmelzspleiß (LWL)	fusion splice
Schmitt-Trigger	Schmitt trigger
Schnappschalter	sensitive microswitch
Schneidklemme	insulation piercing connecting device
Schneid-Klemm-Steckverbinder	insulation displacement connector
Schnellabschaltung	quick breaking
Schnellanlauf	fast start
Schnell-Aus-Knopf	emergency stop button
Schnellauslöser	instantaneous release
schnelle Nullung	fast TN scheme
schnelle transiente Störgröße	burst
Schnelleinschaltung	quick make operation
Schnellhalt	quick stop
Schnellladung	quick charge
Schnellmontage-Schienensystem	snap-on track system
Schnellschalter	high-speed circuit-breaker
Schnellstart (Zeitrelais)	rapid start
Schnittansicht	sectional view
Schnittbandkern	cut strip-wound core
Schnittstellenbaugruppe	interface module
Schnittstellenbelegung	interface assignments
Schnittstellenbus	interface bus
Schnittstellenprotokoll	interface protocol
Schnittstellensignalleitung	interface signal line
Schnittstellenübertrager	interface transceiver
schnurlos	cordless
Schnurschalter	flexible cord switch
Schockprüfung	shock test
Schockstrom	shock current
Schottky-Diode	Schottky barrier diode
Schottung (Leiter)	separation
Schottung (Raumtei-	division into com-

lung)	partments
schräggeschnittenes Kernblech	laminations with a 45° corner cut
schrägstellen	to tilt
Schrank	cubicle
Schrankbauform	cubicle-type assembly
Schranke (Zugangskontrolle)	barrier
Schrankeinspeisungseinheit	cabinet power supply unit
Schranksystem	modular enclosure system
Schraubanschlussleiste	screw-terminal connector
schraubenlose Klemme	screwless terminal
Schraubensicherungslack	screw locking varnish
Schraubfassung	screwed lamp-socket
Schraub-Passeinsatz	screw-in gauge ring
Schraubsicherung	D-type fuse-link
schreibendes Messgerät	recording instrument
Schreibfreigabe	write enable
Schreibimpulsbreite	write pulse width
Schreib-Lese-Register	read-write register
Schreibmarke	cursor
Schreibschutz	write protection
Schreibstrom	write current
schriftliche Freigabe	permit to work
Schrittantrieb	step switching mechanism
Schrittfehler (Schrittmotor)	stepping error
Schritt-für-Schritt-Verfahren	step-by-step method
Schrittmotor	stepping motor
Schrittspannung	step voltage
Schritttakt	signal element timing
schrittweise Annäherung	successive approximation
Schrittweite	increment
Schrumpfverbindung	shrink fit
Schütz	contactor
Schutz bei indirektem Berühren	protection against indirect contact
Schutz des Verbrauchers	protection of load
Schutz durch Abstand	protection by placing out of reach
Schutz durch Begrenzung der Spannung	protection by limitation of voltage
Schutz durch selbstständiges Abschalten der Spannung	protection by automatic disconnection of supply
Schutz gegen direktes Berühren	protection against direct contact
Schutz gegen elektrischen Schlag	protection against electric shock
Schutz gegen gefährliche Körperströme	protection against electric shock
Schutz gegen senkrecht fallendes Tropfwasser	protection against dripping water falling vertically
Schutz gegen zu hohe Berührungsspannung	protection against electric shock
Schutz vor Umpolen der Versorgungsspannung	reverse supply voltage protection
Schutzabgang	contactor feeder
Schutzabstand	safe clearance
Schutzart des Gehäuses	degree of protection provided by enclosure
Schutzautomat	miniature circuit-breaker (m.c.b.)
Schutzbeauftragter	safety officer
Schutzbeschaltung	suppressor circuit
Schutzeinrichtung	protection equipment
Schutzelektrode	protective electrode
Schutzerdung	protective earthing
Schutzgehäuse	protective housing
schutzisoliert	totally insulated
Schutzisolierung	total insulation
Schutzklasse	class of protection
Schutzkleinspannung	safety extra-low voltage (SELV)
Schutzkondensator	protective capacitor
Schutzkontakt	earthing contact
Schutzkontakt-Steck-	socket-outlet with

dose	earthing contact
Schutzkontakt-Stecker	earthing-pin plug
Schutzkreis	protective circuit
Schutzleiter (PE)	protective earth conductor
Schutzleiteranschluss	protective-conductor terminal
Schutzleiterüberwachung	protective conductor supervision
Schutzmaßnahme	protective measure
Schutzpegel	protection level
Schutzpotenzial	protection potential
Schutzrohr (Kabel)	cable conduit
Schutzschalter (FI, FU)	earth-leakage circuit-breaker
Schutzschalter mit Strombegrenzung	current-limiting circuit-breaker
Schutzschirm	protective screen
Schutzschlauch	flexible tube
Schützspule	contactor coil
Schütz-Sterndreieckschalter	contactor-type star-delta starter
Schutztransformator	isolating transformer
Schutztrennung	protective separation
Schutzverbindung	protective bonding
Schütz-Wendeschalter	contactor-type reverser
Schutzwicklung (Trafo)	wire screen
Schutzzeichen	earth symbol
Schutzzone	protection zone
Schwachlast	light load
Schwachstelle	weak point
Schwachstrom	light current
Schwachstromrelais	light-duty relay
Schwalllötung	flow soldering
Schwallseite	flow-soldered side
Schwankung	fluctuation
schwarzer Kasten	black box
schwebendes Bezugspotenzial	floating ground
Schwebungsfrequenz	beat frequency
Schwebungsnull	zero beat
Schweißdrossel	welding reactor
Schweißfestigkeit	resistance to welding
Schweißstrom	welding current
Schwelle	threshold
Schwellenwert	critical value
Schwellenwertschalter	trigger
Schwenkrahmen	hinged bay
Schwenkung der Phasenlage	phase shifting
Schweranlauf	heavy starting
Schwerbrennbarkeit	flame retardant property
schwere Betriebsbedingungen	heavy-duty operation
schwere Gummischlauchleitung	heavy tough rubber sheathed flexible cable
Schwerpunkt (Last)	load centre
Schwimmerschalter	float switch
Schwingamplitude	amplitude
schwingfähiger Kreis	resonant circuit
Schwingfrequenz	oscillation frequency
Schwingkreis	oscillating circuit
Schwingung (elektrisch)	oscillation
Schwingungsaufnehmer	vibration pick-up
Schwingungsdauer	period of oscillation
schwingungsfrei	non-oscillating
Schwingungsgleichung	oscillation equation
Schwingungspaket	sine beat
Schwitzwasser	condensation water
Schwungrad	flywheel
Sechsphasenschaltung	six-phase circuit
sechspolig	six-pole
Sechspuls-Brückenschaltung	six-pulse bridge connection
Seekabel	submarine cable
Seele (Kabel)	core
seewasserbeständig	seawater-resistant
Segmentanzeige	segment display
Seildurchhang (Freileitung)	conductor sag
Seilerder	conductor earthing electrode
Seilzug-Notschalter	cable-operated emergency switch
seismische Einflüsse	earthquake vibra-

	tions and shocks
Seitenansicht	side view
sekundär getaktetes Netzgerät	secondary switched-mode power supply unit
Sekundärausfall	secondary failure
Sekundärauslöser	indirect overcurrent-release
Sekundärelement	electric storage battery
Sekundärenergie	secondary energy
sekundärer Erregerstrom	exciting current
Sekundär-Nennspannung	rated secondary voltage
sekundärseitig	secondary
Sekundärwicklung	secondary winding
selbst wiedereinschaltender thermischer Unterbrecher	self-resetting thermal cut-out
selbstabstimmend	self-tuning
Selbstanlasser	automatic starter
Selbstentladung (Batterie)	self-discharge
Selbstentzündung	self-ignition
selbstgekühlter Transformator	self-cooled transformer
selbstgetakteter Stromrichter	self-clocked converter
Selbsthaltekontakt	seal-in contact
Selbsthalterelais (Dauermagnet)	lock-up relay
Selbsthalteschaltung	seal-in circuit
selbstheilende Isolierung	self-restoring insulation
Selbstinduktion	self-induction
Selbstinduktivität	self-inductance
selbstleuchtend	luminescent
Selbstlöschung (Lichtbogen)	self-extinguishing
selbstregelnder Generator	self-regulating generator
selbstreinigender Kontakt	self-cleaning contact
Selbstschalter	automatic circuit-breaker
selbstsynchronisierend	self-locking
selbsttaktend	self-clocking
selbsttätige Einschaltung	automatic switching on, automatic restart
selbsttätiger Berührungsschutz	automatic shutter
Selbsttest	self-test
selbsttragendes Luftkabel	self-supporting aerial cable
Selbstüberwachung	self-monitoring
Selektionsschutzschalter	selective circuit-breaker
selektiver Empfänger	selective detector
selektiver Haupt-Leitungsschutzschalter (Haupt-Sicherungsautomat)	selective main circuit-breaker (SMCB)
selektives Erdschlussrelais	discriminating earth-fault relay
Selektivschutz	selective protection
SELV-Stromkreis	safety extra-low voltage circuit
Sendeantenne	sending aerial
Sendeaufforderung	request to send
sendeberechtigter Teilnehmer	master
sendebereit	clear to send
Sendeleistung	transmitter power
senden	to transmit
Sendepegel	transmission level
Sender-Empfänger	transceiver
Sendeschritttakt	transmitter signal element tuning
Sendestromschleife	current loop transmit
Sendezeitüberwachung	jabber control
Senke (Transistor)	drain
Sensor	sensor
Sensordimmer	touch dimmer
serielle Datenschnittstelle	serial data interface
serielle Eingabe	serial input
serielle Kopplung	serial link

serieller Betrieb	serial operation
Serienfabrikat	standard product
Serieninduktivität	series inductance
Serien-Parallel-Schaltung	series-parallel connection
Serien-Parallel-Umsetzung	serial-parallel conversion
Serienschwingkreis	resonant circuit
Serienwiderstand	series resistor
servicefreundlich	easy to service
Servoantrieb	servo-drive
Servosteller	servo-actuator
setzen	to set
setzen (unter Spannung)	to energize
SF_6 – isolierter Überspannungsableiter	SF_6 – insulated surge diverter
SI (Internationales Einheitensystem)	SI (Système international d'unités)
SI Basiseinheit	SI base unit
sicherer Bereich	safe area
Sicherheit	safety
Sicherheitsabschaltung	safety shutdown
Sicherheitsabstand	safety clearance
Sicherheitsbeleuchtung	emergency lighting
Sicherheitsbereich	restricted area
Sicherheitserdung	protective earthing
sicherheitsgerichtete Steuerung	safety-oriented control
Sicherheitskreis	safety circuit
Sicherheitsschalter	safety switch
Sicherheits-Spannungswandler	isolating voltage transformer
Sicherheits-Steckdose	earth-leakage circuit-breaker protected socket-outlet
Sicherheitsstromkreis	safety circuit
Sicherheitsstufe	safety level
sicherheitstechnische Maßnahmen	safe practice measures
Sicherheitstransformator	safety isolating transformer
Sicherheitsvorschriften	safety rules
Sicherheitsvorschriften (Bauteile)	product safety standards
Sichern gegen Wiedereinschalten	immobilize in the open position
Sicherung	fuse, fusible link
Sicherung mit Unterbrechungsmelder	indicating fuse
Sicherungsabgang	fused outgoing circuit
Sicherungsausfall	blowing of fuse
Sicherungsautomat	miniature circuit-breaker (m.c.b.)
Sicherungs-Einbauautomat	fuse-mounting miniature circuit-breaker
Sicherungseinsatz	fuse link
Sicherungskasten	fuse box, consumer unit
Sicherungs-Lastschalter	fuse-switch
Sicherungs-Motortrenner	motor fuse-disconnector
Sicherungs-Schalterkombination	fuse combination unit
Sicherungsüberwachung	fuse monitoring
Sicherungszange	fuse tongs
sichtbares Spektrum	visible spectrum
Sichtgerät	display device
Siebdrossel	filter reactor
Sieben-Schichten Modell (OSI)	seven-layer model
Sieben-Segmentanzeige	seven-segment display
Siebglied	filter
Siebung	filtering
Signalart	type of signal
Signalauflösung	signal resolution
Signalaustausch	signal exchange
Signalentkopplung	signal isolation
Signalerde	signal earth
Signalflankenauswertung	pulse-edge evaluation
Signalfluss (Kontaktplan)	power flow
signalformender Wiederholer	regenerative repeater
Signalgenerator	signal generator

Deutsch – Englisch

Signalisierung	signalling
Signallaufzeit	propagation delay
Signalmasse (Erde)	signal ground
Signalpegel	signal level
Signal-Rausch-Verhältnis	signal-to-noise ratio
Signalreflexionen	signal reflection
Signalverarbeitung	signal processing
Signalverstärker	signal amplifier
Signalvervielfachung	fan-out
Signalverzerrung	signal distortion
Silberauflage	silver facing
Silberoxid-Zink-Batterie	silver oxide-zinc battery
Silikonschlauchleitung	silicon-rubber-insulated flexible cable
Silizium	silicon
Simplexbetrieb	simplex operation
Sinnbild	graphical symbol
Sinusform	sine-wave form, sinusoid
sinusförmige Schwingung	sinusoidal oscillation
sinusförmige Spannung	sinusoidal voltage
Sinusfunktion	sine function
Sinushalbwelle	sinusoidal half-wave
Sinusmodulation	sine-wave modulation
Sinuswelle	sine wave
Skalenanfangswert	lower limit of scale
Skalenendwert	full-cale value
Skalennullpunkt	zero scale mark
Skalenteilstrich	scale marking
Skineffekt	skin effect
Sockel (Relais)	frame
sockellose Lampe	capless lamp
Soffittenlampe	tubular lamp
Sofortauslösestrom	instantaneous tripping current
Software-Baustein	software module
Solarzelle	solar cell
Soll-Ist-Überwachung	differential signal monitor
Soll-Leistung	setpoint power
Sollwertbereich	setpoint range
Sollwerteinsteller	setpoint adjuster
Sollwertgeber	setpoint generator
Soll-Zustand	specified condition
Sonderausführung	special version
Sonder-Gummiaderleitung	special rubber-insulated cable
Sonderschaltung	special circuit
Sonderzeichen	special character
Sonnenkraftwerk	solar power station
sortieren	to sort
Spalt (Luftspalt)	gap
Spaltenadresse	column address
Spaltpol	split pole
Spannbandinstrument	taut-band instrument
Spannung	voltage, potential
Spannung anlegen an	to apply voltage to
Spannung bei Belastung	on-load voltage
Spannung erhöhen	to raise the voltage
Spannungsabgleich	voltage adjustment
spannungsabhängig	voltage-dependent
spannungsabhängiger Widerstand	non-linear resistor
Spannungsabsenkung	voltage depression
Spannungsabweichung	voltage change
Spannungsänderung	voltage variation
Spannungsänderungsbereich	voltage variation range
Spannungsanstieg	rate of rise of voltage
Spannungsanzapfung	voltage tapping
Spannungsausfall	voltage failure
Spannungsausfallschutz	loss-of-voltage protection
Spannungsauslöser	shunt release
Spannungsbegrenzer	voltage clamping device
Spannungsbetrag	voltage modulus
Spannungsdifferenzialrelais	voltage balance relay
Spannungsdreieck	voltage triangle
Spannungseffektivwert	root-mean-square voltage
Spannungseinstellung	voltage adjustment
Spannungsfall	voltage drop

Spannungsfehler	voltage error
Spannungsfestigkeit	electric strength
spannungsfrei	de-energized
Spannungsfreiheit feststellen	to verify the isolation from supply
Spannungs-Frequenz-Umsetzer	voltage-frequency converter
spannungsführender Leiter	live conductor
spannungsgesteuerter Oszillator	voltage controlled oscillator (VCO)
Spannungshochlauf	power up
Spannungskomparator	voltage comparator
Spannungskonstanthalter (Gerät)	voltage stabilizer
Spannungskurvenform	voltage waveform
spannungslos	de-energized, dead
spannungslos machen	to disconnect from the supply
Spannungsmesser	voltmeter
Spannungsnulldurchgang	voltage zero
Spannungsoberschwingungen	voltage harmonics
Spannungspegel	voltage level
Spannungspolung	voltage polarization
Spannungsprüfer	voltage detector
Spannungsquelle	voltage source
Spannungsregler	voltage regulator
Spannungsreihe (galvanische)	electrochemical series
Spannungsrückkehr	voltage recovery
Spannungsschwankung (Netz)	voltage supply deviation
Spannungssicherung	overvoltage protector
Spannungsspitze	voltage peak
Spannungsspitzen bei Abschaltung induktiver Lasten	inductive kickback
Spannungssprung	voltage jump
Spannungsstoß	voltage impulse
Spannungsstufe	voltage step
Spannungsteiler	voltage divider
Spannungsteiler (ohmscher)	potentiometer-type resistor
Spannungstrichter (Erdung)	resistance area
Spannungsübersetzungsverhältnis	voltage ratio
Spannungsumschalter	voltage selector switch
Spannungsunsymmetrie	voltage unbalance
Spannungsverlust	loss of voltage
Spannungsverschleppung	accidental energization
Spannungsverstärkung	voltage amplification
Spannungsverteilung	voltage distribution
Spannungswandler	voltage transformer
Spannungswelligkeit	voltage ripple
Spannungswiederkehr	voltage recovery
Spannungszuführung	power supply
Spannungszusammenbruch	voltage collapse
Sparschaltung	economy connection
Spartransformator	autotransformer
Sparwicklung	autotransformer winding
Speicher mit wahlfreiem Zugriff	random-access memory
Speicherabzug	memory dump
Speicheradresse	memory address
Speicheraufteilung	memory mapping
Speicherbaustein	memory chip
Speicher-Bildaufnahmeröhre	storage camera tube
Speichererweiterung	memory extension
Speicherkapazität	memory capacity
speichern	to store
speicherprogrammierbares Automatisierungsgerät	programmable logic controller (PLC)
speicherprogrammiert	memory programmed
Speicherseite	memory page
Speichertreiber	memory driver
Speicherung mit Haltverhalten	permanent storage
Speicherverwaltungs-	Memory Manage-

einheit	ment Unit (MMU)
Speicherzugriff	memory access
Speisenetz	supply system
Speisepunkt einer elektrischen Anlage	origin of an electrical installation
Speisespannung	supply voltage
Speisung mit Konstantstrom	constant-current excitation
Spektrumanalysator	spectrum analyzer
Sperrdiode	blocking diode
Sperreingang	disable input
sperren (Stromkreis)	to lock out
Sperrfilter	stop filter
Sperrkennlinie	reverse characteristic
Sperrschaltung	blocking circuit
Sperrschicht-Temperatur	junction temperature
Sperrschwinger	blocking oscillator
Sperrstrom	blocking-state current
Sperrwandler	isolating transformer
spezifische Eisenverluste	iron loss in W pro kg
spezifische Energie (Batterie)	massic energy
spezifische Kenngrößen	specific characteristics
spezifische Scheinleistung	specific apparent power
spezifischer Durchgangswiderstand	volume resistivity
spezifischer Erdwiderstand	earth resistivity
spezifischer Isolationswiderstand	dielectric resistivity
spezifischer Leitwert	conductivity
spezifischer Wärmewiderstand	thermal resistivity
Spielzeugtransformator	transformer for use with toys
Spindelpotenziometer	spindle-operated potentiometer
Spiralkabel	coiled cable
Spitzenbegrenzer	clipper
Spitzendämpfung	peak attenuation
Spitzenfaktor	crest factor
Spitzenlast	peak load
Spitzenleistung	maximum output
Spitzenwert	peak value
Spitzenzeittarif	peak load tariff
Spleißdämpfung (LWL)	splice loss
Spleißverbindung (LWL)	splice joint
Spracheingabe	voice data entry
Sprachübertragung	voice transmission
spritzwassergeschützte Maschine	splash-proof machine
Sprühentladung	corona discharge
Sprung (plötzliche Änderung)	step change
Sprungantwort	step response
Sprunganweisung	branch instruction
Sprungbefehl	jump instruction
Sprungfunktion	jump function
Sprungtaster	snap-action switch
Sprungziel	jump destination
Spule	coil
Spule (Drossel)	reactor
Spulenanker	coil armature
Spulenisolierung	coil insulation
Spulenkörper	bobbin
Spulen-Nennspannung	rated coil voltage
Spulen-Wickelmaschine	coil winding machine
Spurdichte (Datenträger)	track density
Staberder	earth rod
stabförmige Lampe	linear lamp
stabilisierte Stromversorgung	stabilized power supply
Stabilisierung durch Regelung	closed-loop stabilization
Stabilisierung durch Steuerung	open-loop stabilization
Stabilisierung gegen Einschaltströme	inrush restraint
Stabmagnet	magnetic bar
Stahlbandbewehrung (Kabel)	steel-tape armour
Stahlblechkanal	sheet-steel duct
Stahlpanzerrohr	heavy-gauge steel conduit

Stammkabel	master cable
Stammleitung	trunk cable
Standardabweichung	standard deviation
Standardbestückung	standard complement
Standard-Einbauplatz	standard plug-in station
Standardschnittstelle	standard interface
Ständer (Maschine)	stator
Ständeranlasser	primary starter
Ständerkreis	stator circuit
Ständerschütz	stator contactor
Ständerumschalter	primary reverser
standfest	stable
Standgerät	upright unit
ständig aktive Überwachung	permanently active monitoring function
Standleitung (DÜ)	leased line
Standortisolierung	standing surface insulation
Stapelbetrieb	batch mode
Stapelspeicher	stack
Stapelzeiger	stack pointer
Starkstrom	heavy current
Starkstromanlage	electrical power installation
Starkstrombeeinflussung	exposure to power lines
Starkstromkabel	power cable
Starkstromkontakt	heavy-duty contact
Starkstromschaltanlagen	power switchgear
Starkstromtechnik	power engineering
starre Leiterplatte	rigid printed board
starrer Frequenzumformer	fixed-output frequency converter
starr-flexible Leiterplatte	flex-rigid printed board
starten	to start
Starter für direktes Einschalten	direct-on-line starter
starterlose Leuchtstofflampe	starterless fluorescent lamp
Start-Stopp-Information	start-stop information
Start-Stopp-Übertragung	start-stop transmission
stationäre Stromversorgungsbedingungen	steady-state power conditions
stationärer Betrieb	steady-state operation
Stationsbatterie	substation battery
statische Abschirmung	static screen
statische Elektrizität	static electricity
statische Überspannung	static overvoltage
statische Verteilung	statistical distribution
statischer Blindleistungskompensator	static Var. compensator
statischer Eingang	static input
statischer Fehler	random error
statischer Restfehler	offset
statisches RAM	static RAM (SRAM)
statisches Rauschen	random noise
Statusregister	status register
Staubablagerung	dust deposit
staubdicht	dust-tight
staubfreier Raum	clean room
Staubsauger	vacuum cleaner
Steckanschluss	clamp-type terminal
steckbare Brücke	plug-in jumper
steckbares Bauelement	plug-in component
Steckbaugruppe (Leiterplatte)	plug-in board
Steckdose	socket-outlet
Steckdose ohne Schutzkontakt	socket-outlet without earthing contact
Steckdosenleiste	multiple socket-outlet
Steckdosenverteiler	multi-outlet distribution unit
Stecken unter Spannung	live plugging
Stecker	plug, plug connector
Stecker mit Verpolschutz	polarized plug
Steckerbelegung	connector pin assignment
Steckerladegerät	plug-in charger
Steckernetzteil	plug-in power supply unit

Deutsch – Englisch

Steckersicherung	plug fuse
Steckhülse mit Flachstecker	receptacle with tab
Steckkabel	plug-in cable
Steckkraft	insertion force
stecklose Verbindung	plugless connection
Steckplatz	module location
steckplatzcodiert	slot-coded
Steckschnur	patchcord
Steckverbinder	connector
Steckverbinder für Leiterplattenmontage	board-mounted connector
Steckverbinder mit männlichen Kontakten	plug
Steckverbinder mit weiblichen Kontakten	receptacle
Steckverbinder-Einsatz	connector insert
Steckverbindung	plug-and-socket connection
Stegleitung	ribbon-type webbed building wire
stehender Kurzschluss	permanent fault
Steh-Spitzenspannung	peak withstand voltage
Stehwelle	standing wave
steigende Kennlinie	rising characteristic
Steigleitung	rising mains
Steilheit der Anstiegsflanke	rising edge rate
Steilheit des Spannungsanstiegs	rate of voltage rise
Stellantrieb	actuator
Stellen (Regler)	actuating
Steller (Betätigungselement)	actuator
Steller (Stellwiderstand)	rheostat
Stellgröße	manipulated variable
Stellmotor	positioning motor
Stellungsanzeige (Trafo)	tap position indication
Stellungsmelder	position indicator
Sternbus	star bus
Stern-Dreieck-Anlasser	star-delta starter
Stern-Dreieck-Schaltung	star-delta connection
Sternerder	star-head earthing switch
Sternpunkt	neutral point
Sternpunktbelastbarkeit	neutral loading capacity
Sternpunktleiter	neutral conductor
Sternspannung	phase-to-neutral voltage
Sternstruktur (LAN)	star topology
Stern-Vierer	star-quad
Stern-Zickzack-Schaltung	star-interconnected-star connection
stetiger Regler	continuous-action controller
stetiges Verhalten	continuous action
Steuerader	pilot wire
Steuerausgang	control output
steuerbarer Stromrichter	controllable converter
Steuerbefehl	control command
Steuereinheit	control unit
Steuereinrichtung	controlling system
Steuerelektronik	control electronics
Steuergerät	control device
Steuerkreis	control circuit
Steuerleitung	firing-circuit cable
steuern	to control
Steuerschalter	control switch
Steuerschrank	control cubicle
Steuerspannungsversorgung	control power supply
Steuerung durch Polumschaltung	pole-changing control
Steuerung übergeben	to pass control
Steuerung übernehmen	to take control
Steuerungsart	mode of control
Steuerungselektronik	control electronics
Steuerungsverfahren für den Medienzugriff (LAN)	medium access control procedure
Steuerwerk	control unit
Steuerwort	control word

Steuerzeichenfolge	control character string
Stichkabel	radial cable
Stichleitung (Netz)	spur line
Stichprobe	sample
Stichprobenprüfung	sampling test
Stift (Verdrahtung)	post
Stiftabstand	pin spacing
Stiftkabelschuh	plug connector
Stiftplotter	pen plotter
stiller Alarm	silent alarm
stillsetzen	to shutdown, to stop
Stillstand	standstill
Stillstandsüberwachung	zero-speed monitoring
stillstehend	at rest
Stirnfläche (LWL)	end face
Stirnflächenkopplung (LWL)	butt joint
stirnseitig aneinanderreihbar	buttable end-to-end
Stockwerksverteilung	floor panelboard
Stromflussrichtung	conduction direction
Stromrückleitungskabel	return cable
Stoppbit	stop bit
Störabschaltung	shutdown on faults
Störabstand	noise ratio
Störabstrahlung	noise radiation
störanfällig	vulnerable
Störbeeinflussung	electrical interference
Störfall	fault
Störfeld	interference field
Störfestigkeit	noise immunity
Störgröße (elektrische)	electrical transient
Störgröße (Regler)	disturbance
Störimpuls	disturbing pulse
Störlichtbogen	arcing fault
Störmeldung	fault signal
Störpegel	noise level
Störquelle	interference source
Störschutzfilter	interference suppressor filter
Störschutzkondensator	anti-interference capacitor
Störschwelle	limit of disturbance
störsicher	noise-free
Störspektrum	noise spectrum
Störstrom (Fehlerstrom)	error current
Störung	disturbance, fault
Störung (Rauschen)	noise, interference
Störungsdauer (Netz)	disturbance time
Störungssicher (ausfallsicher)	fail-safe
Störungssignalisierung (LAN)	jam signal
Stoß (Welle)	impulse
Stoßamplitude	surge amplitude
Stoßantwort	step response
Stoßdurchschlag	impulse breakdown
Stoßentladungsprüfung	discharge test
stoßfest	surge-proof
Stoßformen (elektrische)	impulse voltage waveshapes
Stoßkurzschluss	sudden short circuit
Stoßleistung	surge power
Stoßspannungsanlage	impulse voltage testing station
Stoßspannungsfestigkeit	impulse strength
stoßspannungssicher	surge-proof
Stoßstelle	transition point
Stoßstrom	peak withstand current
Stoßstrombegrenzer	impulse-current limiter
Stoßüberschlag	impulse flashover
Stoßwelle	transient wave
Strahlenaustritt	emission of radiation
Strahlenbelastung	radiation burden
Strahlenbündelung	beam focussing
Strahler (Lampe)	reflector lamp
Strahlerleuchte	spotlight
Strahlteiler (LWL)	beam splitter
Strahlung	radiation
strahlungsarmer Bildschirm	low-radiation screen
Strahlungsdichte	radiant energy density

Deutsch – Englisch

Deutsch	Englisch
Strahlungsgefährdung	radiation hazards
Strahlungsquelle	radiation source
Strahlungsstärke	radiant intensity
strahlwassergeschützte Leuchte	jet-proof luminaire
Strang	phase
Strangklemme	phase terminal
Strangwicklung	phase winding
Strangzahl	number of phases
Straßenbeleuchtung	road lighting
Streckendämpfung (LWL)	path attenuation
Streckenkabel	section cable
Streckentrenner	section disconnector
Streifenleiter	stripline
Streufaktor	leakage factor
Streufeldtransformator	high-reactance transformer
Streufluss	leakage flux
Streuspannung (Trafo)	reactance voltage
Streuung (magnetische)	leakage
Strichcode	Bar code
Strichcodeetikett	bar-code label
Strichcodeleser	bar-code scanner
strichpunktierte Linie	dot-and-dash line
Strobe-Impuls	strobe pulse
Strom (elektrischer)	current
stromabhängig	current dependent
stromabhängige Verluste	ohmic loss
Stromabnehmerbürste	current collecting brush
Stromanstieg	current rise
Stromanstiegsgeschwindigkeit	rate of rise of current
Stromart	kind of current
Stromaufnahme	current input
Stromausfall	power failure
Strombeanspruchung	current stress
Strombegrenzungsdrossel	current limiting reactor
Strombegrenzungskennlinie	peak let-through current chart
Strombelag	electric loading
Strombelastbarkeit (Kabel)	current-carrying capacity
Strombelastung (spezifische)	current per unit area
Strombereich	current range
Stromdichte	current density
Stromdiebstahl	energy theft
stromdurchflossener Leiter	current-carrying conductor
Stromdurchgang	conductive continuity
Strom-Einstellbereich	current setting range
Stromerzeuger	electric generator
Stromerzeugung	power generation
Stromflussrichtung	current flow direction
Stromform	current wave form
stromführend	current carrying
Stromglättung	current smoothing
Stromkreis	electric circuit
Stromkreisaufteilung	circuit-phase distribution
Stromkreiskenngrößen	circuit characteristics
Stromlaufplan	schematic diagram
Stromleitung	current conduction
Stromleitung (Leiter)	current lead
Stromlieferung	electricity supply
stromlos	de-energized, dead
Strommarke	electric mark
Strommesser	ammeter
Stromnulldurchgang	current zero
Strom-Nulldurchgang	zero crossing of current wave
Strompfad	current path
Strompolung	current polarization
Stromquelle	power source
Stromregler	current controller
Stromrelais	current relay
Stromrichter	electronic power converter
Stromrichterschaltung	converter connection
Stromrichtungsumkehr	current reversal
Stromschalter	current switch
Stromschiene	conductor rail
Stromschleife	current loop
Stromschutz	current protection
Stromsicherung	fuse

Strom-Spannungs-Kennlinie	current-voltage characteristic
Stromspiegelung	current balancing
Stromspitze	current peak
Stromstärke	current intensity
Stromstoß	current impulse
Stromstoßprüfung	peak withstand current test
Stromstoßschalter	remote-control switch
Stromstufe	current step
Stromsumme	summated current
Stromteiler	current divider
Stromübersetzungsverhältnis	current transformation ratio
stromunabhängig	current-independent
Stromverbindung	connector, lead
Stromvergleicher	current comparator
Stromversorgung (Gerät)	power supply unit
Stromversorgungsanlage	power supply installation
Stromverstärkung	current gain
Stromverteilung (Energieverteilung)	power distribution
stromverzögerte Auslösung	inverse time-delay operation
stromverzögerte Überstromauslöser	inverse time-delay overcurrent release
Stromwandler	current transformer
Stromwandler für Messzwecke	measuring current transformer
Stromwärme	Joulean heat
Stromwendespannung	reactance voltage of commutation
Stromzähler	electricity meter
Stromzange	current probe
stromziehender Ausgang	sink-mode output
Stromzuführung	power supply circuit
Stromzweig	branch circuit
Struktogramm	structured chart
strukturierte Programmierung	structured programming
Stückliste	bill of materials
Stufenanlasser	step starter
Stufendrehschalter	rotary wafer switch
Stufenindexfaser (LWL)	step-index fibre
stufenlose Drehzahleinstellung	stepless speed variation
Stufenschalter	step switch
Stufenspannung	step voltage
stufenweise Annäherung	successive approximation
Stützbatterie	back-up battery
Stützenisolator	screw gland
Stützkondensator	back-up capacitor
Subminiaturrelais	subminiature relay
Substratstrom	substrate current
Subtrahierwerk	subtractor
Suchgerät	detecting device
Südpol (magnetischer)	south pole (magnetic)
Summand	addend, summmand
Summe der Oberschwingungen	harmonic content
Summenkontrolle	sum check
Summenstrom	total current
Summenzählwerk	summating register
Summierverstärker	summing amplifier
superflinke Sicherung	very quick acting fuse
superträge Sicherung	long time-lag fuse
supraleitender Magnet	superconducting magnet
Supraleiter	superconductor
Suszeptanz	susceptance
Symbol	symbol
Symmetrierwiderstand	balancing resistor
symmetrisch gegen Erde	balanced to earth
symmetrische Belastung	balanced load
symmetrische Spannung (EMV)	symmetrical voltage
symmetrischer Ausgang (Gegentakt)	push-pull output
symmetrischer Eingang (Gegentakt)	push-pull input
symmetrischer Vierpol	symmetrical two-terminal-pair network
Synchron	synchronous

Deutsch – Englisch

Synchron-Asynchron-Umformer	synchronous-induction motor-generator
synchrone Datenübertragungssteuerung	synchronous data link control (SDLC)
synchrone Drehzahl	synchronous speed
synchroner Betrieb	synchronous operation
synchroner Zähler	parallel counter
synchrones Schaltwerk	synchronous sequential circuit
Synchron-Hauptuhr	synchronous master clock
Synchronisation	synchronization
synchronisieren	to synchronize
Synchronisier-Sender	synchronizing transmitter
Synchron-Kippmoment	synchronous pull-out torque
Synchron-Phasenschieber	synchronous condenser
Synchronschaltuhr	synchronous time switch
Systemabsturz	system crash
systematischer Fehler	systematic error
Systementwurf	system design
systemgerecht	system-compatible
Systemprogramm	system program
Systemsoftware	operating system software
Systemstörung	system failure
Systemtakt	system clock
Systemverhalten	system performance
Systemverträglichkeit	compatibility

T

Tableau	panelboard
Tablett (Eingabe)	digitizer tablet
T-Abzweigklemme	branch terminal
Tachogenerator	tachometer generator
Tafelbauform	dead-front assembly
Tagebuch	daily log
Tageshöchstleistung	daily maximum demand
Tageslicht	daylight
Tageslichtbeleuchtung	daylighting
Tageslichtlampe	daylight lamp
Tagesschaltwerk	twenty-four-hour commutation mechanism
Tagesverbrauch	daily consumption
Takt	clock pulse
Taktdiagramm	timing diagram
Takteingang	clock input
Taktflanke	clock-pulse edge
Taktfrequenz	clock frequency
Taktgeber	clock generator
Taktimpulsdauer	clock-pulse duration
Taktpause	clock-pulse space
Taktsignalverzögerung	clock skew
taktsynchron	synchronous
Taktzeit	clock time
tan δ Verlauf	tan δ curve
Tantal-Elektrolytkondensator	tantalum electrolytic capacitor
Tarif	tariff rate
Tarifschaltuhr	multi-rate tariff switch
Tast-Dimmer	touch dimmer
Taste	button
Taster (Druckknopf)	pushbutton
Tastkopf	probe
Tastspitze	prod
Tastverhältnis	pulse duty factor
Tätigkeit	activity
tatsächlicher Wert	actual value
Tauchspule	plunger coil
Taupunkt	dew point
Technik (angewandt)	engineering
Technik (Wissenschaft)	technical science
technische Daten	technical data
technische Vorschrift	technical regulation
Technischer Überwachungsverein	Technical Inspectorate
Teilausfall	partial failure
teilautomatisch	semi-automatic
Teilbetriebsdauer	partial operating

	time
Teilentladung	ionization (partial) discharge
Teiler (Mathematik)	divisor
Teiler (Spannungsteiler)	divider (voltage)
Teilfehlerstrom	fault current
teilgeschlossenes Relais	partially enclosed relay
Teilinduktivität	partial inductance
Teilkapazität	capacitor element
Teilladung (Batterie)	boosting charge
Teillastbetrieb	part-load operation
Teilnehmer (LAN)	station
Teilredundanz	partial redundancy
Teilschaltplan	component circuit diagram
Teilsystem	subsystem
Teilungseinheit	pitch
Teilzusammenbau	unit assembly
Telefonanschlussdose	telephone outlet
Telegramm (DÜ)	message
Temperatur in Meeres-höhe	sea level temperature
temperaturabhängig	temperature depen-dent
temperaturabhängiger Widerstand	thermistor
Temperaturanstieg	temperature rise
Temperaturbegrenzer	thermal relay
Temperaturbeiwert des Widerstandes	temperature coef-ficient of resistance
temperaturbeständig	heat-resistant
Temperatureinfluss	influence of ambient temperature
temperaturempfindlich	temperature-sensi-tive
Temperaturfehler (Drift)	temperature drift
Temperaturfühler	temperature detector
temperaturgesteuerter Zeitschalter	thermal time-delay switch
Temperaturmessgerät	temperature meter
Temperatursicherung	thermal link
Temperatursprung	temperature jump
Temperaturtastkopf	temperature probe
TEM-Zelle	TEM cell
Termin	date, deadline
Terminplanung	time scheduling
Testbaugruppe	test module
Testhilfe	testing aid
Testprogramm	debugger
Tetrade	tetrad
Textanzeige	text display
thermisch verzögerter Auslöser	thermally delayed release
thermische Beanspru-chung	thermal stress
thermische Dauerbe-lastbarkeit (Relais)	limiting continuous thermal withstand value
thermischer Auslöser	thermal release
thermischer Grenzstrom	thermal current limit
thermischer Überlast-auslöser	thermal overload release
thermischer Widerstand	thermal resistance
thermisches Altern	thermal ageing
thermisches Langzeit-verhalten	thermal endurance
thermisches Rauschen	thermal noise
thermisch-magnetischer Schutzschalter	miniature circuit-breaker with com-bined thermal and electromagnetic release
Thermistor	thermistor
Thermoblinkrelais	thermal flasher relay
thermoelektrische Spannungsreihe	thermoelectric series
Thermopaar	thermo couple
Thermoschalter	thermostatic switch
Thermosicherung	thermal release
Thomson-Brücke	Thomson bridge
Thyristor	thyristor
Thyristorschalter	thyristor switch
Thyristor-Stromrichter	thyristor power converter
tiefentladene Batterie	exhausted battery
Tiefentladung	exhaustive discharge
Tiefpass	low pass

Deutsch – Englisch

tiefste Arbeitstemperatur (TAMIN)	minimum operation temperature, low-temperature
Tintenstrahldrucker	ink-jet printer
Tippbetrieb	inching mode
Tischgerät	desktop unit
Tischplotter (Flachbett)	flat-bed plotter
Tischsteckdose	table-type socket-outlet
T-Muffe (Kabel)	tee joint
TN-C-Netz	TN-C system
TNV-Stromkreis	telecommunication network voltage circuit (TNV)
tödlicher elektrischer Schlag	electrocution
Toleranzbereich	tolerance band
Toleranzreihe	tolerance series
Tonfrequenzdrosselspule	audio-frequency reactor
Tonfrequenzpegel	audio-frequency level
Tonfrequenz-Rundsteueranlage	audio-frequency remote control system
Tongeber	tone generator
Tonimpulsfolge	tone burst
Topfkern	cup-type core
topologischer Netzplan	topological diagram of network
Totalausfall	complete failure
Totmannschaltung	dead man's circuit
Totzeitglied	lag element
tragbares Gerät	portable appliance
träge Sicherung	slow fuse
Trägerfrequenz	carrier frequency
Trägerleiterplatte	mother board
trägflinker Sicherungseinsatz	discriminating fuse-link
Trägheitsgrad (Sicherungen)	time-lag class
Tragprofil (Schiene)	mounting rail
Tränkung	impregnation
Transduktor mit direkter Selbsterregung	auto-self-excited transductor
Transformator	transformer
Transformator für Freiluftaufstellung	outdoor transformer
Transformator für Sonderzwecke	special purpose transformer
Transformatorabgang	transformer feeder
Transformatoranzapfung	transformer tap
Transformatorkern	transformer core
Transformator-Sanfteinschalter	transformer inrush suppressor circuit-breaker
transiente Überspannung	transient voltage
Transistor	transistor
Transistor-Zeitrelais	transistorized time-delay relay
transportable Batterie	portable battery
transportfest	handling resistant
transversale Welle	transverse wave
Trapezimpuls	trapezoidal pulse
Treiber mit offenem Kollektor	open-collector driver
Trendanzeige	trend display
Trenneinrichtung	disconnecting device
trennen (Phasen)	to separate
trennen (Stromversorgung)	to disengage
Trennklemme	isolating terminal
Trennrelais	air-gap relay
Trennschalter	disconnector
Trennschärfe (Empfänger)	selectivity
Trennschütz	contactor disconnector
Trennsicherung	dropout fuse
Trennstelle	isolating point
Trennstrecke (Schalter)	isolating distance
Trenntransformator	isolating transformer
Trennübertrager	isolating transformer
Trennung (galvanische)	electrical isolation
Trennung (Schutztrennung)	electrical separation
Trennung vom Netz	disconnection from supply

Trennverstärker	isolation amplifier
Treppenhauslichtautomat	staircase lighting timer
Treppenlicht-Zeitschalter	staircase lighting time-delay switch
Triac	triac
Trigger-Ansprechschwelle	triggering threshold
Triggerereignis	trigger event
trigonometrische Funktion	trigonometric function
Triode	triode
Tristate-Treiber	tristate driver
trockene Lötstelle	dry joint
trockene Räume	dry locations
trockene, entladene Batterie	dry discharged battery
trockene, geladene Batterie	dry charged battery
Trocken-Primärbatterie	dry primary battery
Trockentransformator	dry-type transformer
Trockentransformator mit vergossener Wicklung	encapsulated-winding dry-type transformer
tropenfest	tropicalized (tropic proof)
tropfwassergeschützt	drip-proof
Tropfwasserschutz	protection against dripping water
Tunneldiode	tunnel diode
Turbine	turbine
Turbogeneratorsatz	turbine-generator unit
Türgong	door chime
Türöffner	door opener
T-Verbindung	tee connector
Twistlänge	twist pitch
Typbezeichnung	type designation, marking
Typenleistung	unit rating
Typenschild	rating plate, name plate
typgeprüft	type tested
typischer Wert	representative value
Typprüfbericht	type test report

U

überbrücken	to short-circuit, to jumper
Überbrückungskabel	jumper cable
Überbrückungszeit (USV)	stored-energy time
überdachte Anlage	sheltered installation
überdimensionieren	to overdimension
Überdrehzahlauslöser	overspeed trip
Überdruckkapselung	pressurized enclosure
Überdruckschutz (Trafo)	gas- and oil-pressure protection
Übererregung	overexcitation
Überflurbelüftung	above floor ventilation
überflutbare Maschine	submersible machine
Übergabeblindleistung	interchange reactive power
Übergabeleistungsschalter	tie-circuit-breaker
Übergabestelle (Energienetz)	point of supply
Übergang zwischen logischen Zuständen	transition between logic states
Übergangsdauer (Impuls)	transition duration
Übergangsfrequenz	transition frequency
Übergangsmuffe	transition joint
Übergangsstecker	adapter plug
Übergangstabelle	transition table
Übergangswiderstand (Relais)	contact resistance
Übergangszeit (Signal)	transition time
Überhitzung	overheating
Überhöhung (Resonanz)	magnification factor
Überhöhung (Verstärkung)	peaking
Überholung (Revision)	overhaul
Überkompensation	over-compensation
Überladung (Batterie)	overcharge

Deutsch – Englisch

überlagerte Wechselspannung	ripple voltage
Überlagerungsfrequenz	heterodyne frequency
Überlagerungsprinzip	superpostion principle
überlappt geschichtete Bleche	overlapping laminations
Überlappung (Kontakt, Öffner)	break-before-make arrangement
Überlappung (Kontakt, Schließer)	make-before-break arrangement
Überlappungszeit (Relais)	bridging time
Überlastauslöser	overload release
Überlastfestigkeit	overload withstand capability
Überlastkennlinie	overload characteristic
Überlastschutz	overload protection
Überlaufanzeige	overrange indication
Überlebenswahrscheinlichkeit	reliability
Übermitteln von Daten	communication of data
Übernahmestrom	take-over current
überprüfbare Angaben	auditable data
überprüfen	to check, to review
Überprüfung vor der Inbetriebnahme	precommissioning check
Überschalt-Drosselspule (Trafo)	transition reactor
Überschaltimpedanz (Trafo)	transition impedance
Überschlagspannung	flashover voltage
Überschreitung (Messbereich)	overrange
Übersetzungsverhältnis (Trafo)	transformation ratio
Übersichtsplan	layout plan
Übersichtsschaltbild	block diagram
Überspannung	overvoltage
Überspannungsableiter	surge protective device (SPD)
Überspannungsschutz	overvoltage protection
Überspannungs-Wanderwelle	travelling surge
Übersprechen	crosstalk
Übersteuern (Verstärker)	overdrive
Überstrom	overcurrent
Überstromauslöser	overcurrent release
Überstromrelais mit Phasenausfallschutz	overcurrent and phase failure protection relay
Überstrom-Schutzschalter	excess-current circuit-breaker
Übertemperaturschutz	overtemperature protection
Übertrag (Zähler)	carry
übertragbare Leistung (Kabel)	power rating
Übertragerkern	transformer core
Übertragsausgang	carry-out output
Übertragungsdistanz	transmission distance
Übertragungseinrichtungen für Brandmelder	fire alarm routing equipment
Übertragungsfaktor (Wellenleiter)	transmission coefficient
Übertragungs-Freileitung	overhead power transmission line
Übertragungs-Frequenzgang	frequency response
Übertragungskoeffizient (Transistor)	s-parameter
Übertragungsleitung (Energie)	transmission line
Übertragungsmaß	gain
Übertragungssicherheit	transmission security
Übertragungsstrecke	transmission path
Übertragungswirkleitwert	transconductance
Überverbrauchzähler	excess-energy meter
Überwachung (Beobachten)	supervision
Überwachung (Fehler)	error control procedure
Überwachung (Steuern	monitoring

u. Überwachen)		
Überwachung von Prüf- und Messmitteln		control of inspection, measuring and test equipment
Überwachungseinrichtung (Isolations-)		insulation monitoring device
Überwachungsmeldung		monitoring information
Überwachungsschleife		monitoring loop
Uhrenanlage		clock system
Uhrenlinie		time circuit
Uhrzeitanzeige		time-of-day display
Uhrzeitsynchronisierung		time synchronization
UL-Ausführung		design to Underwriters Laboraties requirements
Ultraschall-Näherungsschalter		ultrasonic proximity switch
umbauen	to	modify, to rebuild
umbenennen	to	rename
Umdrehungen pro Minute		revolutions per minute (r.p.m.)
Umfangsgeschwindigkeit		peripheral speed
Umfeldbeleuchtung		ambient lighting
Umformer		rotary converter
Umformung elektrischer Energie		conversion of electrical energy
Umgebungsbedingungen		environmental conditions
Umgebungstemperatur der Luft (zulässige)		ambient air temperature range
Umgehungstrennschalter		bypass disconnector
umgesetzte Leistung (Trafo)		through rating
umhüllende Kurve		envelope curve
Umhüllung gegen elektrische Gefahren		electrical enclosure
Umkehrbetrieb		reversing duty
Umkehrschalter		reversing switch
Umkehrstromrichter		reversible converter
umklemmen	to	reconnect
umlaufen	to	rotate
umlaufende elektrische Maschine		electrical rotating machine
umlaufender Vektor		rotating vector, phasor
Umlaufkühlung		closed-circuit cooling
Umlaufschaltung		three-lamp circuit
Umlaufspannung (magnetische)		magnetic potential difference along a closed path
Umleitung		bypass
Umluft-Wasserkühlung		closed-circuit air-water cooling
umpolen	to	reverse the polarity
Umrangierung		relocation
Umrichterantrieb		converter drive
Umrüstteile		retrofitting parts
umschaltbar (Trafo)		reconnectable
Umschaltbetrieb (Batterie)		changeover operation
umschalten	to	change over
Umschalter mit Nullstellung		changeover switch with zero position
Umschaltglied		changeover contact element
Umschaltpause		dead interval on reversing
Umschaltung (Betrieb-Reserve)		automatic failover
Umsetzer (Wandler)		converter
Umspannanlage		transforming station
Umspinnung (Kabel)		braiding
Umwälzpumpe		circulating pump
Umwandeln von Fest- in Gleitpunktzahl		fixed-point (floating-point) conversion
Umwandlungsverhältnis		conversion ratio
Umweltbedingungen		environmental conditions
Umweltbelastung		environmental pollution
umweltfreundlich		non-polluting
unabhängige Handbetätigung		independent manual operation
unabhängige Stromquelle		independent current source
unabhängige Wicklung		separate winding
unabhängiger Betrieb		stand-alone operation

unbeabsichtigtes Einschalten	unintentional energizing
unbedingt kurzschlussfester Transformator	inherently short-circuit-proof transformer
Unbefugter	unauthorized person
unbelegte Klemme	unassigned terminal
unbestückter Platz	unequipped space
unbewehrtes Kabel	unarmoured cable
Unbrauchbarkeit	disabled state
unbrennbar	non-inflammable
UND-Abhängigkeit	AND dependency
unendlich große Verstärkung	infinite gain
Unfallverhütungsvorschriften	accident prevention regulations
ungeerdeter Sternpunkt	unearthed star point
ungelernter Arbeiter	unskilled worker
ungepoltes Relais	non-polarized relay
ungeradzahlige Oberwelle	odd-order harmonic
ungeregelte Stromversorgung	unregulated power supply
ungeregelter Antrieb	uncontrolled drive
ungesättigt	unsaturated
ungeschirmtes Kabel	unshielded cable
ungeschützte Anlage im Freien	unsheltered outdoor installation
ungewolltes Schalten	unintended operation
ungleiche Belastung	unbalanced load
ungleichnamige Elektrizität	electricity of opposite sign
Ungleichung	inequality
unidirektionaler Bus	unidirectional bus
unipolar	unipolar
unisoliert	uninsulated
Universal-Schnittstellenbus	General-Purpose Interface Bus (GPIB)
universeller synchroner asynchroner Empfänger-Sender	universal synchronous/asynchronous receiver/transmitter (USART)
unkompensierte Leuchte	low-power-factor luminaire
unkritischer Fehlzustand	non-critical fault
unmagnetisch	non-magnetic
unmittelbare Betriebserdung	direct functional earthing
unplanmäßige Instandhaltung	unscheduled maintenance
unrundes Drehfeld	displaced rotating field
unscharfe Logik	fuzzy logic
unsicherer Ausfall	unsafe failure
unstetiger Regler	discontinuous-action controller
Unsymmetriegrad (Drehstrom)	unbalance factor
unsymmetrischer Ausgang	asymmetrical output
unten	below, down
unter Spannung	live (hot)
unter Spannung schalten	hot switching
unter Spannung stehen	to be live
unterbrechen	to interrupt, to isolate
Unterbrechung	interruption
Unterbrechung bei Umschaltung	interruption on changeover
unterbrechungsfreie Stromversorgung (USV)	uninterruptible power system (UPS)
Unterdrehzahl	underspeed
Unterdrückung von Funkstörungen	radio interference suppression
untereinander (Montage-)	stacked arrangement
unterer Grenzwert	minimum limiting value
unterer Leistungsbereich	lower-end performance level
Unterfamilie	sub-family
Unterhaltungselektronik	consumer electronics
unterirdische Leitung	underground cable (line)
Unterlagenverwaltung	document management
Untermenge	subset
Unterputzdose	flush-type box

Unterputzinstallation	concealed wiring
Unterspannungsseite	low-voltage side
Unterstation (Netz)	substation
Unterstromauslöser	undercurrent release
untersynchron	subsynchronous
unterteilte Spule	multi-section coil
Unterwasserbeleuchtung	underwater lighting
unterwiesene Person	instructed person
ununterbrochener Betrieb	continuous operation
unverdrehbar	locked
unverketteter Fluss	unlinked flux
unverträglich	incompatible
unverwechselbar	non-interchangeable
unverzinnt	untinned
unverzögert	non-delayed
unverzögertes Hilfsschütz	instantaneous contactor relay
unvollkommener Erdschluss	high-resistance fault to earth
unvollkommener Kurzschluss	high-resistance fault
unzulässig	unpermissable
Urspannung	electromotive force
USV	UPS
UV-beständig	resistant to ultraviolet rays

V

Vakuumfluoreszenzanzeige	vacuum fluorescent display
Vakuumpermeabilität	permeability of free space
Vakuumschalter	vacuum switch
Vakuumverguss	vacuum moulding
variabel	variable, adjustable
Varistor	varistor
Var-Stundenzähler	varhour-meter
VDE-Prüfzeichen	VDE mark of conformity
Vektor	vector, phasor
vektorielle Größe	phasor quantity
Vektorschreibweise	vector notation
Ventilableiter	valve arrester
Ventilator	fan
veränderbares Nachleuchten	variable persistance
verantwortlich	responsible
verarbeiten	to process
Verarbeitungseinheit	processing module
verbinden (anschließen)	to connect
verbinden (koppeln)	to couple
Verbinder	connector
verbindliche Werte	mandatory values
verbindliche Zeichnung	certified drawing
Verbindungskabel	interconnecting cable
Verbindungsklemme	connecting terminal unit
Verbindungsleitung (Kraftwerk)	interconnecting cable
Verbindungsleitung (Schaltdraht)	connecting wire
verbindungslose Kommunikation	connectionless-mode communication
Verbindungsmaterial	connecting devices
Verbindungsmuffe (Kabel)	straight joint
Verbindungsplan	interconnection diagram
verborgener Fehler	latent fault
Verbrauch	consumption
Verbraucher (Last)	load
Verbraucheranlage	consumer's installation
Verbraucherspannung	utilization voltage
Verbraucherstromkreis	load circuit
Verbrauchsmittel (elektrische)	current-using equipment
Verbundbetrieb (Netz)	interconnected operation
Verbundwicklung	compound winding
Verdoppler	doubler
verdrahten	to wire
Verdrahtung	wiring
Verdrahtungseinsatz	backplane

Verdrahtungskanal		wiring duct
Verdrahtungsplan		wiring diagram
Verdrahtungsprüfung		wiring test
Verdrahtungstabelle		wiring table
verdrillen	to	twist
verdrillte Doppelleitung		twisted-pair cable
verdrilltes Leiterpaar		twisted-pair wires
vereinheitlichen	to	standardize
Vereisung		icing
Verfahren (Methode, Prozess)		procedure
Verfahrenshandbuch (Qualität)		procedures manual
verfälschen (Daten)	to	corrupt
verfügbare Leistung		available capacity (power)
Verfügbarkeit		availability
vergießen	to	embed
Vergleicher		comparator
Vergleichsnormal		comparison standard
Vergleichsstrom		reference current
vergossener Transformator		encapsulated transformer
Vergussmasse (Kabel)		setting compound
Verhältnis (Beziehung)		relationship
Verhältnis (Übersetzungs-)		ratio
Verhältnisse am Aufstellungsort		field service conditions
Verkabelung		cabling
Verkehrsampel		traffic signal
Verkehrsdichte		traffic density
verkettete Spannung		line-to-line voltage
verketteter Fluss		interlinked flux
verknüpfen (Signal)	to	combine
Verknüpfung (Kontakt-)		relay logic
Verknüpfung (Logik)		logic operation
Verknüpfungsbedingung		logic condition
Verknüpfungsgleichung		logic equation
Verknüpfungstafel (Boolsche)		Boolean operation table
Verkürzungsglied		pulse-contracting element
verlängerter Impuls		expanded pulse
Verlängerungsleitung		extension cord
Verlauf (Kurve)		waveform
verlegen (Kabel)	to	install
Verlegung auf Putz		surface mounting
Verlegung unter Putz		concealed installation
verlöten	to	solder
verlustarm		low-loss
Verluste im Erregerkreis		excitation losses
Verlustfaktor (tan δ)		tangent of loss angle
Verlustleistung		power loss
verlustlose Induktivität		pure inductance
Verlustzähler		loss meter
Vermaschung (Netz)		system meshing
Vermessungslaser		alignment laser
Verpolung		polarity reversal
verpolungssicher		polarized
Verrechnungszähler		demand billing meter
verriegelbar		interlocking
verriegeln	to	interlock
verriegelte Steckdose		socket-outlet with interlocking switch
verriegelte Stellung		locked position
Verriegelungsschalter		interlocking switch
verschachteln	to	interleave
verschalten	to	wire up
verschieben	to	shift
Verschiebung (dielektrische)		dielectric displacement
Verschiebungsstromdichte		displacement current density
Verschiebungswinkel (Phasen-)		phase difference
Verschleißausfall		wear-out failure
verschleißfest		wear-resistant
Verschleppung (Potenzial-)		accidential energization
verschlossene Zelle (Batterie)		gas-tight sealed cell
Verschlüsselung		encryption
Verschmutzung		pollution
verschoben um 90°		by 90° out of phase
Verschweißen (Kon-		welding

takte)	
verseilter Leiter	stranded conductor
Verseilung (Kabel)	stranding
versetzter Nullpunkt	offset zero
versiegelte Batterie	sealed battery
versilbert	silver-plated
Versorgungsanlagen in Gebäuden	building services
Versorgungsfreileitung	overhead distribution line
Versorgungsnetz	supply system
Versorgungsspannung	supply voltage
Versorgungsunternehmen	supply undertaking
verstärken	to amplify
Verstärker	amplifier
verstärkte Isolierung	reinforced insulation
verstellbar	Adjustable, variable
Versuch	experiment
Versuchsanordnung	test arrangement
vertauschen (Phase)	interchange
Verteiler (Schrank-)	distribution cabinet
Verteilerkanal	header duct
verteiltes System	distributed system
Verteilungsstromkreis	distribution circuit
Verträglichkeit (elektromagn.)	compatibility (electromagnetic)
Vervielfacher (Kontakt)	contact multiplier
Verwechslungsschutz	mechanical coding
Verwendungszweck	application
Verzeiger (LAN)	splitter
Verzerrung	distortion
verzinnter Leiter	tinned conductor
verzögertes Relais	delayed relay
Verzögerung	time delay
Verzögerungsglied	delay element
Verzögerungszeit	delay time
Verzweigung (Leiter)	junction
Vibrieren	vibrating
Vielfachmessgerät	multimeter
Vielkanalanalysator	multi-channel analyzer
vielpolig	multipole
Vierdrahtleitung	four-wire line
Vierer (Adervierer)	quad
Vierleiter-Drehstromzähler	three-phase four-wire meter
Vierleiter-Kabel	four-conductor cable
vierphasig	four-phase
Viertakt-Stufenschalter	four-position regulating switch
Viertelkreis	quadrant
Vollast	full load
vollautomatischer Betrieb	fully automatic operation
Vollduplex	full duplex
volle Abschaltung	full disconnection
voller Skalenbereich	full scale
Vollgummistecker	solid rubber plug
vollisoliert	totally insulated
vollkommener Erdschluss	dead short circuit to earth
vollkommener Körperschluss	dead short circuit to exposed conductive part
Vollladung (Batterie)	full charge
Vollpolläufer	non-salient-pole rotor
vollständig staubfreier Raum	white room
vollständige Brückenschaltung	complete bridge connection
vollverschweißte Ausführung (Trafo)	sealed-tank type
Vollwelle	full wave
Volt-Ampere-Messgerät	volt-ampere meter
Volta-Spannung	contact potential
von Hand bedienbar	manual operated
Voralarm	pre-alarm
voraussichtliche Nutzungsdauer	expected life
vorbesetzter Wert	default value
vorbeugende Prüfung	preventive inspection
vorderseitiger Anschluss	front connection
voreilend	leading
voreilende Phase	leading phase
voreinstellbarer Zähler	presetting counter
vorgefertigter Kabelsatz	pre-assembled cable set

Deutsch – Englisch

vorgeschaltet	series connected
vorgeschaltete Sicherung	line-side fuse
vorgeschriebener Prüfstrom	specified test current
Vorheizstrom	preheating current
Vorhersage	prediction
Vorkontakt	leader contact
Vorlast	previous load
Vormagnetisierung	magnetic bias
Vormontage	pre-assembly
Vornorm	draft standard
Vorrangschalter	priority switch
vorschalten	to connect in series
Vorschaltgerät (Leuchte)	ballast
Vorschaltwiderstand	series resistor
Vorschrift (Norm)	standard
Vorsicherung	back-up fuse
Vorsichtsmaßnahmen	safety precautions
vorübergehende Abweichung	transient deviation
Vorwärtsdurchlassspannung	forward on-state voltage
Vorwärtskennlinie	forward voltage/current characteristic
Vorwärts-Sperrspannung	off-state forward voltage
Vorwärts-Zähleingang	counting-up input
Vorwiderstand	series resistor
Vorzeichen	sign
Vorzugsrichtung (magnetische)	preferred direction of magnetization
Vorzugswert	preferred value

W

Wächter	watchdog, monitor
Wächter (Temperatur)	temperature detector
Wackelkontakt	loose contact
wählbar	selectable
Wahrheitswertetafel	truth table
Wahrnehmbarkeitsschwelle (Strom)	threshold current
Wanderwelle	travelling wave
Wand-Ferndimmer	remote control wall dimmer
Wandleuchte	wall luminaire
Wandlung	conversion
Wandschalter	wall switch
Wandsteckdose	wall mounting socket-outlet
Wärmeableitung	heat dissipation
Wärmeausdehnungskoeffizient	coefficient of thermal expansion
wärmebeständige Anschlussleitung	heat-resistant wiring cable
Wärmedurchgangswiderstand	heat transfer resistance
Wärmekraftwerk	thermal power station
Wärmeleitfähigkeit	thermal conductivity
Wärmeleitpaste	thermo-lubricant
Wärmeschrank	heating cabinet
Wärmestau	heat concentration
Wärmeübergangswiderstand	heat transfer resistance
Warmschrumpfschlauch	heat-shrinkable sleeving
Wartbarkeit	maintainability
Wartungsanleitung	maintenance manual
wartungsfreundlich	easy to maintain
Wartungsvorschrift	maintenance instruction
waschdichtes Relais	washable relay
wasserdicht	watertight
Wasserfalldiagramm	cascade diagram
Wasserkraftgenerator	waterwheel generator
Wattstundenverbrauch	watt-hour consumption
Wattzahl	wattage
Wechselfeld	alternating field
Wechselgröße	periodic quantity
Wechselrichter	power inverter
Wechselschalter	two-way switch
Wechselschaltung	two-way circuit
Wechselspannung	alternating voltage

Wechselspannung (Effektivwert)	r.m.s. power-frequency voltage
Wechselspannungsstabilisierung	alternating voltage stabilization
Wechselsprechsystem	intercom system
Wechselspulinstrument	change-coil instrument
Wechselstrom	alternating current
Wechselstrommagnet	a.c. solenoid
Wechselstromwiderstand	a.c. resistance, impedance
Wechselwegschaltung	bidirectional connection
Wechsler (Relais)	changeover contact
Weckalarm	time interrupt
Wecker	alarm bell
wegabhängiger Schalter	position switch
weglaufen (Spannung)	to drift
weiches Anlaufen	smooth starting
Weichlot	soft solder
weichmagnetischer Stahl	electrical steel
weißes Rauschen	white noise
Wellendämpfung	attenuation per unit length
Wellenform	waveform
Wellenlänge	wavelength
Wellenlängenmultiplex	wavelength division multiplex (WDM)
Wellenwiderstand (Vierpol)	image impedance
Welligkeit	ripple
Wendeanlasser	reversing starter
Wende-Polumschalter	reversing pole-changing switch
Wendeschütz-Kombination	contactor-type reversing starter combination
Werksfertigung	in-plant production
Werkstatt	workshop
Wert einer Größe	value of a quantity
Wheatstone-Brücke	Wheatstone bridge
Wickellage	winding layer
Wickelsinn	winding direction
Wicklung	winding
Wicklungsanfang	line end of winding
Wicklungsdurchschlag	winding breakdown
Wicklungserwärmung	winding temperature rise
Wicklungskapazität	winding capacitance
Wicklungsprüfung	separate-source voltage-withstand test
Wicklungsschaltung	winding connections
Wicklungssinn	winding sense
Widerstand (Bauteil)	resistor
Widerstand (induktiver)	reactance
Widerstand (magnetischer)	reluctance
Widerstand (Ohmscher)	ohmic resistance
Widerstand (Schein-)	impedance
Widerstand (Wirk-)	resistance
Widerstandsbelag	resistance per unit length
Widerstandsbelastung	resistive load
Widerstandsdekade	decade resistor
Widerstandsdreieck	impedance diagram
Widerstandslast	resistive load
Widerstandsmessbrücke	resistance measuring bridge
Widerstandsnetzwerk	resistor network
Widerstandsnormal	standard resistance
Widerstandsrauschen	thermal noise
Widerstandsschweißen	resistance welding
Widerstandsteiler	resistor divider
Wiederanlaufsperre	restart inhibit
wiederaufladbar	rechargeable
Wiedereinschaltfreigabe	reclosing lockout defeater
Wiedereinschaltversuch	reclosure attempt
Wiederhochlauf	re-acceleration
Wiederholer	repeater
Wiederholfrequenz	repetition rate
wilde Verdrahtung	point-to-point wiring
Windkraftgenerator	wind-driven generator
Windung	turn
Windungsfläche	area turns
Windungsfluss	flux line linking a turn

Deutsch – Englisch

Windungsschluss	interturn fault
Windungsspannung	turn-to-turn voltage
Winkelcodierer	absolute shaft encoder
Winkelfrequenz	angular frequency
Winkelstecker	right angle plug
wirbelfreies Feld	irrotational field
Wirbelstromdämpfung	eddy-current damping
Wirkanteil	effective component
Wirkfaktor	power factor
Wirkleistung	active power
Wirkleistungsaufnahme	active-power input
Wirkleistungsmesser	wattmeter
Wirkleitwert	conductance
wirksame Kühlfläche	effective cooling surface
Wirkschaltschema	block diagram
Wirkungsgrad	power efficiency
Wirkungsweise	method of operation
Wirkverbrauchszähler	watt-hour meter
Wirkverlust	active-power loss
Wirkwiderstand	resistance
Wischrelais	interval time-delay relay
Wobbelfrequenz	sweep frequency
Wohnungsverteilung	consumer's control unit
Wurzelung	connection to common potential

X

X-Ablenkplatte	X-deflection plate
X-Ablenkung	X-deflection
x-Achse	X-axis
X-Anordnung	face-to-face arrangement
X-Band	X-band
X-Einheit	X-unit
Xenonblitzröhre	xenon flash tube
Xenonlampe	xenon lamp
X-Kern	X-core
XOR-Glied	XOR element
X-Spannungsteiler	X-potentiometer
X-Strahlung	X-radiation
x-t-Schreiber	x-t recorder
X-Verstärker	X-amplifier
x-y-Darstellung	x-y presentation
x-y-Drucker	x-y plotter
x-y-Schreiber	x-y recorder

Y

Y-Ablenkplatte	y-plate
Y-Ablenkung	Y-deflection
Y-Achse	Y-axis
YE (gelb)	yellow
YEBU (gelb-blau)	yellow blue
YEGY (gelb-grau)	yellow grey
Y-Endstufe	vertical final stage
YEWH (weiß-gelb)	yellow white
YIG (Lasermaterial)	yttrium-iron-garnet
Y-Koppler	Y-coupler
Y-Matrix	admittance matrix
Y-Muffe	y-joint
Yttriumferrit	yttrium ferrite
Y-Verschiebung	y-shift
Y-Verstärker	Y-amplifier
Y-Vierpolparameter	y-parameter

Z

Zahl mit Vorzeichen	signed number
Zahl ohne Vorzeichen	unsigned number
Zähldekade	decade counter
Zähleingang	counting input
zählen	to count
zählen (integrierend)	metering
Zahlencode	numeric code
Zähler für Strombezug	meter for imported kWh
Zählerablesung	meter reading

Zählerkasten	meter box
Zählerplombe	meter seal
Zählimpuls	counting pulse
Zählpfeilsystem (Erzeuger-)	generator reference-arrow system
Zählwerk	counting mechanism
Zangenmessgerät	clip-on measuring instrument
Zangenstromwandler	split-core current transformer
Zeichen (Prüf-, Kennzeichnung)	mark
Zeichen pro Sekunde	characters per second (cps)
Zeichenabstand	character spacing
Zeichencode	character code
Zeichenende	end of character (EOC)
Zeichenerkennung	character recognition
Zeichenfolge	character string
Zeichenparität	character parity
Zeichenrahmen	character frame
Zeichentakt (DÜ)	byte timing
Zeichenzahl	number of characters
Zeichnung	drawing
Zeichnungsprogramm (CAD)	plotting program
Zeiger	index, pointer
Zeigerdiagramm	phasor diagram
Zeiger-Frequenz-Messgerät	pointer-type frequency meter
Zeilenabtastverfahren	line scanning method
Zeilenfrequenz	horizontal frequency
Zeilenkamera	line scanning camera
Zeilenrücklauf	line flyback
Zeit	time
zeitabhängig	time-dependent
Zeitablaufdiagramm	time sequence chart
Zeitablenkeinrichtung	time base
Zeitabschaltung	time-out
Zeitauflösung	time resolution
Zeitbereich	time range
Zeitdiagramm	timing diagram
zeitdiskret	time-discrete
Zeiteinstellung	time setting
Zeitfehler	timing error
Zeitfenster	time slot
Zeitglied	timing element
Zeitkennung	time code
Zeitkonstante	time constant
zeitkritisch	time-critical
zeitlicher Abstand	interval
zeitlicher Mittelwert	time average
Zeitlinien	chart time lines
Zeitmultiplex-Übertragung	time-division multiplex transmission (TDM)
Zeitschalter	time-delay switch
Zeitspanne	time interval (period)
Zeit-Strom-Kennlinie	time-current characteristic
Zeitüberschreitung	time-out
Zeitüberwachungsstufe	watchdog timer
zeitunabhängig	time-independent
zeitunkritisch	non-time-critical
Zeitverhalten	dynamic behaviour
Zeitversatz (Signal)	skew
Zeitzähler	time meter
Zelle (Batterie)	cell
Zellendeckel (Batterie)	cell lid
Zellenventil (Batterie)	vent valve
Zentralbatterie	central battery
zentrale Buszuteilung	master-slave method
Zentraleinspeisung	centre feed
Zentraluhrenanlage	electrical time-distribution system
Zerhackerverstärker	chopper amplifier
zerlegen	to dismantle, to separate
Zertifizierung	certification
Zickzackschaltung	zigzag connection
Ziehdraht (f.Leiter)	fishing wire
ziehen (Baugruppe)	to withdraw (the module)
ziehen (Stecker)	to unplug
Ziffer (DV)	digit
Ziffer (Zahl)	figure
Zifferanzeige	digital display
Ziffernskale	number scale

Deutsch – Englisch

Zifferntaste	numeric key
Zinnlot	tin solder
Zittern der Impulsdauer	duration jitter
Zoll-System	inch system
zu erwartende Berührungsspannung	prospective touch voltage
Zubehör	accessories
zufälliges Berühren	accidental contact
zugängliches leitendes Teil	accessible conductive part
Zugangskontrolle	access control
zugeführte Spannung	applied voltage
zugehöriges elektrisches Betriebsmittel	associated electrical apparatus
Zugentlastungsklemme	cable clamp
zugeteilte Frequenz	assigned frequency
zugfestes Kabel	cable for high tensile stresses
Zugriffsanforderung	access request
Zugriffsfreigabe	access enable
zulässige Betriebstemperatur	maximum allowable working temperature
zulässige Spannung	maximum permissible voltage
zulässige Umgebungstemperatur	ambient temperature rating
zulässiger Abstand zwischen Metallteilen unter Spannung und geerdeten Teilen	live-metal-to-earth clearance
Zulassungszeichen	certification mark
Zündeigenschaften (Lampe)	starting characteristics
Zündspule (Lampe)	starter coil
Zungenfrequenzmessgerät	vibrating-reed frequency meter
Zuordnung	assignment, allocation
zurückbleibende Magnetisierung	remanent magnetization
Zusammenbau-Zeichnung	assembling drawing
zusammenhängende Darstellung	assembled representation
zusammenschalten	to interconnect
Zusatzleiterplatte	daughter board
Zusatzverstärker	booster amplifier
Zustandsdiagramm	state diagram
Zuteilungsverfahren (Bus)	arbitration
zuverlässig	reliable
zwangsläufiges Öffnen	positive opening
Zweierkomplement	two's complement
Zweifach-Durchgangsdose	twin through-way box
Zweifachunterbrechung	double break
Zweihandbedienung	two-hand operation
Zweilampen-Vorschaltgerät	twin-lamp ballast
Zweipol	two-terminal network
zweipolige Leitung	bipolar line
zweipolige Steckdose mit Schutzkontakt	two-pole-and-earth socket-outlet
zweipoliger Umschalter	double-pole double throw switch
zweipoliger Wechselschalter	double-pole two-way switch
Zweipuls-Verdopplerschaltung	two-pulse voltage doubler connection
Zweirichtungsverkehr	bidirectional traffic
Zweiseitenbandübertragung	double sideband transmission
Zweiwegübertragung	duplex transmission
Zwergpolrelais	sub-miniature polarized relay
Zwillingskabel	twin cable
Zwischenanschluss	intermediary terminal
Zwischenfrequenz	intermediate frequency
Zwischenkreis (Trafo)	intermediate circuit
Zwischenkreis-Stromrichter	d.c. link converter
Zwischenmodulation	intermodulation
Zwischenspeicher	buffer
zyklische Blockprüfung	Cyclic Redundancy Check (CRC)
zyklische Übertragung	cyclic transmission
zyklisches Abtasten	cyclic sampling
Zykluszeit	cycle time
Zylinderwicklung	concentric winding

Englisch
→ Deutsch

Englisch – Deutsch

a

a.c.- d.c. relay	Keilrelais
a.c. resistance, impedance	Wechselstromwiderstand
a.c. solenoid	Wechselstrommagnet
a.c.-link d.c. converter	Gleichstromumrichter mit Wechselstrom-Zwischenkreis
above floor ventilation	Überflurbelüftung
abrasion	Abrieb
abrupt stopping	hartes Stillsetzen
absence of earth faults	Erdschlussfreiheit
absence of sticking	Klebfreiheit (Kontakt)
absolute air humidity	absolute Feuchte
absolute dielectric constant	absolute Dielektrizitätskonstante
absolute error	absolute Abweichung
absolute permeability	absolute Permeabilität
absolute permittivity	Permittivität
absolute shaft encoder	Winkelcodierer
absolute value	Absolutwert
absolute zero of temperature	absoluter Nullpunkt
absorption current	Nachladestrom
acceleration time, ramp-up time	Hochlaufzeit
accept switch	Quittierschalter
acceptance angle	Akzeptanzwinkel
acceptance inspection	Abnahme
acceptance report	Abnahmeprotokoll
access control	Zugangskontrolle
access enable	Zugriffsfreigabe
access request	Zugriffsanforderung
accessible conductive part	zugängliches leitendes Teil
accessible surface	berührbare Oberfläche
accessories	Zubehör
accessory, device	Installationsgerät
accident prevention regulations	Unfallverhütungsvorschriften
accidental contact	zufälliges Berühren
accidental energization	Spannungsverschleppung
accidential energization	Verschleppung (Potenzial)
accuracy class	Genauigkeitsklasse
accuracy, exactness	Genauigkeit
acid-laden atmosphere	säurehaltige Luft
acknowledgement query	Quittungsabfrage
acknowledgement signal	Quittungssignal
acknowledgement time	Quittierzeit
acoustic damping	akustische Dämpfung
acoustic oscillation	Schallschwingung
acting time	Regelzeit
active bus terminator	aktiver Busabschluss
active power	Wirkleistung
active preventive maintenance time	Dauer der aktiven Wartung
active safety	aktive Sicherheit
active standby operation	Bereitschaftsbetrieb
active-power input	Wirkleistungsaufnahme
active-power loss	Wirkverlust
activity	Tätigkeit
actual power	Istleistung
actual value	Istwert
actual value	tatsächlicher Wert
actual-value acquisition	Isterfassung
actuating	Stellen (Regler)
actuator	Aktor
actuator	Stellantrieb
actuator	Steller (Betätigungselement)
actuator, control element	Bedienungselement
adapter plug	Adapter-Stecker
adapter plug	Übergangsstecker

adaptive differential pulse code modulation	adaptive differenzielle Pulscodemodulation
add instruction	Additionsbefehl
addend, summmand	Summand
address bus	Adressleitung
address decoder	Adressdecodierer
adhesive tape	Klebeband
to adjust	justieren
adjustable	regelbar
adjustable overcurrent release	einstellbarer Überstromauslöser
adjustable resistor	einstellbarer Widerstand
Adjustable, variable	verstellbar
adjusting mark	Justiermarke
adjustment	Abgleich
adjustment instruction	Einstellanleitung
administrative safety measures	organisatorische Sicherheitsmaßnahmen
admittance	Leitwert
admittance matrix	Y-Matrix
aerial socket	Antennensteckdose
aggregate baud rate	Gesamtbaudrate
air compressor	Luftverdichter
air conditioning system	Klimaanlage
air gap	Luftspalt
air humidity	Luftfeuchtigkeit
air termination	Fangeinrichtung (Blitzschutz)
air-borne noise	Luftschall
air-break contactor	Luftschütz
air-break switchdisconnector	Luft-Lasttrenner
air-core inductor	Luftdrosselspule
air-core transformer	Lufttransformator
air-gap induction	Luftspaltinduktion
air-gap relay	Trennrelais
air-insulated	luftisoliert
air-tight	luftdicht
air-to-air heat exchanger	Luft-Luft-Wärmetauscher
alarm	Alarm
alarm bell	Wecker
alarm device	Alarmierungseinrichtung
alarm signalling system	Gefahrmeldeeinrichtung
algebraic entry	algebraische Eingabe
alight	brennen (Lampe)
aligner optics	Justieroptik
alignment accuracy	Justiergenauigkeit
alignment coil	Justierspule
alignment device	Justiergerät
alignment laser	Vermessungslaser
alignment mismatch	Justierfehler
alignment wavelength	Justierwellenlänge
alkaline battery	alkalischer Akkumulator
alligator clip	Krokodilklemme
all-insulated	rundum isoliert
all-or-nothing relay	Schaltrelais
all-pass filter	Allpassfilter
all-plastic optical-fibre	Kunststoff-Lichtwellenleiter
all-plastic optical-fibre	Plastik-LWL
all-pole disconnection	allpoliges Abschalten
all-pole mains switch	allpoliger Netzschalter
alphanumeric	alphanumerisch
alternate mark inversion code	alternierender Code
alternating current	Wechselstrom
alternating current output voltage	Ausgangswechselspannung
alternating field	Wechselfeld
alternating voltage	Wechselspannung
alternating voltage stabilization	Wechselspannungsstabilisierung
aluminium foil	Aluminiumfolie
ambient air temperature range	Umgebungstemperatur der Luft (zulässige)
ambient light	Fremdlicht (fremde Strahlung)
ambient light	Nebenlicht
ambient lighting	Umfeldbeleuchtung
ambient temperature	zulässige Umgebungs-

rating	temperatur
American-Wire-Gauge (AWG)	Amerikanische Drahtlehre
AMI-Code (Alternate Mark Inversion)	AMI-Code
ammeter	Strommesser
ammeter-voltmeter test	Prüfung durch Strom-Spannungs-Messung
amount	Betrag
Ampere's law	Durchflutungsgesetz
ampere-hour	Amperestunde
ampere-hour capacity	Kapazität in Ah
ampere-hour meter (AHM)	Amperestundenzähler
ampere-turns	Durchflutung
ampere-turns	Magnetdurchflutung
amplifier	Verstärker
to amplify	verstärken
amplitude	Schwingamplitude
amplitude frequency response	Amplitudenfrequenzgang
amplitude resonance	Amplitudenresonanz
amplitude-modulated	amplitudenmoduliert
analog direct voltage signal	analoges Gleichspannungssignal
analog display	Analoganzeige
analog input	Analogeingang
analog output	Analogausgang
analog-to-digital processor	Analog-digital-Prozessor
analog-value processing	Analogwertverarbeitung
AND dependency	UND-Abhängigkeit
AND operation	Konjunktion
anechoic room	Schallmessraum
angular frequency	Kreisfrequenz
angular frequency	Winkelfrequenz
annual consumption	Jahresverbrauch
annual load duration	Jahresbelastungsdauer
annual load duration	Jahresbenutzungsdauer
annual load factor	Jahresbelastungskoeffizient
annual peak	Jahresspitze
annular fluorescent lamp	Ringleuchtstofflampe
annunciator	Meldeeinrichtung
annunciator panel	Meldetafel
anode terminal	Anodenanschluss
anti-clockwise	entgegen dem Uhrzeigersinn
anti-clockwise rotation	Linkslauf
anti-glare screen	entspiegelter Bildschirm
anti-interference capacitor	Störschutzkondensator
anti-kink sleeve	Knickschutzhülle
anti-resonant circuit	Parallelschwingkreis
antistatic	antistatisch
anti-theft alarm system	Diebstahl-Warnanlage
aperture	Austrittsöffnung (LWL)
aperture delay time	Öffnungsverzögerungszeit
apparent internal resistance	scheinbarer Innenwiderstand (Batterie)
apparent power	Scheinleistung
apparent power loss	Scheinleistungsverlust
appliance cord	Geräteanschlussleitung
appliance inlet	Gerätestecker
application	Verwendungszweck
application protocol	Anwenderprotokoll
applied voltage	zugeführte Spannung
to apply voltage to	Spannung anlegen an
approach	Annäherung
arbitration	Zuteilungsverfahren (Bus)
arc chute	Lichtbogenkammer
arc discharge	Lichtbogenentladung
Arc flashover	Lichtbogenüberschlag
arc quencher	Lichtbogen-Löscher
architectural diagram	Elektroinstallationsplan
architectural diagram	Installationsplan
arcing fault	Störlichtbogen
arc-over earth fault	Lichtbogen-Erdschluss
arc-welding transformer	Lichtbogen-Schweißtransformator

area turns	Windungsfläche
arithmetic and control unit	Rechen- und Steuereinheit
arithmetic logic unit	arithmetisch-logische Einheit
arithmetic mean (value)	arithmetischer Mittelwert
arm's reach	Griffbereich
armature	Anker
armature lamination	Ankerblech
armature resistance	Ankerwiderstand
armature stroke	Ankerhub
armature voltage	Ankerspannung
armature winding	Ankerwicklung
armour	Armierung
arrester	Ableiter
arrester spark gap	Ableiter-Funkenstrecke
arrow key	Pfeiltaste
artificial ageing	künstliche Alterung
artificial intelligence	künstliche Intelligenz
artificial lighting	künstliche Beleuchtung
artificial neutral point	künstlicher Nullpunkt
assembled representation	zusammenhängende Darstellung
assembling drawing	Zusammenbau-Zeichnung
assembly for outdoor installation	Schaltgerätekombination für Freiluftaufstellung
assembly instructions	Montageanleitung
assembly kit	Bausatz
assembly tool	Montagewerkzeug
assembly, component	Bauteil
to assign	belegen
assigned frequency	zugeteilte Frequenz
assignment, allocation	Zuordnung
associated electrical apparatus	zugehöriges elektrisches Betriebsmittel
astable element	astabiles Kippglied
asymmetric short-circuit current	asymmetrischer Kurzschlussstrom
asymmetrical output	unsymmetrischer Ausgang
asymmetrical terminal interference voltage	asymmetrische Funkstörspannung
asynchronous	asynchron
asynchronous counter, ripple counter	asynchroner Zähler
asynchronous operation	Asynchronbetrieb
at rest	stillstehend
Attention signal	Achtung-Signal
attenuation	Abschwächung
attenuation constant	Dämpfungskonstante (Neper o. dB)
attenuation per unit length	Wellendämpfung
attractive force	Anziehungskraft
audio frequency	Audiofrequenz
audio frequency	Hörfrequenz
audio frequency	Niederfrequenz (NF)
audio-frequency level	Tonfrequenzpegel
audio-frequency reactor	Tonfrequenzdrosselspule
audio-frequency remote control system	Tonfrequenz-Rundsteueranlage
audit	Audit
auditable data	überprüfbare Angaben
automated guided vehicle system	fahrerloses Transportsystem
automatic change-over	automatisches Umschalten
automatic circuit-breaker	Selbstschalter
automatic control engineering	Regelungstechnik
automatic control science and technology	Regelungs- und Steuerungstechnik
automatic failover	Umschaltung (Betrieb-Reserve)
automatic fire detection system	automatische Brandmeldeanlage
automatic inspection and test unit	Prüfautomat
automatic loss-of-	Abschaltautomatik bei

voltage tripping equipment	Spannungsausfall
automatic mode	Automatik-Betriebsart
automatic restart	automatischer Wiederanlauf
automatic self-service lift	Fahrstuhl mit Selbststeuerung
automatic send and receive	automatisches Senden u. Empfangen
automatic shutter	selbsttätiger Berührüngsschutz
automatic starter	Selbstanlasser
automatic supervision	automatische Überwachung
automatic switching on, automatic restart	selbsttätige Einschaltung
automation engineering	Automatisierungstechnik
automaton	Automat
automotive electronics	Kraftfahrzeugelektronik
autonomous bus system	autarkes Bussystem
auto-self-excited transductor	Transduktor mit direkter Selbsterregung
autotransformer	Spartransformator
autotransformer winding	Sparwicklung
auxiliary contact	Hilfskontakt
auxiliary drive	Hilfsantrieb (Motor)
auxiliary field winding	Querfeldwicklung
auxiliary phase	Hilfsphase
auxiliary source	Hilfsspannungsquelle
auxiliary starting winding	Anlasshilfswicklung
auxiliary winding for earth-fault detection	Hilfswicklung für Erdschlusserfassung
availability	Verfügbarkeit
available capacity (power)	verfügbare Leistung
avalanche breakdown	Lawinendurchbruch
average life	durchschnittliche Nutzungsdauer
axis of coordinate	Koordinatenachse

b

B(H) loop	B(H)-Schleife
back connection	rückseitiger Anschluss
back electromagnetic force	Gegenspannung
back space	Rückwärtsschritt
backbone	Bus-Hauptstrang
backbone ring	Hintergrundnetz
backplane	Busrückwand
backplane	Verdrahtungseinsatz
backplane p.c.b.	rückseitige Verdrahtungsplatte
backscatter attenuation	Rückstreudämpfung (LWL)
back-turn	Gegenwindung
back-up battery	Stützbatterie
back-up capacitor	Stützkondensator
back-up fuse	Kurzschlusssicherung
back-up fuse	Vorsicherung
back-up system	Reservesystem
backward channel	Hilfskanal (DÜ)
backward diode	Rückwärtsdiode
bad connection	schlechte Verbindung
balance	Nullabgleich
balanced load	symmetrische Belastung
balanced to earth	symmetrisch gegen Erde
balancing bridge	Abgleich-Brücke
balancing resistor	Symmetrierwiderstand
ballast	Vorschaltgerät (Leuchte)
banana plug	Bananenstecker
band	Band
band-pass filter	Bandpassfilter
band-stop filter	Bandsperre
bandwidth	Bandbreite
bar chart	Säulendiagramm
Bar code	Strichcode
bar-code label	Strichcodeetikett
bar-code scanner	Strichcodeleser
barrel coupler	Durchführungskupplung (LWL)
barrier	Schranke (Zugangskontrolle)
barrier layer	Grenzschicht (LWL)

base	Basis
base current	Basisstrom
base frequency	Eckfrequenz
base load	Grundbelastung
baseband	Basisband
base-load power station	Grundlastkraftwerk
basic circuit	grundsätzliche Schaltung
basic configuration	Grundausbau
basic insulation	Basisisolierung
basic insulation	Betriebsisolierung
basic logic function	logische Grundfunktion
basic specification	Fachgrundnorm
basic specification (standard)	Grundnorm
basic speed	Nenndrehzahl
basic type	Grundtyp
basic wiring	Grundverdrahtung
batch mode	Stapelbetrieb
batch processing	Chargenbetrieb
bath-tub curve	Badewannenkurve
battery	Akkumulator
battery stand-by supply	batteriegestützte Stromversorgung
battery, rechargeable battery	Batterie
battery-backed	gepuffert
battery-charge warning lamp	Ladekontrolllampe
baud rate	Baudrate
bayonet holder	Bajonettfassung
to be in operation	laufen
to be live	unter Spannung stehen
bead of molten metal	Schmelzperle
beam focussing	Strahlenbündelung
beam splitter	Strahlteiler (LWL)
beat frequency	Schwebungsfrequenz
bell system	Klingelanlage
below, down	unten
bias	Grundmagnetisierung
bias charge	Grundladung
biased relay	Relais mit Vormagnetisierung
bidirectional	bidirektional
bidirectional connection	Wechselwegschaltung
bidirectional traffic	Zweirichtungsverkehr
bifilar winding	Doppelfadenwicklung
bill of materials	Stückliste
bimetal contact	Bimetallkontakt
bimetal relay	Bimetallrelais
bimetallic element switch	Bimetallschalter
binary adder	Dualaddierer
binary counter	Dualzähler
binary digit	Dualziffer
binary logic	binäre Verknüpfung
binary notation	binäre Schreibweise
binary number	Dualzahl
binary ripple counter	binärer Asynchronzähler
binary statement	Binäranweisung
binary system	Binärsystem
binary-coded decimal code	Dezimal-Binärcode
bipolar circuit	Bipolarschaltung
bipolar d.c. signal	Doppel-Gleichstromsignal
bipolar d.c. signal	Doppel-Gleichstromsignal
bipolar line	zweipolige Leitung
bistable element	bistabiles Kippglied
bit by bit	bitweise
bit error probability	Bitfehlerwahrscheinlichkeit
bit error rate	Bitfehlerrate
bit significance	Bitwertigkeit
bit string	Bitfolge
bits per second (BPS)	Bits pro Sekunde
black box	schwarzer Kasten
blade contact	Messerkontakt
blanket-type insulation	Mattenisolierung
block check	Blockprüfung
block diagram	Blockschaltbild
block diagram	Prinzipschaltbild
block diagram	Übersichtsschaltbild
block diagram	Wirkschaltschema
block error probabil-	Blockfehlerwahrschein-

ity	lichkeit
blocking circuit	Sperrschaltung
blocking diode	Sperrdiode
blocking oscillator	Sperrschwinger
blocking-state current	Sperrstrom
blower	Gebläse
blowing of a fuse	Ausfall einer Sicherung
blowing of fuse	Sicherungsausfall
blow-out magnet	Blasmagnet
board-mounted connector	Steckverbinder für Leiterplattenmontage
bobbin	Spulenkörper
body	leitfähiges Teil (Körper)
bonding to frame	Masseanschluss
Boolean algebra	Schaltalgebra
Boolean operation table	Verknüpfungstafel (Boolsche)
booster amplifier	Zusatzverstärker
booster transformer	Saugtransformator
boosting charge	Teilladung (Batterie)
bounce free	prellfrei
bow contact	Bügelkontakt
box-type assembly	Kastenbauform
braided litz lead	geflochtene Litze
braided screen	Schirmgeflecht
braided shield	Geflechtschirm
braiding	Umspinnung (Kabel)
braking magnet	Bremsmagnet
branch circuit	Stromzweig
branch instruction	Sprunganweisung
branch terminal	Abzweigklemme
branch terminal	T-Abzweigklemme
branch-circuit switch	Abzweigschalter
break contact	Öffner
break contact element	Ruhekontakt
break spark	Abreißfunken
break-before-make arrangement	Überlappung (Kontakt, Öffner)
break-before-make contact	Öffner vor Schließer
breakdown torque	Kippmoment
breaker enclosure	Schaltergehäuse
breaker size	Schalterbaugröße
breaking capacity	Ausschaltvermögen
(fuse)	(Sicherung)
breaking current	Abschaltstromstärke
breaking current	Ausschaltstrom
breaking voltage	Abschaltspannung
breakpoint	Programmhaltepunkt
bridge	Brücke (Mess-, Schaltung)
bridge instrument	Brückenmessgerät
bridge-connected rectifier	Gleichrichter in Brückenschaltung
bridging operation	ohne Unterbrechung schaltend
bridging time	Überlappungszeit (Relais)
broad-band cable	Breitbandkabel
broad-band feedback amplifier	Rückkopplungsverstärker
brought-out neutral	herausgeführter Sternpunkt
brush contact resistance	Bürstenübergangswiderstand
brushless	bürstenlos
brushless d.c. motor	kollektorloser Gleichstrommotor
buffer	Puffer
buffer	Zwischenspeicher
buffer battery	Pufferbatterie
buffer isolator	Potenzialtrenner
buffer storage	Pufferspeicher
building ground	Ortserde
building installation	Gebäudeinstallation
building installation practice	Haustechnik
building services	Versorgungsanlagen in Gebäuden
building services management system	Gebäudeleittechnik
building services management system	Hausleittechnik
building site installation	Anlage auf Baustellen
built-in device	Einbaugerät
built-in indicator light	Einbau-Leuchtmelder
bulkhead cable gland	Leitungsdurchführung

burglar alarm system	Einbruchmeldeanlage
to burn in	einbrennen
burnt-out lamp	durchgebrannte Lampe
burst	schnelle transiente Störgröße
burst firing control	Impulspaketsteuerung
burst transmission	Bitbündel-Übertragung
burst transmission	Burst-Übertragung
bus arbitration	Buszuteilung
bus cable	Sammelkabel
bus data rate	Busdatenübertragungsrate
bus network	busförmiges Netz
bus port	Busanschluss
bus request	Busanforderung
bus tie	Sammelschienenkupplung
bus transceiver	Bus-Sender-Empfänger
busbar	Schiene (Strom-)
busbar crossover	Sammelschienen-Überführung
busbar crossunder	Sammelschienen-Unterführung
busbar earthing switch	Sammelschienenerder
busbar fault	Sammelschienenfehler
busbar run	Sammelschienenleitungszug
busbar section	Sammelschienenabschnitt
bushing-type current transformer	Aufsteckstromwandler
bus-tie disconnector	Sammelschienen-Quertrenner
busy state	Besetztzustand
butt joint	Stirnflächenkopplung (LWL)
buttable end-to-end	stirnseitig aneinanderreihbar
button	Knopf (Taste)
button	Taste
by 90^0 out of phase	verschoben um 90^0
bypass	Umleitung
bypass disconnector	Umgehungstrennschalter
bypass switch	Bypass-Schalter
byte by byte	byteweise
byte timing	Zeichentakt (DÜ)

C

CAA (Computer-Aided Assembly)	CAA (rechnergestütze Montage)
cabinet power supply unit	Schrankeinspeisungseinheit
cable	Leitung (Kabel)
cable armour	Kabelarmierung
cable assembly, cable set	konfektioniertes Kabel
cable clamp	Zugentlastungsklemme
cable conduit	Kabelrohr
cable conduit	Schutzrohr (Kabel)
cable connection box	Anschlusskasten für Kabel
cable connector	Leitungsstecker
cable coupler	Kabelkupplung
cable coupler	Kupplungssteckvorrichtung
cable cross-sectional area	Kabelquerschnittsfläche
cable cutter	Ablängzange
cable detecting device	Kabelsuchgerät
cable distribution cabinet	Kabelverteiler
cable drum	Kabeltrommel
cable duct, cable channel	Kabelkanal
cable entry	Kabeleinführung
cable equalizer	Kabelentzerrer
cable for high tensile stresses	zugfestes Kabel
cable gland	Kabelverschraubung
cable grip	Kabelziehstrumpf
cable grommet	Leitungstülle
cable harness	Formkabel
cable harness	Kabelbaum
cable joint	Kabelmuffe
cable laid in free air	frei in Luft verlegtes Kabel

cable laying	Kabelverlegung
cable loop	Kabelschlaufe
cable lug	Kabelschuh
cable pit	Kabelschacht
cable rack	Kabelgerüst
cable route	Kabeltrasse
cable route	Leitungstrasse
cable sealing end	Kabelendverschluss
cable set	Anschlusskabel
cable sheath	Kabelmantel
cable spacing	Kabelabstand
cable splice	Kabelspleißstelle
cable stripping knife	Kabelmesser
cable tapping block	Kabelabzweigklemme
cable terminal fitting	Kabelabschlussgarnitur
cable termination	Endenabschluss (Kabel)
cable tile	Kabelabdeckstein
cable tray	Kabelwanne
cable, electric cable	Kabel
cable-charging breaking capacity	Kabelausschaltvermögen
cabled distribution TV system	Kabelfernsehanlage
cable-lug-type screw terminal	Flachklemme für Kabelschuh
cable-operated emergency switch	Seilzug-Notschalter
cabling	Verkabelung
cache memory	Cache-Speicher
CAD (Computer-Aided Design)	CAD (rechnergestützter Entwurf)
CAD workstation	CAD-Arbeitsplatz
CADEM (Computer-Aided Design, Engineering and Manufacturing)	CADEM (rechnergestützter Entwurf, Engineering u. Fertigung)
cadmium accumulator	Cadmiumakkumulator
CAE (Customer Application Engineering)	CAE (kundenspezifisches Engineering)
cage clamp terminal	Käfigzugklemme
cage rotor	Käfigläufer
CAI (Computer-Aided Innovation)	CAI (rechnergestützes Erfinden)
CAL (Computer-Aided Learning)	CAL (rechnergestütztes Lernen)
calculating	Rechnen
calculation of efficiency	Ermittlung des Wirkungsgrades
calibration standard	Kalibriernormal
call	Anruf
call accepted	Rufannahme
call button unit	Rufmelder
call redirection	Rufumleitung
call system	Rufanlage
calling station	rufende Station
CAMAC (Computer-Automated Measurement and Control)	CAMAC (rechnerautomatisiertes Steuerungs- u. Messsystem)
camera tube	Kameraröhre
cam-operated mechanism	Nockenantrieb
cam-operated switch	Nockenschalter
CAN (Computer Area Network)	CAN (Steuergerätenetz)
to cancel	löschen (Anzeige)
cancelling button	Löschtaste
candle lamp	Kerzenlampe
Cannon connector	Cannon-Stecker
cap lamp	Kopflampe
capacitance between conductors	Leiter-Leiter-Kapazität
capacitance per unit length	Kapazitätsbelag
capacitance to earth	Kapazität gegen Erde
capacitive	kapazitiv
capacitive breaking current	kapazitiver Ausschaltstrom
capacitive coupling	kapazitive Kopplung
capacitive load	kapazitive Last
capacitive reactance	kapazitiver Blindwiderstand
capacitive reactance	kapazitiver Widerstand
capacitive residual current	kapazitiver Reststrom
capacitor	Kapazität (Kondensator)
capacitor back-up	kondensatorgestützte

power supply	Stromversorgung
capacitor bank	Kondensatorbatterie
capacitor bank inrush making current	Kondensatoreinschaltstrom
capacitor bushing	Kondensatordurchführung
capacitor element	Teilkapazität
capacitor energy store	Kondensatorpuffer
capacitor motor	Kondensatormotor
capacitor of class X	Kondensator der Klasse X
capacitor start and run motor	Motor mit Betriebskondensator
capacitor voltage divider	kapazitiver Spannungsteiler
capacity utilization	Auslastung
CAPI (Common Application Programming Interface)	CAPI (allgemeine Programmierschnittstelle)
capless lamp	sockellose Lampe
capstan motor	Bandantriebsmotor
CAQA (Computer-Aided Quality Assurance)	CAQA (rechnergestützte Qualitätssicherung)
carbon brush	Kohlebürste
carbon-film resistor	Kohleschichtwiderstand
carbon-zinc battery	Kohlenstoff-Zink-Batterie
card reader	Kartenleser
carrier frequency	Trägerfrequenz
carry	Übertrag (Zähler)
carry-out output	Übertragsausgang
cartridge fuse-link	G-Sicherungseinsatz
cartridge tape drive	Magnetbandkassettenlaufwerk
cascade connection	Kaskadenschaltung
cascade diagram	Wasserfalldiagramm
cascade starter	Kaskadenanlasser
CASE (Computer-Aided Software Engineering)	CASE (rechnergestütztes Softwareengineering)
case capacitance	Querkapazität
cast-iron junction box	Guss-Abzweigdose
category	Prüfklasse
cathode emission	Kathodenemission
cathode preheating	Kathodenvorheizung
cathode-ray oscilloscope	Kathodenstrahl-Oszilloskop
cathode-ray tube	Bildröhre
cathodic protection	kathodischer Korrosionsschutz
CB band (Citizens' Band)	CB-Band
CCD (Charge-Coupled Device)	CCD (ladungsgekoppeltes Bauelement)
CCD image sensor	CCD-Bildwandler
cconstant-voltage/constant-current curve	IU-Kennlinie
CCTV (Closed Circuit Television)	CCTV (Videoüberwachung)
CD-ROM drive	CD-ROM-Laufwerk
CEE (Commission on the Rules for the Approval of the Electrical Equipment)	CEE (Internationale Kommission für die Regelung der Zulassung elektrischer Ausrüstungen)
CEE-equipment plug	CEE-Kragengerätestecker
ceiling fitting	Deckenleuchte
ceiling outlet box	Decken-Auslassdose
ceiling tapping box	Decken-Abzweigdose
cell	Zelle (Batterie)
cell lid	Zellendeckel (Batterie)
CENELEC (European Committee for Electrotechnical Standardization)	CENELEC (Comité Européen de Normalisation Électrotechnique)
central battery	Zentralbatterie
centralized alarm	Sammelmeldung
centralized fault indication	Sammelstörmeldung
centre earthing contact	Mittenschutzkontakt
centre feed	Zentraleinspeisung
centre frequency	Abstimmfrequenz
centre frequency	Mittenfrequenz
centre infeed	Mitteneinspeisung

centre limb	Mittelschenkel (Trafo)
centre position	Mittelstellung
centre tap	Mittelanzapfung
centre-tap connection	Mittelpunktschaltung
centrifugal controller	Fliehkraftregler
ceramic base	Keramiksockel
ceramic capacitor	Keramikkondensator
ceramic DIP	Keramik-DIP-Gehäuse
certification	Zertifizierung
certification mark	Zulassungszeichen
certified drawing	verbindliche Zeichnung
chain winding	Korbwicklung
to change over	umschalten
change-coil instrument	Wechselspulinstrument
changeover	Schaltstellungswechsel
changeover contact	Wechsler (Relais)
changeover contact element	Umschaltglied
changeover operation	Umschaltbetrieb (Batterie)
changeover switch with zero position	Umschalter mit Nullstellung
channel characteristics	Kanaleigenschaften
channel monitoring	Kanalüberwachung
channel selector	Kanalwähler
channel spacing	Kanalabstand (DÜ)
channel time slot	Kanalzeitschlitz
character code	Zeichencode
character frame	Zeichenrahmen
character parity	Zeichenparität
character recognition	Zeichenerkennung
character spacing	Zeichenabstand
character string	Zeichenfolge
characteristic	Merkmal
characteristic curve	Kennlinie
characteristic forward values	Durchlasskennwerte
characteristic impedance	Kennimpedanz
characteristic quantity	charakteristische Größe
characters per second (cps)	Zeichen pro Sekunde
charge amplifier	Ladungsverstärker

charge carrier	Ladungsträger
charge of battery	Ladezustand der Batterie
charge retention	Ladungserhaltung
charge time constant	Aufladezeitkonstante
charge transfer	Ladungstransport
charge-coupled device (CCD)	ladungsgekoppeltes Bauelement (CCD)
charged drained battery	entleerte, geladene Batterie
charging in intervals	Intervall-Laden
charging method	Ladeart
charging plug	Ladestecker
charging socket-outlet	Ladesteckdose
chart time lines	Zeitlinien
chart, graph	Diagramm
chassis earth connection	Masseverbindung
chassis, frame, motherboard	Chassis
check, inspection, verification	Kontrolle
to check, to inspect	durchprüfen
to check, to review	überprüfen
check-back receiver	Kontrollempfänger
check-back signal	Rückmeldung
checksum	Quersumme
chemically resistant	chemisch beständig
chip assembly	Chipmontage
chip bonding	Chipbonden
chip carrier	Chipträger
chip enable	Chipfreigabe
chlophen-filled transformer	Chlophen-Transformator
chlorofluorohydrocarbon	Fluorchlorkohlenwasserstoff
chopper amplifier	Zerhackerverstärker
chopper converter	Chopper-Übertrager
chrominance	Chrominanz
chromium-nickel wire coil	Chromnickeldrahtwendel
CIM (Computer-Integrated Manufacturing)	CIM (Fertigungssteuerung im Rechnerverbund)

ciphering, encryption	chiffrieren
circle diagram	Kreisdiagramm
circuit characteristics	Stromkreiskenngrößen
circuit constant	Leitungskonstante
circuit design	Schaltungsaufbau
circuit design	Schaltungsentwicklung
circuit diagram	Schaltplan
circuit documentation	Schaltungsunterlagen
circuit engineering	Schaltungstechnik
circuit phase distribution	Aufteilung der Stromkreise
circuit with discrete components	Schaltung mit diskreten Bauelementen
circuit-board conductor	Leiterbahn (gedruckte Schaltung)
circuit-breaker	Leitungsschutzschalter
circuit-breaker (CB)	Leistungsschalter
circuit-breaker for equipment	Geräteschutzschalter
circuit-breaker incorporating residual-current protection (CBR)	Leistungsschutzschalter mit Fehlerstromschutz
circuit-phase distribution	Stromkreisaufteilung
circuit-switching transmission	leitungsvermittelte Übertragung
circular conductor	Rundleiter
circular connector	runder Steckverbinder
circulating pump	Umwälzpumpe
CISC (Complex Instruction Set Computer)	CISC (Rechner mit komplexem Befehlssatz)
citizens' band	Jedermann-Band
cladding diameter	Manteldurchmesser (LWL)
claim	Reklamation
clamp(ing) voltage	Kippspannung
clamped voltage	geklemmte Spannung
clamp-type cable lug	Klemmkabelschuh
clamp-type terminal	Steckanschluss
clamp-type test prod	Klemmprüfspitze
class (accuracy)	Klasse (Genauigkeit)
class A operation	A-Betrieb
class B amplifier	B-Verstärker
class F capability	Ausnutzbarkeit nach Isolationsklasse F
class I appliance	Gerät der Schutzklasse I
class I laser product	Lasereinrichtung der Klasse I
class II machine	Büromaschine der Schutzklasse II
class of protection	Schutzklasse
clean room	Reinluftraum
clean room	staubfreier Raum
clean situation	saubere Umgebung
clear lamp	Klarglaslampe
clear to send	sendebereit
clearance between open contacts	Schaltstrecke
clearance between poles	Luftstrecke zwischen den Polen
clearance in air	Luftabstand
clearing of earth fault	Erdschlussbeseitigung
client-server computing	Client-Server-Verarbeitung
climate proof	klimabeständig
climatic category	Klimaklasse
clip-on fixing	Klemmmontage
clip-on measuring instrument	Zangenmessgerät
clipper	Spitzenbegrenzer
clock frequency	Taktfrequenz
clock generator	Taktgeber
clock input	Takteingang
clock pulse	Fortschaltimpuls
clock pulse	Takt
clock skew	Taktsignalverzögerung
clock system	Uhrenanlage
clock time	Taktzeit
clock timer	Schaltuhr
clock-pulse duration	Taktimpulsdauer
clock-pulse edge	Taktflanke
clock-pulse space	Taktpause
clockwise rotating field	rechtsdrehendes Feld
clockwise rotation	Drehung im Uhrzeigersinn

closed (locked) electrical operating area	abgeschlossene elektrische Betriebsstätte
closed electrical operating area	geschlossene elektrische Betriebsstätte
closed loop	Regelschleife
closed magnetic circuit	luftspaltloser Magnetkreis
closed-circuit air-water cooling	Umluft-Wasserkühlung
closed-circuit connection	Ruhestromschaltung
closed-circuit cooling	Umlaufkühlung
closed-circuit cooling system	geschlossenes Kühlsystem
closed-circuit shunt release	Ruhestromauslöser
closed-circuit TV monitoring system	Fernsehüberwachungsanlage
closed-fuse link	gekapselter Sicherungseinsatz
closed-loop breaking current	Ring-Ausschaltstrom
closed-loop control	Regelbetrieb
closed-loop control system	Regelsystem mit geschlossenem Kreis
closed-loop position control	Lageregelung
closed-loop stabilization	Stabilisierung durch Regelung
closed-loop-controlled drive	geregelter Antrieb
closed-loop-controlled machine	geregelte Maschine
close-open time	Ein-/Aus-Kontaktzeit
close-open time	Schließ-/Öffnungszeit
closing delay	Einschaltverzögerung
closing time of a make contact	Ansprechzeit eines Schließers
CMOS (Complementary Metal-Oxide Semiconductor)	CMOS
CNC (Computerized Numerical Control)	CNC (rechnergeführte numerische Werkzeugsteuerung)
coal-fired power station	Kohlekraftwerk
coating	Beschichtung
coaxial cable	Koaxialkabel
coaxial connector	Koaxialstecker
coaxial jack	Koaxialbuchse
CoC (Centre of Competence)	CoC (Kompetenzzentrum)
code converter	Codeumsetzer
code key	Chiffrierschlüssel
to code, to encode	codieren
codec	Codierer-Decodierer
coded representation	Codedarstellung
code-transparent data transmission	codetransparente Datenübermittlung
coding jumper	Codierbrücke
coding law	Codiervorschrift
coefficient of linear expansion	Längenausdehnungskoeffizient
coefficient of thermal expansion	Wärmeausdehnungskoeffizient
coercive field strength	Koerzitivfeldstärke
coffered ceiling	Kassettendecke
coil	Spule
coil armature	Spulenanker
coil insulation	Spulenisolierung
coil winding machine	Spulen-Wickelmaschine
coiled cable	Spiralkabel
coincident	deckungsgleich
cold resistance	Kältebeständigkeit
cold resistance	Kaltwiderstand
cold restart	Kaltstart
cold restart	Neuanlauf
cold-drawn	kaltgezogen
collectively shielded cable	gemeinsam geschirmtes Kabel
collector	Kollektor
collector-base cut-off current	Kollektor-Basis-Reststrom
collector-base voltage	Kollektor-Basis-Spannung
collector-emitter voltage	Kollektor-Emitter-Spannung

collision avoidance (CA)	Kollisionsverhinderung (LAN)
collision detection (CD)	Kollisionserkennung (LAN)
colour appearance	Farbart (Lampe)
colour coding	Farbcodierung
colour graphics printer	Farbdrucker
colour picture tube	Farbbildröhre
colour triad	Farbtripel
column address	Spaltenadresse
combination luminaire	Kombileuchte
combinatorial circuit	kombinatorische Schaltung
to combine	verknüpfen (Signal)
combined heat and power	Kraft-Wärme-Kopplung
combined instrument transformer	kombinierter Messwandler
combined power and lighting socket-outlet	Kraft-Licht-Steckdose
combined protective and functional earthing	kombinierte Sicherheits- und Funktionserdung
combined protective and neutral conductor	kombinierter Schutz- und Neutralleiter
combined wiring	Mischverdrahtung
combiner	Kombinator (LWL)
combustible	brennbar
command	Befehl
command	Kommando
command enabling	Befehlsfreigabe
command input	Befehlseingabe
commercial installation	gewerblich genutzte Anlage
common earthing system	gemeinsame Erdungsanlage
common logarithm	dekadischer Logarithmus
common return	gemeinsamer Rückleiter
common winding	Parallelwicklung
common-mode failure	Common-Mode-Ausfall
common-mode input voltage range	Gleichtakt-Eingangsspannungsbereich
common-mode interference	Gleichtaktstörung
common-mode signal	Gleichtaktsignal
common-mode voltage amplification	Gleichtakt-Spannungsverstärkung
communication of data	Übermitteln von Daten
communication satellite	Nachrichtensatellit
communications link	Kommunikationsverbindung
communications network	Kommunikationsnetz
communications protocol	Kopplungsprotokoll (DÜ)
commutating reactor	Kommutierungsdrossel
commutation angle	Kommutierungswinkel
commutator	Kommutator
commutator brush	Kommutatorbürste
commutator pitch	Kommutatorteilung
commutator sparking	Kommutatorfeuer
compact	platzsparend
companywide communication system	durchgängiger Datenverbund
comparator	Komparator
comparator	Vergleicher
comparison of actual and setpoint values	Ist- und Sollwert-Vergleich
comparison standard	Vergleichsnormal
compatibility	Systemverträglichkeit
compatibility (electromagnetic)	Verträglichkeit (elektromagn.)
compatible	kompatibel
compensated network	kompensiertes Netz
compensation	Kompensation
to compile	kompilieren
compiler	Kompilierer
complaint, claim	Beanstandung
complementary output	komplementärer Ausgang
complementary state	komplementärer Zustand
complementation	Komplementbildung
complete bridge	vollständige Brücken-

connection	schaltung
complete failure	Totalausfall
complex impedance	komplexer Widerstand
complex quantity	komplexe Größe
component	Bauelement
component	Element (Bauelement)
component circuit diagram	Teilschaltplan
component requiring approval	genehmigungspflichtiges Teil
component side	Bestückungsseite
component, unit	Komponente
compound excitation	Compounderregung
compound winding	Verbundwicklung
compression-type socket	Presskabelschuh
compressor	Kompressor
computer application	Computeranwendung
computer based	computerbasiert
computer controlled	rechnergesteuert
computer engineering	Computertechnik
computer link	Rechneranschluss
computer science	Informatik
computer-oriented language	maschinenorientierte Programmiersprache
computing power	Rechenleistung
concealed installation	Verlegung unter Putz
concealed wiring	Leitungen unter Putz
concealed wiring	Unterputzinstallation
concentrator	Konzentrator
concentric coil	konzentrische Spule
concentric outer conductor	konzentrischer Außenleiter
concentric winding	Zylinderwicklung
condensation water	Schwitzwasser
conductance	Wirkleitwert
conducted disturbance	leitungsgeführte Störgröße
conducting varnish	Leitlack
conducting-state voltage	Durchlassspannung
conduction current density	Leitungsstromdichte
conduction direction	Stromflussrichtung
conduction loss	Leitungsverlust
conductive clothing	leitfähige Schutzkleidung
conductive continuity	Stromdurchgang
conductive layer	leitender Belag
conductive mass of soil	leitendes Erdreich
conductive part	leitfähiges Teil
conductivity	spezifischer Leitwert
conductor	Leiter
conductor bundle	Bündelleiter
conductor bundle	Leiterbündel
conductor cross-section	Leiterquerschnitt
conductor earth electrode	Oberflächenerder
conductor earthing electrode	Seilerder
conductor insulation	Leiterisolierung
conductor loop	Leiterschleife
conductor rail	Stromschiene
conductor sag	Seildurchhang (Freileitung)
conductor screen	innere Leitschicht
conductor spacing	Leiterabstand
conduit	Rohr (Installation)
conduit for light (medium, heavy) mechanical stress	Installationsrohr für leichte (mittlere, schwere) Druckbeanspruchung
configuration	Konfiguration
confirmation	Bestätigung
to connect	anschließen
to connect	schalten (verdrahten)
to connect	verbinden (anschließen)
to connect in parallel	nebeneinanderschalten
to connect in parallel	parallelschalten
to connect in series	hintereinanderschalten
to connect in series	vorschalten
to connect the load	Last zuschalten
to connect to earth	an Erde legen
to connect to supply	aufschalten
connectable wire sizes	anschließbare Leiterquerschnitte

connected in opposition	gegensinnig geschaltet
connected in parallel	parallel geschaltet
connecting devices	Verbindungsmaterial
connecting lead	Anschlussleitung
connecting terminal unit	Verbindungsklemme
connecting the load	Lastzuschaltung
connecting wire	Verbindungsleitung (Schaltdraht)
connection end	Schaltseite (Wicklung)
connection establishment delay	Leitungsaufbauzeit (DÜ)
connection in series	Reihenschaltung
connection point	Anschlussstelle
connection screw	Polschraube u. Polmutter (Batterie)
connection to common potential	Wurzelung
connection to earth for functional purposes	Erdanschluss zu Betriebszwecken
connectionless-mode communication	verbindungslose Kommunikation
connector	Steckverbinder
connector	Verbinder
connector insert	Steckverbinder-Einsatz
connector pin assignment	Steckerbelegung
connector, lead	Stromverbindung
constant	Konstante
constant of measuring instrument	Messkonstante
constant-current charge	Konstantstromladung
constant-current excitation	Speisung mit Konstantstrom
constant-voltage charge	Konstantspannungsladung
constant-voltage d.c. link	Gleichstromzwischenkreis mit konstanter Spannung
constant-voltage transformer	Konstanthalter
constant-weight code	gleichgewichtiger Code
construction	konstruktiver Aufbau
construction site installation	Baustellenanlage
construction site supply	Baustromversorgung
construction, design	Aufbau
consumer	Kunde
consumer electronics	Unterhaltungselektronik
consumer's control unit	Wohnungsverteilung
consumer's installation	Abnehmeranlage
consumer's installation	Verbraucheranlage
consumption	Verbrauch
contact arrangement	Kontaktanordnung
contact bounce	Kontaktprellen
contact circuit	Kontaktkreis
contact closes	Kontakt schließt
contact disturbance	Kontaktstörung
contact erosion	Abbrand (Kontakt-)
contact erosion	Kontaktabbrand
contact erosion	Schaltstückabbrand
contact gap	Kontaktabstand
contact gap	Schaltstückabstand
contact making	Kontaktgabe
contact making time	Kontaktzeit "Ein"
contact multiplication	Kontaktvervielfachung
contact multiplier	Vervielfacher (Kontakt)
contact opens	Kontakt öffnet
contact parting time	Kontaktzeit "Aus"
contact potential	Volta-Spannung
contact rating	Kontaktbelastbarkeit
contact rating	Schaltlast (Relais)
contact rating	Schaltvermögen der Kontakte
contact resistance	Kontaktübergangswiderstand
contact resistance	Übergangswiderstand (Relais)
contact resistivity test	Durchgangswiderstandsprüfung
contact separation	galvanische Trennung

	(Kontakte)
contact spacing	Rastermaß (Steckverbinder)
contact spring	Kontaktfeder
contact travel	Kontakthub
contact wear	Kontaktabnutzung
contact welding	Kontaktverschweißen
contact wipe	Kontaktreiben
contactless	kontaktlos
contactor	Schaltschütz
contactor	Schütz
contactor coil	Schützspule
contactor disconnector	Trennschütz
contactor feeder	Schutzabgang
contactor relay	Hilfsschütz
contactor-type reverser	Schütz-Wendeschalter
contactor-type reversing starter combination	Wendeschütz-Kombination
contactor-type star-delta starter	Schütz-Sterndreieckschalter
contiguos	lückenlos
continued short circuit	Dauerkurzschluss
continuity of protective system	durchgehendes Schutzleitersystem
continuity tester	Durchgangsprüfer
continuous action	stetiges Verhalten
continuous current rating	Dauer-Stromtragfähigkeit
continuous current-carrying capacity	Dauerstrom-Belastbarkeit (eines Leiters)
continuous load current	Dauerbetriebsstrom
continuous operation	ununterbrochener Betrieb
continuous operation, uninterrupted duty	Dauerbetrieb
continuous rating	dauernd abführbare Leistung
continuous rating	Leistung im Dauerbetrieb
continuous running	Dauerlauf
continuous screen	durchverbundener Schirm
continuous test	Dauertest
continuous wave laser	Dauerstrich-Laser
continuous winding	fortlaufende Wicklung
continuous-action controller	stetiger Regler
contracting scale	gedämpfte Skala
contrast ratio	Kontrastverhältnis
control	Ansteuerung
to control	regeln
to control	steuern
control algorithm	Regelungsalgorithmus
control cabinet	Schaltschrank
control centre	Kontrollzentrum
control centre	Leitstelle
control character string	Steuerzeichenfolge
control circuit	Steuerkreis
control command	Steuerbefehl
control cubicle	Steuerschrank
control device	Steuergerät
control electromagnet	Betätigungsmagnet
control electronics	Steuerelektronik
control electronics	Steuerungselektronik
control loop	Regelkreis
control of inspection, measuring and test equipment	Überwachung von Prüf- und Messmitteln
control output	Steuerausgang
control power supply	Steuerspannungsversorgung
control precision	Regelgenauigkeit
control range	Aussteuerbereich
control range	Regelbereich
control response	Regelverhalten
control rider	Schaltreiter
control room	Kommandoraum
control room	Leitstand
control switch	Hilfsschalter
control switch	Steuerschalter

control unit	Steuereinheit
control unit	Steuerwerk
control valve	Regelventil
control word	Steuerwort
to control, to operate	bedienen
controlgear	Schaltanlage für Energieverbrauch
controllable converter	steuerbarer Stromrichter
controlled source	Quelle (gesteuert)
controlled variable	Regelgröße
controlled voltage source	gesteuerte Spannungsquelle
controller	Regler
controller lag	Reglerverzögerungszeit
controller type	Reglerstruktur (PI, PID, PD)
controlling system	Leiteinrichtung
controlling system	Steuereinrichtung
conventional free-air thermal current	konventioneller thermischer Strom in freier Luft
conventional non-fusing current	kleiner Prüfstrom
conventional tripping current	festgelegter Auslösestrom
convergence	Konvergenz
conversion	Wandlung
conversion of electrical energy	Umformung elektrischer Energie
conversion ratio	Umwandlungsverhältnis
converter	Umsetzer (Wandler)
converter connection	Stromrichterschaltung
converter drive	Umrichterantrieb
conveyor motor	Fördermotor
cooker connector box	Herdanschlussdose
to cool down	abkühlen
cooling capacity	Kühlleistung
cooling method	Kühlungsart
cooling system	Kühlanlage
cooling time	Abkühldauer
coordination of insulation	Isolationskoordination
copper braid	Kupfergeflecht
copper loss	Kupferverluste
copper oxide-zinc battery	Kupferoxid-Zink-Batterie
copper space factor	Kupferfüllfaktor
copper-clad	kupferkaschiert
copper-constantan thermocouple	Kupfer-Konstantan-Thermoelement
co-processor	Coprozessor
copy	Kopie
cord, flexible cord	Leitungsschnur
cordless	schnurlos
core	Ader (ein- o. mehradrig in Kabel)
core	Seele (Kabel)
core break	Aderbruch
core cross-sectional area	Aderquerschnitt
core flux	Kernfluss
core form, core type	Kernbauform (Trafo)
core identification	Aderkennzeichnung
core loss, iron loss	Eisenverluste
core window	Kernfenster
core, iron core	Kern (Magnet, Trafo)
coreless armature	Anker ohne Eisenkern
corkscrew rule	Korkenzieherregel
corona discharge	Sprühentladung
correct field connection	drehrichtiger Anschluss
correct operation	richtiges Arbeiten
to correct, to compensate	ausregeln
correction, adjustment	Nachführung (Spannung)
corrective maintenance time	Instandsetzungsdauer
corrosion current	Korrosionsstrom
corrosion protection	Korrosionsschutz
corrugated steel conduit	gewelltes Stahlpanzerrohr
to corrupt	verfälschen (Daten)
to count	zählen
to count down	rückwärtszählen
counter-cell	Gegenzelle (Batterie)
counterpoise	künstliche Erde
counting input	Zähleingang

	counting mechanism	Zählwerk
	counting pulse	Zählimpuls
	counting-up input	Vorwärts-Zähleingang
to	couple	verbinden (koppeln)
	coupling capacitor	Ankopplungskondensator
	coupling loss	Koppeldämpfung
	coupling resistor	Ankopplungswiderstand
	coupling, interference	Einkopplung
	cover	Abdeckhaube
	cover, removable cover	Deckel
	covered pushbutton	abgedeckter Druckknopf
	CPS (Characters Per Second)	CPS (Zeichen pro Sekunde)
	CPU (Central Processing Unit)	CPU (zentrale Verarbeitungseinheit)
	cradle relay	Kammrelais
	CRC (Cyclic Redundancy Check)	CRC (zyklische Codeprüfung)
	creepage distances and clearances	Kriech- und Luftstrecken
	creepage path	Kriechweg
	creeping discharge	Gleitentladung
	crest factor	Amplitudenfaktor
	crest factor	Spitzenfaktor
	crest working line voltage	Scheitelwert der Netzspannung
to	crimp	aufquetschen
	crimp barrel	Crimphülse
	crimp connection	Quetschverbindung
	crimp connector	Quetschverbinder
	crimp contact	Crimpkontakt
	crimp termination	Crimpanschluss
	crimp tool	Crimpwerkzeug
	crimping cable lug	Quetschkabelschuh
	crimping tool	Handzange
	critical breaking current	kritischer Ausschaltstrom
	critical failure	kritischer Ausfall
	critical rate of rise of voltage	kritische Spannungssteilheit
	critical speed	kritische Drehzahl
	critical value	Schwellenwert
	cross compiling	Querübersetzung (DV)
	cross connection	Kreuzschaltung
	cross coupling	gegenseitige Beeinflussung (Kopplung)
	cross coupling	Querkopplung
	cross lay	Gegenschlag (Kabel)
	cross section	Querschnitt
	cross wiring	Querverdrahtung
	crossed-coil instrument	Kreuzspulinstrument
	crossing	Kreuzung
	cross-section/current relationship	maximale Stromstärke in Abhängigkeit vom Leiterquerschnitt
	crosstalk	Nebensprechen
	crosstalk	Übersprechen
	CRT (Cathode Ray Tube)	CRT (Kathodenstrahlröhre)
	cruciform core	kreuzförmiger Kern
	cryptobox	Kryptobox
	crystal fibre	Quarzfaser
	crystal holder	Quarzhalter
	CSMA-CD (Carrier Sense Multiple Access - Collision Detection)	CSMA-CD (Vielfachzugriff mit Aktivitätsüberwachung u. Kollisionserkennung)
	CTD (Charge Transfer Device)	CTD (Ladungsverschiebeschaltung)
	CTI (Computer Telephony Integration)	CTI (Computer-Telefonie-Integration)
	cubicle	Schrank
	cubicle-type assembly	Schrankbauform
	cup-type core	Topfkern
	current	aktuell
	current	Strom (elektrischer)
	current balancing	Stromspiegelung
	current carrying	stromführend
	current collecting brush	Stromabnehmerbürste
	current comparator	Stromvergleicher
	current conduction	Stromleitung
	current controller	Stromregler
	current density	Stromdichte

current dependent	stromabhängig
current divider	Stromteiler
current flow direction	Stromflussrichtung
current gain	Stromverstärkung
current impulse	Stromstoß
current input	Stromaufnahme
current intensity	Stromstärke
current lead	Stromleitung (Leiter)
current limiting reactor	Strombegrenzungsdrossel
current linkage	elektrische Durchflutung
current loop	Stromschleife
current loop transmit	Sendestromschleife
current path	Strompfad
current peak	Stromspitze
current per unit area	Strombelastung (spezifische)
current polarization	Strompolung
current probe	Stromzange
current protection	Stromschutz
current range	Strombereich
current relay	Stromrelais
current reversal	Stromrichtungsumkehr
current rise	Stromanstieg
current setting range	Strom-Einstellbereich
current sinking	nach M schaltend
current smoothing	Stromglättung
current source inverter	I-Umrichter
current sourcing	nach P schaltend
current step	Stromstufe
current stress	Strombeanspruchung
current switch	Stromschalter
current transformation ratio	Stromübersetzungsverhältnis
current transformer	Stromwandler
current wave form	Stromform
current zero	Stromnulldurchgang
current-carrying capacity	Strombelastbarkeit (Kabel)
current-carrying conductor	stromdurchflossener Leiter
current-independent	stromunabhängig
current-limiting circuit-breaker	Schutzschalter mit Strombegrenzung
current-loop interface	Linienstromschnittstelle
current-operated earth-leakage circuit-breaker	FI-Schutzschaltung
current-using equipment	elektrische Verbrauchsmittel
current-using equipment	Verbrauchsmittel (elektrische)
current-voltage characteristic	Strom-Spannungs-Kennlinie
cursor	Positionsmarke
cursor	Schreibmarke
cursor movement	Cursorbewegung
custom chip design	Chipentwurf nach Kunden-wunsch
cut strip-wound core	Schnittbandkern
cut-E core	E-Schnittkern
cut-off current	Reststrom (Transistor)
cut-off frequency	Grenzfrequenz
cycle operation	Lade-/Entladebetrieb
cycle time	Schaltspieldauer
cycle time	Zykluszeit
cycle, period	Periode
cycle-stealing method	Cycle-Stealing-Verfahren
cyclic actuation	periodische Betätigung
cyclic duration factor	relative Einschaltdauer (Maschine)
Cyclic Redundancy Check (CRC)	zyklische Blockprüfung
cyclic sampling	zyklisches Abtasten
cyclic transmission	zyklische Übertragung
cylindrical cell	Rundzelle (Batterie)
cylindrical fuse	Rundsicherung

d

d.c. – d.c. voltage converter	Gleichspannungsumrichter
d.c. circuit-breaker	Gleichstromschalter
d.c. coil, d.c. solenoid	Gleichstrommagnetspule
d.c. control	Gleichstrombetätigung
d.c. crosstalk	Gleichspannungsüber-

	sprechen
d.c. electrical quantity	Gleichstromgröße
d.c. electricity meter	Gleichstromzähler
d.c. generator	Gleichstromgenerator
d.c. link converter	Zwischenkreis-Stromrichter
d.c. resistance, ohmic resistance	Gleichstromwiderstand
d.c. resistive volt ratio box	Gleichspannungswiderstandsteiler
d.c. steady-state voltage	Dauergleichspannung
d.c. supply voltage	Eingangsgleichspannung
Dahlander pole-changing circuit	Dahlanderschaltung
daily consumption	Tagesverbrauch
daily log	Tagebuch
daily maximum demand	Tageshöchstleistung
damage	Schaden
damp and wet locations	feuchte und nasse Räume
damp location	Feuchtraum
damp tropical climate	feucht-warmes Klima
to dampen, to absorb sound	dämpfen (akustisch)
damping factor	Dämpfungsmaß
damping reactor	Dämpfungsdrossel
damp-proof cable	Feuchtraumkabel
danger signal	Alarmsignal
dangerous fault	gefährlicher Fehler
data acquisition, data collection	Datenerfassung
data bus width	Datenbusbreite
data communication equipment	Datenübertragungseinrichtung
data concentrator	Datenkonzentrator
data exchange	Datenaustausch
data file	Datei
data flowchart	Datenflussplan
data highway	Fernbus
data line, data transmission line	Datenleitung
data link	Datenkopplung
data memory, data storage	Datenspeicher
data packet, data frame	Datenpaket
data processing equipment	Datenverarbeitungsanlage
data rate	Datenrate
data recording	Datenaufzeichnung
data signal quality	Empfangsgüte
data source	Datenquelle
data terminal equipment (DTE)	Datenendeinrichtung (DEE)
data traffic	Datenverkehr
data transfer	Datentransfer
data transfer acknowledge	Datenübertragungsquittung
data transfer request (DTR)	Datenübertragungsaufforderung
data transmission	Datenübertragung
data transmission protocol	Datenübertragungsprotokoll
database	Datenbank
database	Datenbasis
date, deadline	Termin
daughter board	Zusatzleiterplatte
daylight	Tageslicht
daylight lamp	Tageslichtlampe
daylighting	Tageslichtbeleuchtung
dead interval on reversing	Umschaltpause
dead man's circuit	Totmannschaltung
dead short circuit to earth	satter Erdschluss
dead short circuit to earth	vollkommener Erdschluss
dead short circuit to exposed conductive part	satter Körperschluss
dead short circuit to exposed conductive part	vollkommener Körperschluss
dead-front assembly	Tafelbauform
to debounce	entprellen
debugger	Testprogramm

	decade counter	dekadischer Zähler
	decade counter	Zähldekade
	decade resistor	Widerstandsdekade
	decade switch	Dekadenschalter
	decibel	Dezibel (dB)
	decimal number	Dezimalzahl
	decimal place	Dezimalstelle
	decimal scaler	dezimaler Teiler
	decimal-to-binary converter	Dezimal-binär-Umsetzer
	declaration of duty	Angabe des Betriebes
	declared efficiency	angegebener Wirkungsgrad
to	decode	entschlüsseln
	decoding module	Decodiereinheit
	decoupling diode	Entkopplungsdiode
	de-energized	spannungsfrei
	de-energized, dead	spannungslos
	de-energized, dead	stromlos
	default value	vorbesetzter Wert
	deflection current	Ablenkstrom
	deflector plate	Ablenkplatte
to	degas, to evacuate	entgasen
	degree of protection provided by enclosure	Schutzart des Gehäuses
	delay - flip-flop	D-Flipflop
	delay element	Verzögerungsglied
	delay time	Kippzeit (Monoflop)
	delay time	Verzögerungszeit
	delayed relay	verzögertes Relais
	delay-release time-delay relay	rückfallverzögertes Zeitrelais
	delivery drawing	Lieferzeichnung
	delta connection	Dreieckschaltung
	delta-star conversion	Dreieck-Stern-Umwandlung
	demagnetization curve	Entmagnetisierungskurve
to	demagnetize	entmagnetisieren
	demand billing meter	Verrechnungszähler
	demand tariff	Maximumtarif
	demodulator	Demodulator
	demultiplexer	Demultiplexer
	dependency notation	Abhängigkeitsnotation
	derived unit	abgeleitete Einheit
	design	Entwicklung (Leiterplatte)
	design power	geplante Leistung
	design to Underwriters Laboraties requirements	UL-Ausführung
	design, dimensioning	Auslegung
	designation code	Bezeichnungscode
	desktop unit	Tischgerät
to	detach	lösen (abnehmen)
	detailed drawing	Detailzeichnung
	detecting device	Suchgerät
	detector	Melder (Brand)
	detector zone	Melderlinie (Brand)
	deviation	Abweichung
	deviation	Hub (Abweichung)
	device, facility, apparatus	Einrichtung (Gerät)
	dew point	Taupunkt
	dew, moisture, condensation	Betauung
	diagnostic connector	Diagnosestecker
	diagnostic message	Diagnosemeldung
	diagnostics capability	Diagnosefähigkeit
	diagram	Schaltbild
	DIAZED fuse-link	DIAZED-Sicherungseinsatz
	die yield	Chipausbeute
	dielectric constant, dielectric coefficient	Dielektrizitätskonstante
	dielectric displacement	Verschiebung (dielektrische)
	dielectric properties	Isolationseigenschaften
	dielectric resistivity	spezifischer Isolationswiderstand
	dielectric test	Isolationsprüfung
	diesel-electric drive	dieselelektrischer Antrieb
	diesel-generator set	Dieselaggregat
	difference amplifier, instrumentation	Differenzverstärker

amplifier	
differential input	Differenzeingang
differential method of measurement	Differenzmessverfahren
differential protection relay	Differenzialschutzrelais
differential pulse code modulation (DPCM)	differenzielle Pulscodemodulation
differential signal monitor	Soll-Ist-Überwachung
differential transformer	Differenzialübertrager
differentiator	Differenzierer
digit	Ziffer (DV)
digital computer system	digitales Rechnersystem
digital display	Zifferanzeige
digital electrical quantity	digitale elektrische Größe
digital meter	Messgerät mit Zifferanzeige
digital pulse duration modulation (DPDM)	digitale Impulsdauermodulation (DPDM)
digital/analog output module	Digital-analog-Ausgabe (Baugruppe)
digitizer tablet	Tablett (Eingabe)
dimension	Maß (Abmessung)
dimmer for fluorescent lamps	Leuchtstofflampendimmer
dimming switch	Abblendschalter
DIN rail mounted device	Reiheneinbaugerät
direct component	Gleichanteil
direct current (d.c.)	Gleichstrom
direct functional earthing	unmittelbare Betriebserdung
direct overcurrent release	Primärauslöser
direct voltage	Gleichspannung
direct-axis stray field	Längsstreufeld
direct-buried cable	Kabel für Erdverlegung
direction coupler	Richtungskoppler (LWL)
direction of armature rotation	Ankerdrehrichtung
direction of magnetisation	Magnetisierungsrichtung
direction of motion	Laufrichtung
direction of rotation	Drehrichtung
directional characteristic	Richtcharakteristik (Mikrofon)
directional coupler	Richtkoppler
directional earth-fault protection	richtungsabhängiger Erdschlussschutz
direction-finding aerial	Peilantenne
directly coupled capacitor commutation	Kommutierung durch direkt angeschlossenen Kondensator
direct-on-line starter	Starter für direktes Einschalten
directory	Inhaltsverzeichnis
disable input	Sperreingang
disabled state	Unbrauchbarkeit
disc coil	Scheibenspule
disc insulator	Scheibenisolator
to discharge	ableiten (entladen)
to discharge	entladen
discharge resistor	Entladewiderstand
discharge test	Stoßentladungsprüfung
discharged drained battery	entleerte, entladene Batterie
to disconnect	abklemmen
to disconnect from the supply	spannungslos machen
to disconnect the load	Last abschalten
to disconnect under load	ausschalten unter Last
disconnectable connection	lösbare Verbindung
disconnecting device	Trenneinrichtung
disconnection	Abschaltung
disconnection from line	Netzabschaltung
disconnection from supply	Trennung vom Netz
disconnection in three poles	dreipolige Abschaltung
disconnector	Trennschalter

discontinuous-action controller	unstetiger Regler
discriminating earth-fault relay	selektives Erdschlussrelais
discriminating fuse-link	trägflinker Sicherungseinsatz
to disengage	schalten (Relaisabfall)
to disengage	trennen (Stromversorgung)
to dismantle	abbauen
to dismantle, to separate	zerlegen
displaced rotating field	unrundes Drehfeld
displacement current density	Verschiebungsstromdichte
display and control unit	Anzeige- u. Bedieneinheit
display device	Sichtgerät
display range	Anzeigebereich
display space	Darstellungsbereich (Bildschirm)
displayable character	abbildbares Zeichen
disruptive discharge	Durchschlag (Lichtbogen)
disruptive discharge voltage	Durchschlagspannung
dissipatable heat loss	abführbare Verlustleistung
distance protection	Distanzschutz
distortion	Verzerrung
distributed configuration	dezentraler Aufbau
distributed data acquisition	dezentrale Datenerfassung
distributed system	verteiltes System
distribution board	Niederspannungsverteiler
distribution cabinet	Verteiler (Schrank-)
distribution circuit	Verteilungsstromkreis
distribution wiring	Rangierverdrahtung
district control centre	regionale Leitstelle
district heating power station	Heizkraftwerk
disturbance	Störgröße (Regler)
disturbance time	Störungsdauer (Netz)
disturbance, fault	Störung
disturbances in electricity supply networks	Rückwirkungen in Stromver-sorgungsnetzen
disturbing pulse	Störimpuls
divergence	Divergenz
divider (voltage)	Teiler (Spannungsteiler)
division into compartments	Schottung (Raumteilung)
divisor	Teiler (Mathematik)
D-latch	D-Auffang-Flipflop
DMA-interface	DMA-Schnittstelle
document management	Unterlagenverwaltung
documentation	Dokumentation
domestic electrical installation	Hausinstallation
dominant resonant frequency	Hauptresonanzfrequenz
door chime	Türgong
door opener	Türöffner
doorbell transformer	Klingeltransformator
dot matrix display	Punktmatrixanzeige
dot-and-dash line	strichpunktierte Linie
double break	Zweifachunterbrechung
double coil, compound coil	Doppelspule
double converter	Doppelstromrichter
double current interchange circuit	Doppelstrom-Schnittstellenleitung
double high printed-circuit board	doppelt hohe Flachbaugruppe
double insulation	doppelte Isolierung
double sideband transmission	Zweiseitenbandübertragung
double socket-outlet	Doppelsteckdose
double-gap contact element	Schaltglied mit Doppelunterbrechung
double-line-to-ground fault	Doppelerdschluss
double-pole double throw switch	zweipoliger Umschalter

double-pole two-way switch	zweipoliger Wechselschalter
doubler	Verdoppler
double-wound	bifilar gewickelt
down counter	Rückwärtszähler
down time	Ausfalldauer
downstream fuse	nachgeordnete Sicherung
down-time	Ausfallzeit
draft drawing	Entwurfszeichnung
draft standard	Normentwurf
draft standard	Vornorm
drain	Senke (Transistor)
drain terminal	Drain-Anschluss
drain-source cut-off voltage	Drain-Source-Abschnürspannung
drawing	Zeichnung
to drift	abwandern
drift	Langzeitfehler
to drift	weglaufen (Spannung)
drift of operating point	Schaltpunktabwanderung
drip-proof	tropfwassergeschützt
drive	Laufwerk (Antrieb)
drive control	Antriebssteuerung
drop cable	Nahbuskabel
dropout delay	Abfallverzögerung
dropout fuse	Trennsicherung
dropout-delay relay	abfallverzögertes Relais
dry charged battery	trockene, geladene Batterie
dry discharged battery	trockene, entladene Batterie
dry joint	kalte Lötstelle
dry joint	trockene Lötstelle
dry locations	trockene Räume
dry primary battery	Trocken-Primärbatterie
dry-reed switch	Schalter mit Schutzgaskontakt
dry-type transformer	Trockentransformator
DTE common return	DEE-Rückleiter
D-type fuse-link	Schraubsicherung
dual board	Doppelflachbaugruppe
dual-computer sytem	Doppelrechnersystem
duct, raceway	Kanal (Kabel)
duplex operation	Duplexbetrieb
duplex transmission	Zweiwegübertragung
duration jitter	Zittern der Impulsdauer
duration of the first short-circuit current flow	Kurzschlussdauer
dusk lighting	Dämmerungsbeleuchtung
dust deposit	Staubablagerung
dustproof luminaire	geschützte Leuchte
dust-tight	staubdicht
duty class	Belastungsklasse
duty class	Betriebsklasse
duty rating	Schalthäufigkeit (Relais)
duty ratio	relative Einschaltdauer (Trafo)
dynamic behaviour	Zeitverhalten
dynamic B-H loop	dynamische Hystereseschleife
dynamic magnetization curve	dynamische Magnetisierungskurve
dynamic RAM	dynamisches RAM
dynamic voltage regulator	dynamischer Spannungsregler
dynamo, d.c. generator	Dynamo
dynamoelectric principle	dynamoelektrisches Prinzip

e

earth	Erde
earth connection	Erdanschluss
earth detector	Erdschlussprüfer
earth electrode, ground electrode	Erder
earth leakage	schleichender Erdschluss
earth leakage current	Kriechstrom gegen Erde
earth loop	Erdschleife
earth pipe	Rohrerder
earth potential	Erdpotenzial
earth resistance	Erdbodenwiderstand

earth resistivity	spezifischer Erdwiderstand
earth return conductor	Erdrückleiter
earth return system	Netz mit Erde als Rückleitung
earth rod	Staberder
earth screen	Abschirmung gegen Erde
earth strip, ground strip	Banderder
earth symbol	Schutzzeichen
earth symbol, ground symbol	Erdungszeichen
earth, ground	Masse (Erdung)
to earth, to ground	erden
earthed input	geerdeter Eingang
earthed separated extra low voltage system, (SELV-E)	geerdetes Schutzkleinspannungssystem
earthed-neutral system	geerdetes Netz
earthed-neutral system	Netz mit geerdetem Sternpunkt
earth-fault indicator	Erdschlussmelder
earth-fault locator	Erdschlusssuchgerät
earth-free, non-earthed	erdfrei
earthing bar	Erdungsschiene
earthing bus	Sammelerder
earthing cable	Massekabel
earthing contact	Schutzkontakt
earthing continuity	Durchverbindung des Schutzleiters
earthing for work	Arbeitserdung
earthing point	Erdungspunkt
earthing strip	Masseband
earthing system	Erdungsanlage
earthing-pin plug	Schutzkontakt-Stecker
earth-leakage circuit-breaker	Schutzschalter (FI, FU)
earth-leakage circuit-breaker protected socket-outlet	Sicherheits-Steckdose
earth-leakage current	Erdableitstrom
earth-leakage monitor	Isolationswächter
earthquake vibrations and shocks	seismische Einflüsse
easy to maintain	wartungsfreundlich
easy to service	servicefreundlich
echo loop	Echoschleife
economy connection	Sparschaltung
eddy-current damping	Wirbelstromdämpfung
edge change	Flankenwechsel
edge steepness	Flankensteilheit
edge triggered JK-bistable element	einflankengesteuertes JK-bistabiles Element
edge, flank	Flanke
edge-board contacts	Randkontakte
edge-emitting LED	kantenemittierende LED
edge-triggered input	flankengesteuerter Eingang
effect of electric fields	Einwirkung von elektrischen Feldern
effect, reaction	Rückwirkung
effective component	Wirkanteil
effective cooling surface	wirksame Kühlfläche
effective cross section	effektiver Eisenquerschnitt
effective cross-sectional area	Querschnitt (aktiver)
effective length of air gap	effektive Luftspaltlänge
effective load	effektive Last
effective range	Messbereich
effective reflex surface	Lichtaustrittsfläche
effectively conducting output circuit	durchgeschalteter Ausgangskreis
elastance	Kehrwert der Kapazität
electric charge	elektrische Ladung
electric circuit	Schaltkreis
electric circuit	Schaltung (Stromkreis)
electric circuit	Stromkreis
electric constant,	Feldkonstante (elektr.)

permittivity	
electric constant, permittivity	Permeabilitätskonstante
electric dipole	elektrischer Dipol
electric discharge	elektrische Entladung
electric field strength	elektrische Feldstärke
electric flux	elektrischer Fluss
electric force density	Kraftdichte im elektrischen Feld
electric generator	Stromerzeuger
electric insulation	elektrische Isolierung
electric line	Leitung (Energieübertragung)
electric loading	Strombelag
electric mark	Strommarke
electric motor	Elektromotor
electric potential	elektrisches Potenzial
electric power	elektrische Leistung
electric shock	elektrischer Schlag
electric stairway	Rolltreppe
electric storage battery	Sekundärelement
electric strength	Durchschlagfestigkeit
electric strength	Spannungsfestigkeit
electric strength in d.c. test	Gleichspannungsfestigkeit
electric truck	Elektrofahrzeug
electric, electrical	elektrisch
electrical appliance	Elektro-Haushaltsgerät
electrical connection	galvanische Verbindung
electrical continuity	durchgehende elektrische Verbindung
electrical enclosure	Umhüllung gegen elektrische Gefahren
electrical energy	elektrische Arbeit
electrical engineering	Elektrotechnik
electrical equipment	elektrische Ausrüstung
electrical equipment	elektrische Betriebsmittel
electrical installation	elektrische Anlage
electrical installation of buildings	elektrische Anlage von Gebäuden
electrical instructed person	elektrotechnisch unterwiesene Person

electrical interference	Störbeeinflussung
electrical isolation	Trennung (galvanische)
electrical operating area	elektrische Betriebsstätte
electrical power installation	Kraftstromanlage
electrical power installation	Starkstromanlage
electrical quantity	elektrische Größe
electrical repair shop	Elektroreparaturwerkstatt
electrical rotating machine	umlaufende elektrische Maschine
electrical separation	elektrische Trennung (Schutztrennung)
electrical separation	Trennung (Schutztrennung)
electrical set	Elektroausrüstung
electrical steel	weichmagnetischer Stahl
electrical time-distribution system	Zentraluhrenanlage
electrical transient	Störgröße (elektrische)
electrically conductive connection	elektrisch leitende Verbindung
electrically erasable programmable read-only memory	EEPROM
electrically neutral	elektrisch neutral
electrically screened	elektrisch abgeschirmt
electrician	Elektriker
electrician	Elektroinstallateur
electricity meter	Stromzähler
electricity of opposite sign	ungleichnamige Elektrizität
electricity supply	Stromlieferung
electricity supply, power supply	Energieversorgung
electrification	Elektrifizierung
electrochemical corrosion	elektrochemische Korrosion
electrochemical series	Spannungsreihe (galvanische)
electrocution	tödlicher elektrischer

	Schlag
electrode spacing	Elektrodenabstand
electrodynamics force	elektrodynamische Kraft
electrolyte	Elektrolyt
electrolytic capacitor	Elektrolytkondensator
electrolytic copper	Elektrolytkupfer
electromagnet	Elektromagnet
electromagnetic braking	mechanische Magnetbremsung
electromagnetic compatibility (EMC)	elektromagnetische Verträglichkeit
electromagnetic contactor	Magnetschütz
electromagnetic damping	elektromagnetische Dämpfung
electromagnetic environment	elektromagnetische Umgebung
electromagnetic field	elektromagnetisches Feld
electromagnetic induction	elektromagnetische Induktion
electromagnetic interference	elektromagnetische Beeinflussung
electromagnetic switch	Magnetschalter
electromechanical	elektromechanisch
electromotive	elektromotorisch
electromotive force	Urspannung
electromotive force (e.m.f.)	EMK
electron conduction	Elektronenleitung
electron gun	Elektronenstrahlerzeuger
electron volt (eV)	Elektronenvolt
electronic ballast	elektronisches Vorschaltgerät
electronic data processing	elektronische Datenverarbeitung
electronic module	Elektronik-Baugruppe
electronic power converter	Stromrichter
electronic switching system	elektronisches Schaltkreissystem
electronic tube	Röhre
electro-optical transducer	elektrooptischer Wandler
electrostatic deflection	elektrostatische Ablenkung
electrostatic induction	dielektrische Verschiebung
electrostatic sensitive devices (ESD)	elektrostatisch gefährdete Bauteile
elevated-zero range	Bereich mit angehobenem Nullpunkt
ELV circuit (extra low voltage)	ELV-Stromkreis
to embed	vergießen
embedded conduit	Rohr unter Putz
emergency battery	Notstrombatterie
emergency button	Schlagdruckknopf
emergency call	Notruf
emergency devices	Not-Aus-Schalteinrichtungen
emergency generator	Notstromgenerator
emergency lighting	Notbeleuchtung
emergency lighting	Sicherheitsbeleuchtung
emergency luminaire	Notleuchte
emergency operation	Notbetrieb
emergency power supply	Notstromversorgung
emergency pushbutton	Schlagtaster
emergency stop	Notabschaltung
emergency stop	Not-Halt
emergency stop button	Not-Aus-Drucktaste
emergency stop button	Schnell-Aus-Knopf
emergency stop circuit	Not-Aus-Schleife
emergency switch	Gefahrenschalter
emergency telephone	Notrufanlage
emission level	Aussendungspegel
emission limit	Abstrahlungsgrenze
emission of radiation	Strahlenaustritt
emitter	Emitter
emitter coupled logic	emittergekoppelte

	Logik (ECL)
empty enclosure	Leergehäuse
to enable	freigeben
enable input	Freigabeeingang
enabling button	Freigabetaste
enamel-insulated wire	lackisolierter Draht
enamelled copper wire	Kupferlackdraht
encapsulated transformer	vergossener Transformator
encapsulated winding	eingegossene Wicklung
encapsulated-winding dry-type transformer	Trockentransformator mit vergossener Wicklung
enclosed assembly	Gehäusebauform
enclosed assembly	geschlossene Bauform
enclosed busbar	gekapselte Sammelschiene
enclosed, clad	gekapselt
encoding rule	Codierungsregel
encryption	Verschlüsselung
end face	Stirnfläche (LWL)
end of character (EOC)	Zeichenende
end position	Endlagenstellung
end sleeve	Endmuffe
end-of-block character	Satzendezeichen
end-of-charge voltage	Ladeschlussspannung
to energize	setzen (unter Spannung)
energy absorption	Energieaufnahme
energy conversion	Energieumformung
energy demand	Energiebedarf
energy density	Energiedichte
energy economy, energy industry	Energiewirtschaft
energy flow	Leistungsfluss
energy output	Energieabgabe
energy recovering motor-generator set	Rückumformer
energy saving	Energieeinsparung
energy theft	Stromdiebstahl
energy, work, power	Energie
energy-saving	energiesparend
engineering	Technik (angewandt)
envelope curve	einhüllende Kurve
envelope curve	Hüllkurve
envelope curve	umhüllende Kurve
envelope-curve transducer	Hüllkurvenumformer
environmental conditions	Umgebungsbedingungen
environmental conditions	Umweltbedingungen
environmental pollution	Umweltbelastung
equalizer	Entzerrer
equalizing current conductor	Ausgleichsleiter
to equip, assemble, fit	bestücken
equipment identifier	Betriebsmittel-Kennzeichen
equipment under test	Prüfling (EMV)
equipotential bonding	Potenzialausgleich
equipotential bonding strip	Potenzialausgleichsschiene
equipotential earthing	Erdung mit Potenzialausgleich
equivalent circuit diagram	Ersatzschaltbild
equivalent continuous rating	gleichwertiger Dauerbetrieb
equivalent line	Leitungsnachbildung
equivalent noise resistance	äquivalenter Rauschwiderstand
equivalent noise voltage	äquivalente Rauschspannung
equivalent series resistance	Reihenersatzwiderstand
erasable programmable readonly memory (EEPROM)	löschbarer u. programmierbarer Festwertspeicher
erasable PROM	EPROM
to erase	löschen (Daten)
erasing facility	Löscheinrichtung (Speicher)

erasing head	Löschkopf (Magnet)
to erect, to construct	aufbauen
Erlang distribution	Erlang-Verteilung
error alarm	Fehlermeldung
error control procedure	Überwachung (Fehler)
error current	Störstrom (Fehlerstrom)
error display	Fehleranzeige
error probability	Fehlerwahrscheinlichkeit
escape route	Fluchtweg
Euro-card	Europakarte
European Standard	Europäische Norm
evaluation device	Auswerteteil
event counter	Häufigkeitszähler
event display	Meldungsanzeige (Monitor)
event processing	Meldungsverarbeitung
excess-current circuit-breaker	Überstrom-Schutzschalter
excess-energy meter	Überverbrauchzähler
excitation from direct-coupled exciter	Eigenerregung
excitation losses	Verluste im Erregerkreis
excitation system	Erregerstromquelle
exciter field	Erregerfeld
exciting circuit loss	Erregungsverluste
exciting current	sekundärer Erregerstrom
to execute	abarbeiten
executive station	Chefstation
exhaust air	Abluft
exhausted battery	tiefentladene Batterie
exhaustive discharge	Tiefentladung
expanded pulse	verlängerter Impuls
expansion board	Erweiterungsbaugruppe
expected life	voraussichtliche Nutzungsdauer
experiment	Versuch
expert	Sachverständiger
exploded view	aufgelöste Darstellung
explosion hazard	Explosionsgefahr
exposed conductive part	Körper (elektr. Betriebsmittel)
exposed wiring	offene Installation
exposure to power lines	Starkstrombeeinflussung
expulsion-type arrester	Gasentladungsableiter
extended range	erweiterter Bereich
extension cord	Verlängerungsleitung
exterior luminaire	Außenleuchte
external fan	Außenlüfter
external gas pressure cable	Gasaußendruckkabel
external insulation	äußere Isolierung
external main terminals	äußere Hauptanschlüsse
external protective conductor	äußerer Schutzleiter
externally clocked converter	fremdgetakteter Stromrichter
extinguishing system	Löschanlage (Feuer)
extraction loss	Auskoppeldämpfung
extra-high frequency (EHF)	Höchstfrequenz
extra-low voltage (e.l.v.)	Kleinspannung
eye sensitivity curve	Augenempfindlichkeitskurve

f

face-to-face arrangement	X-Anordnung
factory-built distribution board	fabrikfertiger Installationsverteiler
fail, break down	ausfallen
fail-safe	ausfallsicher
fail-safe	Störungssicher (ausfallsicher)
failure	Ausfall
failure mode	Ausfallart
failure probability	Ausfallwahrscheinlichkeit
failure to start	Nichtanlauf
fall time	Abfallverzögerungszeit

	(Impuls)
fall time	Flankenabfallzeit
falling edge	Abfallflanke
falling edge	fallende Flanke
false tripping	Fehlauslösung
family of characteristics	Kennlinienschar
family of curves	Kurvenschar
fan	Lüfter
fan	Ventilator
fan heater	Heizlüfter
fan housing	Lüftergehäuse
fan-out	Signalvervielfachung
Faraday effect	Faraday-Effekt
fast fuse, quick blow fuse	flinke Sicherung
fast start	Schnellanlauf
fast TN scheme	schnelle Nullung
Fast-Fourier-Transformation	FFT-Verfahren
FASTON terminal	FASTON-Anschluss
fault	Störfall
fault clearing	Fehlerabschaltung (Netz)
fault correction time	Dauer der Fehlerbehebung
fault current	Teilfehlerstrom
fault current, leakage current	Fehlerstrom
fault localisation	Orten von Störungen
fault scenario	Fehlerfall
fault signal	Störmeldung
fault to earth	Fehler gegen Erde
fault tree analysis (FTA)	Fehlerbaumanalyse
fault, error, defect	Fehler
faulted system	gestörtes Netz
faultless	einwandfrei
faultless	fehlerfrei
fault-tolerant	fehlertolerant
faulty	fehlerhaft
faulty operation	fehlerhafter Betrieb
feedback control	Regelung
feedback network	Rückführbeschaltung
feeder	Leitung (Speiseleitung)
ferrite	Ferrit
ferroelectric	ferroelektrisch
ferromagnetic	ferromagnetisch
ferrule	Quetschhülse
fibre coupler	Faserkoppler
fibre distributed data interface	FDDI
fibre joint	Faserverbinder
fibre, optical fibre	Faser (optisch)
fibre-optic bus	Lichtleiterbus
fibre-optic bus	Lichtwellenleiterbus
fibre-optic network	faseroptisches Netzwerk
fibre-optic transmission system	Lichtwellenleiter-Übertragungssystem
field ampere-turns	Felddurchflutung
field bus	Feldbus
field circuit	Erregerkreis
field coil	Polspule
field decay	Feldabbau
field density	Felddichte
field density	Feldliniendichte
field forcing	Felderhöhung
field form	Feldlinienverlauf
field free	feldfrei
field intensity	Feldintensität
field line	Feldlinie
field of application	Anwendungsbereich
field of force	Kraftfeld
field programmable logic array	FPLA
field reversal	Feldumkehr
field rheostat	Feldregler
field service conditions	Einsatzbedingungen
field service conditions	Verhältnisse am Aufstellungsort
field voltage	Erregerspannung
field weakening	Feldschwächung
field winding	Erregerwicklung
field winding	Feldwicklung
field, field system	Feld (elektr., magn.)
field-proven	bewährt

figure	Ziffer (Zahl)
filled and charged battery	gefüllte, geladene Batterie
filled and discharged battery	gefüllte, entladene Batterie
film capacitor	Kunststoffkondensator
film capacitor	Schichtkondensator
film circuit	Schichtschaltung
film resistance	Hautwiderstand
filter	Siebglied
filter module	Filterbaugruppe
filter reactor	Siebdrossel
filtering	Siebung
final acceptance	Endabnahme
final assembly	Endmontage
final circuit	Abzweigstromkreis
fine adjustment	Feinabgleich
fire alarm detector	Brandmelder
fire alarm receiving station	Hauptmeldezentrale
fire alarm receiving station	Meldezentrale (Brand)
fire alarm routing equipment	Übertragungseinrichtungen für Brandmelder
fire alarm system	Brandmeldeanlage
fire barrier	Feuerschutzabschluss
fire extinguisher	Feuerlöscher
fire hazard	Brandgefahr
fire protection	Brandschutz
fire-retardant	feuerhemmend
firing-circuit cable	Steuerleitung
fishing wire	Durchziehdraht
fishing wire	Ziehdraht (f.Leiter)
fixed connection	fester Anschluss
fixed electrical installation	ortsfeste elektrische Installation
fixed installation	feste Verlegung
fixed setpoint controller	Festwertregler
fixed speed drive	Festdrehzahlantrieb
fixed wiring	feste Installation
fixed-output frequency converter	starrer Frequenzumformer
fixed-point (floating-point) conversion	Umwandeln von Fest- in Gleitpunktzahl
fixed-point notation	Festpunktdarstellung
fixed-programmed controller	festprogrammierte Steuerung
flag cycle	Fahnenschaltung (Trafo)
flag relay	Schauzeichenrelais
flame detector	Flammenwächter
flame retardance test	Flammwidrigkeitsprüfung
flame retardant property	Schwerbrennbarkeit
flameproof machine	schlagwettergeschützte Maschine
flammability	Entflammbarkeit
flange-mounting motor	Flanschmotor
flash point	Flammpunkt
flashing indication	Blink-Anzeige
flashing rate	Blinkfrequenz
flash-interval ratio	Blink-Pausenverhältnis
flashover voltage	Überschlagspannung
flat cable	Flachkabel
flat webbed bell wire	Klingelstegleitung
flat-bed plotter	Tischplotter (Flachbett)
flat-type relay	Flachrelais
Fleming's right hand rule	Rechte-Hand-Regel
flexible	biegsam
flexible cable	flexibles Kabel
flexible conductor	feindrähtiger Leiter
flexible cord switch	Schnurschalter
flexible insulating sleeving	flexibler Isolierschlauch
flexible printed board	flexible Leiterplatte
flexible protection tube	flexibles Schutzrohr
flexible sheathed cable	Schlauchleitung
flexible tube	Schutzschlauch
flexible wiring cable	bewegliche Anschlussleitung
flex-rigid printed board	starr-flexible Leiterplatte

flicker	Flackern
flicker frequency	Flimmerfrequenz
flicker voltage	Flickerspannung
flickerless lighting	flickerfreie Beleuchtung
flip-flop	Kippstufe
float switch	Schwimmerschalter
floating battery	Batterie im Erhaltungsbetrieb
floating contact	potenzialfreier Kontakt
floating ground	schwebendes Bezugspotenzial
floating input	erdfreier Eingang
floating operation	Erhaltungsladebetrieb
floating-point arithmetic	Gleitpunktarithmetik
floating-point operations per second	FLOPS
floodlighting	Flutlicht-Beleuchtung
floor outlet box	Bodenauslassdose
floor panelboard	Etagenverteilung
floor panelboard	Stockwerksverteilung
flow soldering	Schwalllötung
flowchart	Ablaufplan
flowchart	Flussdiagramm
to flow-solder	einschwallen
flow-soldered side	Schwallseite
flow-type heater	Durchlauferhitzer
fluctuation	Schwankung
fluorescence	Fluoreszenz
flush-mounting m.c.b.	Einbauautomat
flush-type box	Unterputzdose
flush-type socket-outlet	Einbausteckdose
flush-type switch	Einbauschalter
flux	Fluss (magn.)
flux line linking a turn	Windungsfluss
flux linkage	Flussverkettung
fluxmeter	Flussmesser
flywheel	Schwungrad
FM noise	FM-Rauschen
focusing	Fokussierung
foil insulation	Folienisolierung
foil screen	Schirmfolie
fold-back characteristic	rückläufige Kennlinie
follow-up control	Folgeregelung
food freezer	Gefriergerät
footprint	Ausleuchtzone
for normal use	normale Beanspruchung
force acting in a field	Feldkraft
force sensor	Kraftsensor
forced-ventilated machine	fremdbelüftete Maschine
foreman	Meister
form factor, electrical form factor	Formfaktor
formal parameter	formaler Parameter
format statement	Formatanweisung
formatted capacity	Nettokapazität (Speicher)
former-wound coil	Formspule
fortuitous earth electrode	natürlicher Erder
forward channel	Hinkanal
forward characteristic	Durchlasskennlinie (Diode)
forward d.c. resistance	Durchlasswiderstand (Diode)
forward on-state voltage	Vorwärtsdurchlassspannung
forward power loss	Durchlassverlust
forward voltage/current characteristic	Vorwärtskennlinie
four-conductor cable	Vierleiter-Kabel
Fourier amplitude spectrum	komplexes Amplitudenspektrum
Fourier analysis	Fourier-Analyse
four-phase	vierphasig
four-position regulating switch	Viertakt-Stufenschalter
four-wire line	Vierdrahtleitung
frame	Sockel (Relais)
frame earth fault	Gestellerdschluss
frame ground	Gestellerde
frame leakage protection	Kessel-Erdschlussschutz
frame potential	Massepotenzial

frame size error	Rahmenformatfehler (DÜ)
frame synchronization	Rahmensynchronisation
frame yoke	Jochgestell
frame, frame work	Rahmen
framework, rack, supporting structure	Gerüst
free space	Leerplatz
free-standing installation	frei stehende Aufstellung
freewheeling diode	Freilaufdiode
freeze, hold	einfrieren
freezing current	Krampfschwelle (Stromunfall)
frequency adjustment	Frequenzabgleich
frequency of on-load operating cycles	Schalthäufigkeit unter Last
frequency response	Übertragungs-Frequenzgang
frequency response locus	Ortskurve des Frequenzganges
frequent operation	große Schalthäufigkeit
front connection	vorderseitiger Anschluss
full charge	Vollladung (Batterie)
full disconnection	volle Abschaltung
full duplex	Vollduplex
full load	Dauerbelastung
full load	Grenzlast
full load	Vollast
full scale	voller Skalenbereich
full wave	Vollwelle
full-cale value	Skalenendwert
full-load power	Dauerleistung
full-scale deflection	Endausschlag
full-scale error	Endwertfehler
full-scale output frequency	maximale Ausgangsfrequenz
full-width of half maximum	Halbwertbreite
fully automatic operation	vollautomatischer Betrieb
functional earth, signal ground	Betriebserde
fundamental factor	Grundschwingungsgehalt
fundamental frequency	Grundfrequenz
fundamental frequency	Nutzfrequenz
fuse	Leitungsschutzsicherung
fuse	Schmelzsicherung
fuse	Stromsicherung
fuse box, consumer unit	Sicherungskasten
fuse combination unit	Sicherungs-Schalterkombination
fuse link	Schmelzeinsatz
fuse link	Sicherungseinsatz
fuse monitoring	Sicherungsüberwachung
fuse tongs	Sicherungszange
fuse, fusible link	Sicherung
fused outgoing circuit	Sicherungsabgang
fuse-mounting miniature circuit-breaker	Sicherungs-Einbauautomat
fuse-switch	Sicherungs-Lastschalter
fusible wire	Schmelzdraht
fusing factor	Schmelzfaktor
fusion splice	Schmelzspleiß (LWL)
fuzzy logic	unscharfe Logik

g

gain	Übertragungsmaß
gallium-arsenide diode	Gallium-Arsenid-Diode
galvanic coupling	galvanische Beeinflussung
gap	Lücke
gap	Spalt (Luftspalt)
gap loss	Dämpfung durch radialen Versatz (LWL)
gapped core	gescherter Kern
gas- and oil-pressure	Überdruckschutz (Trafo)

protection	
gas-proof	gasbeständig
gas-tight sealed cell	verschlossene Zelle (Batterie)
gate array	Gatterfeld
gate cut-off current	Gate-Reststrom
gate terminal	Gate-Anschluss
gauge piece	Passeinsatz (Sicherung)
geared motor	Getriebemotor
general purpose single-core non-sheathed cable	Aderleitung
general requirements for safety	allgemeine Sicherheitsbestimmungen
General-Purpose Interface Bus (GPIB)	Universal-Schnittstellenbus
general-purpose luminaire	Leuchte für Allgemeinbeleuchtung
general-purpose motor	Motor für allgemeine Anwendung
general-purpose transformer	Allzwecktransformator
generation of electrical energy	Erzeugung elektrischer Energie
generator	Generator
generator	Lichtmaschine (Kfz)
generator operation	Generatorbetrieb
generator output	Generatorleistung
generator reference-arrow system	Zählpfeilsystem (Erzeuger-)
generic specification	Rahmennorm
geomagnetic field	magnetisches Erdfeld
glass fibre	Glasfaser
glass-base lamp	Glassockellampe
glass-fibre cable, fibre-optic cable	Glasfaserkabel
globe spotlight	Kugelstrahler
glow discharge	Glimmentladung
glue splice	Klebespleiß (LWL)
gold-flashed	hauchvergoldet
gold-plated	oberflächenvergoldet
good contact	guter Kontakt
governed overspeed	Regulierdrehzahl
graded insulation	gestufte Isolation
graded-index optical-fibre	Gradientenfaser (LWL)
grain oriented	kornorientiert
graph	Schaubild
graphical representation	bildliche Darstellung
graphical symbol	Schaltsymbol
graphical symbol	Sinnbild
graphics board	Grafikbaugruppe
graphics monitor	Grafiksichtgerät
Gray code, cyclic binary code	Gray-Code
greater than	größer als
grid element spacing	Rasterabstand
grid-type earth electrode	Maschenerder
gross output	Bruttoleistung
ground plane	Potenzialebene
group fusing	Gruppenabsicherung
group interrupt	Sammelalarm
group signal	Sammelsignal
grouping isolation	gruppenweise Potenzialtrennung
guide value	Richtwert
guidelines	Richtlinien

h

half-bridge	Halbbrücke
half-duplex	halbduplex
half-period	Halbperiode
half-wave	Halbwelle
half-wave voltage doubler	Greinacher-Schaltung
Hall flux-density probe	Feldsonde (Hall)
Hall plate	Hall-Plättchen
Hamming distance	Hamming-Abstand
hand lamp	Handleuchte
hand-held electric tool	handgeführtes Elektrowerkzeug
hand-held OCR scanner	OCR-Handleser
hand-held scanner	Handleser

hand-held transmitter	Handsender
handling	Handhabung
handling resistant	transportfest
handshake procedure	Quittungsbetrieb
handshake procedure	Quittungsverkehr
hard disk drive	Festplattenlaufwerk
hard PVC-conduit	Panzerrohr (PVC)
hardware configuration	gerätetechnische Konfiguration
harmonic component	Oberschwingungsanteil
harmonic content	Anteil an Oberwellen
harmonic content	Summe der Oberschwin-gungen
harmonic filter	Oberwellenfilter
harmonic free	oberwellenfrei
harmonic resonance	harmonische Resonanz
hazardous area	explosionsgefährdeter Bereich
hazardous live part	gefährliches aktives Teil
hazardous-duty design	explosionsgeschützte Ausführung
head-end	Kopfstation (LAN)
header duct	Verteilerkanal
heat concentration	Wärmestau
heat dissipation	Wärmeableitung
heat sink	Kühlkörper
heat transfer resistance	Wärmedurchgangswiderstand
heat transfer resistance	Wärmeübergangswiderstand
heater coil	Heizwendel
heating	Erwärmung
heating cabinet	Wärmeschrank
heating cable	Heizkabel
heating filament	Heizfaden
heating, ventilation and air conditioning	Heizungs-, Lüftungs- u. Klimatechnik
heat-resistant	temperaturbeständig
heat-resistant non-sheathed cable	hitzebeständige Aderleitung
heat-resistant wiring cable	wärmebeständige Anschlussleitung
heat-shrinkable sleeving	Warmschrumpfschlauch

(amount of) heat to be dissipated	abzuführende Verlustleistung
heavy current	Starkstrom
heavy starting	Schweranlauf
heavy tough rubber sheathed flexible cable	schwere Gummischlauchleitung
heavy-current disconnector	Hochstromtrennschalter
heavy-duty contact	Starkstromkontakt
heavy-duty operation	schwere Betriebsbedingungen
heavy-gauge plastic conduit	Kunststoff-Panzerrohr
heavy-gauge steel conduit	Stahlpanzerrohr
hermetically sealed relay	hermetisch abgeschlossenes Relais
heterodyne frequency	Überlagerungsfrequenz
hexadecimal number	Hexadezimalzahl
hierarchical network	hierarchisches Netz
high frequency	Hochfrequenz
high level	H-Pegel
high mast	Hochmast
high pass	Hochpass
high performance level	oberer Leistungsbereich
high voltage	Hochspannung
high-availability, redundant	hochverfügbar
high-coercivity	hochkoerzitiv
higher switching value	oberer Schaltpunkt (Regler)
highest voltage for equipment	höchste Anlagenspannung
highest voltage for equipment	höchste Spannung für Betriebsmittel
high-frequency capacitance	Kapazität bei hoher Frequenz
high-frequency pressure welding	Hochfrequenzschweißen
high-intensity luminaire	Hochleistungsleuchte
high-low-control	Hoch-Tief-Regelung

Englisch – Deutsch

high-order harmonics	Oberwellen höherer Ordnung
high-permeability	hochpermeabel
high-reactance transformer	Streufeldtransformator
high-resistance	hochohmig
high-resistance fault	unvollkommener Kurzschluss
high-resistance fault to earth	unvollkommener Erdschluss
high-resolution	hochauflösend
high-speed circuit-breaker	Schnellschalter
high-temperature-resistant	hochwarmfest
high-tensile	hochzugfest
high-voltage side	Oberspannungsseite
high-voltage switching station	Hochspannungsschaltanlage
high-voltage tap	Oberspannungsanzapfung
high-voltage terminal	Hochspannungsanschluss
high-voltage terminal	Oberspannungsanschluss
hinged bay	Schwenkrahmen
hold input signal	Halte-Eingangssignal
holding current	Haltestrom
holding winding	Haltewicklung
home electronic system	elektronisches Heimsystem
home electronic system	Haus-Elektronik-System
home lighting	Heimbeleuchtung
homogeneous field	homogenes Feld
horizontal deflection	Horizontalablenkung
horizontal distortion	Ost-West-Verzerrung
horizontal floor wiring cable	Etagenkabel
horizontal flyback	Horizontalrücklauf
horizontal frequency	Zeilenfrequenz
horizontal parity	Blockparität
horizontal type	horizontale Bauform
horn spark gap	Hörnerfunkenstrecke
horn, hooter	Hupe
horsepower (h.p.)	Pferdestärke
horseshoe magnet	Hufeisenmagnet
hose-proof machine	Maschine mit Strahlwasserschutz
hot cathode	Glühkathode
hot standby	heiße Reserve
hot switching	Schalten unter Spannung
hot switching	unter Spannung schalten
household appliance	Haushaltsgerät
housing, enclosure, case, cabinet, container	Gehäuse
human error	menschliches Versagen
human machine interface (HMI)	Beobachtungsgeräte
hum-free	brummfrei
humidity rating	Feuchtigkeitsklasse
HVDC transmission system	HGÜ-Fernübertragung
hybrid drive	Hybridantrieb
hybrid integrated circuit	integrierte Hybridschaltung
hybrid socket connector	Mischfederleiste
hysteresis error	Hystereseabweichung
hysteresis loop	Hystereseschleife
hysteresis loop	Magnetisierungsschleife

i

i (classification letter for intrinsic safety)	i (Eigensicherheit - Kennbuchstabe)
I/O terminal	E/A-Anschluss
I^2R loss	Gleichstromverluste
I^2t characteristic	I^2t-Kennlinie
I4.0 component	I4.0-Komponente
I4.0 platform	I4.0-Plattform
I4.0 system	I4.0-System
ice formation	Eisbildung
icing	Vereisung
icon	Bildsymbol
icon	Ikon

identification	Identifikation
identification colour	Kennfarbe
identifier	Bezeichner
identity card	Ausweiskarte
illuminated digital display	Leuchtzifferanzeige
illuminated key	Leuchtdrucktaste
illuminated mimic diagram	Leuchtschaltbild
illuminated tile	Leuchtbaustein
image impedance	Wellenwiderstand (Vierpol)
immission	Immission
to immobilize in the open position	gegen Wiedereinschalten sichern
impact-resistant	schlagfest
impedance	Impedanz
impedance	Scheinwiderstand
impedance	Widerstand (Schein-)
impedance diagram	Widerstandsdreieck
impedance drop	innerer Spannungsabfall
impedance per unit length	Impedanzbelag
impedance transformer	Impedanzwandler
impregnated insulation	getränkte Isolation
impregnation	Imprägnierung
impregnation	Tränkung
impulse	Stoß (Welle)
impulse breakdown	Stoßdurchschlag
impulse contact	Impulskontakt
impulse excitation	Impulsregelung
impulse flashover	Stoßüberschlag
impulse noise	Impulsstörung
impulse response	Impulsantwort
impulse strength	Stoßspannungsfestigkeit
impulse test current	Prüf-Stoßstrom
impulse voltage testing station	Stoßspannungsanlage
impulse voltage waveshapes	Stoßformen (elektrische)
impulse-commutated converter	gepulster Stromrichter
impulse-current limiter	Stoßstrombegrenzer
in conformance with standards	normgerecht
in phase	gleichphasig
in phase	phasengleich
in service test	Prüfung in der Anlage
inactive part	inaktives Teil
incandescent filament	Glühfaden
incandescent lamp	Glühlampe
inch system	Zoll-System
inching mode	Tippbetrieb
in-circuit emulator	Emulations- und Testadapter
incoming disconnector-fuse	Hauptschalter mit Sicherung
incoming ring-feeder unit	Ringeinspeisung
incoming-feeder cable	Einspeisekabel
incoming-line terminal	Leitungsanschluss (Eingang)
incompatible	unverträglich
incorporated transformer	Einbautransformator
incorrect synchronization	Fehlsynchronisation
increment	Schrittweite
incremental position resolver	inkrementaler Weggeber
independent current source	unabhängige Stromquelle
independent earthing	getrennte Erdung
independent manual operation	unabhängige Handbetätigung
index, pointer	Zeiger
indicated value	angezeigter Wert
indicating circuit	Rückmeldekreis
indicating fuse	Sicherung mit Unterbrechungsmelder
indication, annunciation	Meldung
indicator	Kennmelder
indicator light	Leuchtmelder
indicator panel	Anzeigefeld

indirect contact	indirektes Berühren
indirect earthing	indirekte Erdung
indirect earthing	mittelbare Erdung
indirect heating	indirekte Beheizung
indirect overcurrent-release	Sekundärauslöser
indirect release	indirekter Auslöser
individual power-factor correction	Einzelkompensation
individual test	Einzelprüfung
individually screened cable	einzelgeschirmtes Kabel
indoor cable	Innenkabel
indoor earthing switch	Innenraum-Erdungsschalter
indoor environment	Innenklima
indoor installation	Innenraumanlage
indoor switchgear and controlgear	Innenraum-Schaltgeräte
to induce	induzieren
induced voltage	Induktionsspannung
inductance, inductivity	Induktivität
induction furnace	Induktionsofen
induction heating	Induktionsheizung
induction start	asynchroner Anlauf
induction, flux density	Induktion
inductive ballast	induktives Vorschaltgerät
inductive breaking current	induktiver Ausschaltstrom
inductive kickback	Spannungsspitzen bei Abschaltung induktiver Lasten
inductive load	induktive Last
inductive proximity switch	induktiver Näherungsschalter
inductive, reactive	induktiv
inductor	Induktor
industrial electronics	Industrieelektronik
industrial power station	Industriekraftwerk
industrial premises	Industriegelände
industrial tariff	Preisregelung für die Industrie

industrial, scientific, medical	ISM
inequality	Ungleichung
infinite gain	unendlich große Verstärkung
influence of ambient temperature	Temperatureinfluss
influence of magnetic induction of external origin	Fremdfeldeinfluss
influence voltage	Influenzspannung
influencing quantity	Einflussgröße
information processing	Informationsverarbeitung
information technology equipment	Einrichtungen der Informationstechnik
information transmission	Informationsübertragung
infrared radiator	Infrarotstrahler
infrared remote control	Infrarot-Fernbedienung
inherent characteristic of a system	Kennlinie eines Systems
inherently short-circuit-proof transformer	unbedingt kurzschlussfester Transformator
inhomogeneous field	inhomogenes Feld
initial closed-circuit voltage	Entladeanfangsspannung
initial condition	Anfangszustand
initial magnetization curve	jungfräuliche Kurve
initial permeability	Anfangspermeabilität
initial watts	Anfangsleistung
ink ribbon	Farbband
ink-jet matrix printer	Matrix-Tintendrucker
ink-jet printer	Tintenstrahldrucker
inlet connector for non-heating apparatus	Kaltgerätestecker
in-plant production	Werksfertigung
input admittance	Eingangsleitwert
input amplifier	Eingangsverstärker

input buffer Eingabepuffer
input capacitance Eingangskapazität
input character Eingabezeichen
input configuration Eingangsschaltung
input device Eingabegerät
input format Eingabeformat
input impedance Eingangsimpedanz
input leakage current Eingangsreststrom
input loading capability Eingangsbelastbarkeit
input range Eingangsbereich
input request Eingabeaufforderung
input terminal voltage Einspeisespannung
input voltage Eingangsspannung
inrush current Anlassstromstoß
inrush restraint Stabilisierung gegen Einschaltströme
inrush suppressor relay Sanfteinschaltrelais
insertable jumper Einlegebrücke
insertion force Steckkraft
insertion loss Einfügungsdämpfung
insertion power gain Einfügungsleistungsverstärkung
in-service period Belastungsdauer
inspection and test documents Prüfunterlagen
inspection certificate Prüfbescheinigung
inspection drawing Prüfzeichnung
inspection instruction Prüfanweisung
inspection interval Prüfintervall
inspection opening Revisionsöffnung
inspection sticker Prüfplakette
inspector Prüfer
instability Instabilität
to install verlegen (Kabel)
installation accessories Aufbaumaterial
installation bus Installationsbus
installation category Einsatzklasse
installation guideline Aufbaurichtlinie
installation indoors Innenraumaufstellung
installation instructions Einbauanleitung
installation of electrical systems and equipment (code of practice) Errichten elektrischer Anlagen
installation schedule Montageplan
installation, erection Montage
installation, fitting Einbau
installation, plant Anlage
installed load installierte Leistung
installed on insulating mountings isoliert aufgestellt
instantaneous availability momentane Verfügbarkeit
instantaneous contactor relay unverzögertes Hilfsschütz
instantaneous release Schnellauslöser
instantaneous tripping current Sofortauslösestrom
instantaneous value Momentanwert
instructed person unterwiesene Person
instruction control unit Leitwerk
instruction execution Befehlsausführung
instruction for use Bedienungsanleitung
instruction for use Gebrauchsanleitung
instruction kit Lehrbaukasten
instruction manual Gerätehandbuch
instrument amplifier Messverstärker
instrument case Instrumentengehäuse
instrument transformer Messwandler
instrument used with voltage divider Messgerät mit Spannungsteiler
insulated conductor isolierter Leiter
insulated coupling Isolierkupplung
insulating case Isolierstoffgehäuse
insulating clearance Isolierstrecke
insulating cover isolierende Abdeckung
insulating foil Isolierfolie
insulating layer Gate-Isolierschicht
insulating layer Isolierschicht
insulating material Isoliermaterial
insulating pad Isolierunterlage

insulating property	Isoliereigenschaft
insulating sleeving	Isolierschlauch
insulating tape	Isolierband
insulating wrapper	Isoliermantel
insulation (material)	Isolierung (Werkstoff)
Insulation (property)	Isolation (Eigenschaft)
insulation class	Isolierstoffklasse
insulation displacement connector	Schneid-Klemm-Steckverbinder
insulation fault	Isolationsfehler
insulation group	Isolationsgruppe
insulation monitoring and warning device	Isolationsanzeige und -warnungseinrichtung
insulation monitoring device	Überwachungseinrichtung (Isolations)
insulation of lamination	Blechisolierung
insulation piercing connecting device	isolationsdurchdringende Klemme
insulation piercing connecting device	Schneidklemme
insulation rating	Isolationsbemessung
insulation resistance	Isolationsfestigkeit
insulation resistance	Isolationswiderstand
insulation stress	Isolationsbeanspruchung
insulation stripper	Abisoliergerät
insulation tester, megohmmeter	Isolationsprüfer
insulation-enclosed distribution board	isolierstoffgekapselter Verteiler
insulator	Isolator
insulator	Isolierkörper
Integer frequency harmonic	ganzzahlige Oberwelle
integer number representation	Ganzzahldarstellung
integral-action control	I-Regelung
integral-action controller	integral wirkender Regler
integrated motor	Einbaumotor
integrated operational amplifier	integrierter Operationsverstärker
integrated services digital network	Dienste-integrierendes digitales Netz (ISDN)
integrated text and data network	integriertes Datennetz
integrating instrument	integrierendes Messgerät
intentional contact	absichtliches Berühren
interactive forms system	Maskendialogsystem
interactive mode	Dialogbetrieb
interactive mode	interaktive Verarbeitung
interchange	vertauschen (Phase)
interchange reactive power	Übergabeblindleistung
intercom system	Wechselsprechsystem
to interconnect	zusammenschalten
interconnected operation	Verbundbetrieb (Netz)
interconnecting cable	Verbindungskabel
interconnecting cable	Verbindungsleitung (Kraftwerk)
interconnecting wire	Schaltdraht
interconnection diagram	Verbindungsplan
interface assignments	Schnittstellenbelegung
interface bus	Schnittstellenbus
interface electronics	Anpasselektronik
interface integrated circuit	integrierte Anpassungsschaltung
interface module	Peripheriebaugruppe
interface module	Schnittstellenbaugruppe
interface protocol	Schnittstellenprotokoll
interface signal line	Schnittstellensignalleitung
interface transceiver	Schnittstellenübertrager
interference	Interferenz
interference current	Fremdstrom
interference field	Störfeld
interference source	Störquelle
interference suppression diode	Entstördiode
interference suppressor filter	Entstörfilter

interference suppressor filter	Störschutzfilter
interference voltage	Beeinflussungsspannung
interference voltage	Fremdspannung
interior lighting	Innenbeleuchtung
interior lighting	Raumbeleuchtung
to interleave	verschachteln
interlinked flux	verketteter Fluss
to interlock	verriegeln
interlocking	verriegelbar
interlocking switch	Verriegelungsschalter
intermediary terminal	Zwischenanschluss
intermediate circuit	Zwischenkreis (Trafo)
intermediate frequency	Zwischenfrequenz
intermediate switch	Kreuzschalter
intermittent failure	intermittierender Ausfall
intermodulation	Zwischenmodulation
internal earth terminal	interne Masse
internal fan	Innenlüfter
internal insulation	innere Isolierung
internal photoelectric effect	innerer Fotoeffekt
internal reflector	Innenreflektor
internal resistance	Innenwiderstand
internal rotor	Innenläufer
internal short circuit	innerer Kurzschluss
internal synchronization	interne Synchronisierung
internal thermal resistance	innerer Wärmewiderstand
International Electrotechnical Commission (IEC)	Internationale Elektrotechnische Kommission
International Frequency Registration Board (IFRB)	Internationaler Ausschuss zur Registrierung von Frequenzen
International System of Units	Internationales Einheitensystem (SI)
International Telecommunication Union (ITU)	Internationale Fernmeldeunion
interphase transformer	Saugdrossel
interrupt service routine	Interruptprogramm
to interrupt, to isolate	unterbrechen
interruptible load	abschaltbarer Verbraucher
interruption	Unterbrechung
interruption on changeover	Unterbrechung bei Umschaltung
interturn fault	Windungsschluss
interturn insulation	Isolation zwischen den Windungen
interval	zeitlicher Abstand
interval time-delay relay	Wischrelais
intrinsic damping	Eigendämpfung
intrinsically safe electrical apparatus	eigensicheres elektrisches Betriebsmittel
intruder alarm system	Intrusionsschutzanlage
inverse direction of operation	inverser Betrieb
inverse parallel connection	Gegenparallelschaltung
inverse time-delay operation	stromverzögerte Auslösung
inverse time-delay overcurrent release	stromverzögerte Überstromauslöser
inverting amplifier	invertierender Verstärker
ionic conduction	Ionenleitung
ionization (partial) discharge	Teilentladung
ionization fire detector	Ionisationsfeuermelder
ionization smoke detector	Ionisationsrauchmelder
iron core	Eisenkern
iron loss in W pro kg	spezifische Eisenverluste
iron ribbon core	Eisenbandkern
iron sheet	Eisenblech
iron-clad plate	Panzerplatte (Batterie)
iron-constantan	Eisen-Konstantan-

thermocouple	Thermopaar
iron-cored instrument	eisengeschlossenes Messgerät
ironless zone	eisenfreier Raum
ironless, coreless	eisenlos
irrotational field	wirbelfreies Feld
ISO reference model	ISO-Referenzmodell
to isolate	freischalten
isolated neutral	freier Sternpunkt
isolating distance	Trennstrecke (Schalter)
isolating distance, insulating clearance	Isolationsstrecke
isolating point	Trennstelle
isolating terminal	schaltbare Klemme
isolating terminal	Trennklemme
isolating transformer	Schutztransformator
isolating transformer	Sperrwandler
isolating transformer	Trenntransformator
isolating transformer	Trennübertrager
isolating voltage transformer	Sicherheits-Spannungswandler
isolation amplifier	Trennverstärker
item designation	Gerätekennzeichnung
item of equipment, device, appliance	Gerät
IT-system	IT-Netz

j

jabber control	Sendezeitüberwachung
jam signal	Jam-Signal
jam signal	Störungssignalisierung (LAN)
jet-proof luminaire	strahlwassergeschützte Leuchte
jitter	Jitter
job entry	Jobeingabe
job statement	Jobanweisung
Johnson effect	Johnson-Effekt
joint	Muffe (Kabelverbindung)
Joint Photographic Experts Group	JPEG
Joint Technical Committee 1	JTC1
Josephson (junction) memory	Josephson-Speicher
Joulean heat	Joulesche Wärme
Joulean heat	Stromwärme
JPEG File Interchange Format	JFIF
jump destination	Sprungziel
jump function	Sprungfunktion
jump instruction	Sprungbefehl
jumper	Jumper
jumper cable	Überbrückungskabel
jumper wire	Rangierdraht
jumpered, short-circuited	gebrückt
junction	Abzweigung
junction	Verzweigung (Leiter)
junction field-effect transistor	JFET
junction temperature	Sperrschicht-Temperatur
junction transistor	Flächentransistor
junpering panel	Rangierfeld

k

key interlock	Schlüsselsperre
key-operated control switch	Schlossschalter
key-operated momentary-contact switch	Schlosstaster
key-operated rotary switch	Schlüssel-Drehschalter
keyword, code word	Kennwort
kilometric fault	Abstandskurzschluss
kilowatt-hour meter	Kilowattstundenzähler
kind of current	Stromart
kind of item	Art des Betriebsmittels
kink, knee, bend	Knick
Kirchhoff's first law (current law)	Knotenpunktregel von Kirchhoff
Kirchhoff's second law (voltage law)	Maschenregel
knee-point voltage	Knickpunktspannung
knob lever	Drehknopf

knob-operated switch	Knebelschalter
krypton-filled lamp	Kryptonlampe
kWh consumption	kWh-Verbrauch

l

label, name plate	Bezeichnungsschild
laboratory resistor	Messwiderstand
labour safety	Arbeitssicherheit
ladder network	Kettenschaltung
lag element	Totzeitglied
lagging reactive power	induktive Blindleistung
lamellar magnetization	Quermagnetisierung
laminated core	Blechpaket
laminated core with 45° corner cut	geblechter Kern mit 45°-Schnitt
laminated iron core	geblätterter Eisenkern
lamination insulation	Schichtisolierung
laminations with a 45° corner cut	schräggeschnittenes Kernblech
lamp	Lampe
lamp driver	Lampentreiber
lamp shade	Lampenschirm
lamp voltage	Brennspannung (Lampe)
lamp wattage	Lampenleistung
lampholder	Fassung (Lampe)
lampholder plug	Fassungsstecker (Lampe)
lampholder, lamp socket	Lampenfassung
lamp-wire connector	Lüsterklemme
LAN gateway	LAN-Netzübergangseinheit
lantern	Laterne
lap winding	Schleifenwicklung
lapped insulation	gewickelte Isolierung
large-scale-integrated circuit	großintegrierter Schaltkreis
large-scale-integrated circuit	hochintegrierter Schaltkreis (LSI)
laser area	Laserbereich
laser radiation	Laserstrahlung
last-in-first-out	LIFO
latch-down key	rastbare Taste
latched position	Raststellung (Schütz)
latched pushbutton	Rasttaster
latching emergency pushbutton	rastender Schlagtaster
latching relay	Haftrelais
latching relay	Relais mit Haltewirkung
late closing	nacheilende Kontaktgabe
latent fault	verborgener Fehler
lateral watertightness	Querwasserdichtigkeit (Kabel)
lay, twist	Schlag (Kabel)
layer	Lage (Wicklung)
layer	Schicht (OSI-Referenzmodell)
layer	Schicht (Wicklung)
layer insulation	Lagenisolation
layer model	Schichtenmodell
layer-to-layer spacing	Lagenabstand (Leiterplatte)
layout	Plan (Anordnung)
layout plan	Übersichtsplan
lead seal	Plombe
lead-acid battery	Bleiakkumulator
lead-covered cable	Bleimantelkabel
leader contact	Vorkontakt
leading	voreilend
leading phase	voreilende Phase
leading reactive power	kapazitive Blindleistung
lead-lag ballast	Duo-Vorschaltgerät
leakage	Streuung (magnetische)
leakage current	Ableitstrom (Kriechstrom)
leakage current screen	Kriechstromschutz
leakage factor	Streufaktor
leakage flux	Streufluss
leakage per unit length	Ableitungsbelag
leakage resistance	Ableitwiderstand
leased line	gemietete Leitung
leased line	Mietleitung

leased line	Standleitung (DÜ)
least significant bit (LSB)	niederwertiges Bit
left-hand rotation	Linksdrehung
left-hand rule	Drei-Finger-Regel der linken Hand
left-hand rule	Linke-Hand-Regel
lens spotlight	Linsenscheinwerfer
less than	kleiner als
letter symbol	Kennbuchstabe
level	Pegel
level converter	Pegelumsetzer
level meter	Pegelmesser
level switch	Niveauwächter
life expectancy	Lebenserwartung
lifetime	Lebensdauer
lift motor	Aufzugsmotor
light beam	Lichtbündel
light current	Schwachstrom
light guide	Lichtleiter (Beleuchtung)
light load	Schwachlast
light output ratio	Leuchtenwirkungsgrad
light plasticsheathed cable	Mantelleitung
light pushbutton	Lichttaster
light PVC-sheathed cable	leichte PVC-Mantelleitung
light sensor	Lichtaufnehmer
light-alloy enclosure	Leichtmetallgehäuse
light-duty relay	Schwachstromrelais
light-emitting diode	LED
light-emitting diode	Leuchtdiode
lighting circuit	Lichtstromkreis
lighting distribution	Lichtverteilung (Installation)
lightning electromagnetic impulse	LEMP
lightning electromagnetic impulse (LEMP)	elektromagnetischer Impuls des Blitzes
lightning flash	Blitz
lightning protection system	Blitzableiter
lightning stroke current	Blitzstrom
light-pen hit	Lichtgriffeleingabe
limb	Schenkel (Trafo)
limb-type core	Schenkelkern (Trafo)
limit current	Grenzstrom
limit monitor	Grenzwertgeber
limit of disturbance	Störschwelle
limit speed	Grenzdrehzahl
limit switch	Endlagenschalter
limit switch	Grenzschalter
limit value	Grenzwert
limiter diode	Begrenzerdiode
limiting	Begrenzung
limiting continuous thermal withstand value	thermische Dauerbelastbarkeit (Relais)
limiting no-damage current	größter Haltestrom
limiting temperature	Grenztemperatur
limiting value of mean on-state current	Dauergrenzstrom
limiting values for transport	Grenzwerte beim Transport
limits of induction	Grenzmagnetisierung
limit-value check	Grenzwertkontrolle
line adapter	Netzadapter
line attenuation	Leitungsdämpfung
line detector	Leitungssucher
line driver	Leitungstreiber
line end of winding	Wicklungsanfang
line end, cable end	Leitungsende
line filter, mains filter	Netzfilter
line flyback	Zeilenrücklauf
line fuse, main fuse	Hauptsicherung
line interface	Leitungsschnittstelle
line monitor	Netzwächter
line reactor	Netzdrossel
line scanning camera	Zeilenkamera
line scanning method	Zeilenabtastverfahren
line termination	Leitungsabschluss
line winding	Netzwicklung (Trafo)
linear lamp	stabförmige Lampe
linear stepper motor	Linear-Schrittmotor

linearity	Linearität
linear-motion drive	Linearantrieb
line-commutated converter	netzgeführter Stromrichter
line-side fuse	vorgeschaltete Sicherung
line-to-earth fault	Leitungserdschluss
line-to-earth voltage	Phasenspannung gegen Erde
line-to-line voltage	verkettete Spannung
link box	Schaltkasten (für Kabel)
liquid cooling	Flüssigkeitskühlung
liquid insulation	Flüssigkeitsisolierung
liquid tight	flüssigkeitsdicht
liquid-crystal display	Flüssigkristallanzeige
liquid-crystal display	LCD
lithium battery	Lithium-Batterie
litz wire	Litze
litz wire, flexible lead	Litze
live (hot)	unter Spannung
live conductor	spannungsführender Leiter
live part	aktives Teil
live plugging	Stecken unter Spannung
live working	Arbeiten an unter Spannung stehenden Teilen
live-metal-to-earth clearance	zulässiger Abstand zwischen Metallteilen unter Spannung und geerdeten Teilen
load	Verbraucher (Last)
load balancing reactor	Anpassungsdrossel
load centre	Schwerpunkt (Last)
load circuit	Verbraucherstromkreis
load current	Arbeitsstrom
load factor	Lastfaktor
load impact effect	Lastabhängigkeit
load impedance	Lastimpedanz
load impedance	Lastwiderstand
load management	Lastmanagement
load power-factor angle	lastseitiger Phasenwinkel
load profile	Belastungskurve
load reaction	Lastrückwirkung
load recovery	Lastwiederkehr
load reduction	Lastabsenkung
load sharing	Lastaufteilung
load tap changer	Laststufenschalter
load unbalance	Schieflast
loadable neutral	belastbarer Sternpunkt
load-clocked converter	lastgetakteter Stromrichter
load-independent	lastunabhängig
load-shedding protection	Lastabwurfschutz
load-side	lastseitig
local area network	LAN
local area network	Lokales Datennetz (LAN)
local battery	Ortsbatterie
local conditions	örtliche Bedingungen
local control	örtliche Betätigung
local link	Nahkopplung
localization	Ortung (Erdschluss)
location	Platz (auf Leiterplatte)
location diagram	Anordnungsplan
location exposed to fire hazards	feuergefährdete Betriebsstätte
location, site	Einsatzort
to lock out	sperren (Stromkreis)
locked	unverdrehbar
locked position	verriegelte Stellung
locking contact	Haltekontakt
lockout device	Schaltsperre
lockout mechanism	Betätigungssperre
lock-up relay	Selbsthalterelais (Dauermagnet)
logarithmic gain	logarithmisches Amplitudenverhältnis
logarithmic scale	logarithmische Teilung
logic condition	Verknüpfungsbedingung
logic equation	Verknüpfungsgleichung
logic negation	Negation
logic operation	logische Verknüpfung
logic operation	Verknüpfung (Logik)
logic sequence diagram	Logikablaufplan

Englisch – Deutsch

	logic state	logischer Zustand
	logic symbol	Schaltzeichen für Binärdarstellung
	logic test	logische Prüfung
	logical link	logische Verbindung
	long time-lag fuse	superträge Sicherung
	long-distance data transmission	Datenfernübertragung (DFÜ)
	long-distance transmission	Fernübertragung
	longitudinal parity	Längsparität
	long-term	langfristig
	long-time interference	Langzeitbeeinflussung
	loop gain	Kreisverstärkung
	loop impedance	Schleifen-Impedanz
to	loop in	einschleifen (Leiter)
	loop lead	Schleifenleitung
	loop resistance	Schleifenwiderstand
	loopback	Prüfschleife (DÜ)
	loop-through arrangement	Durchschleifbetrieb (Monitore)
	loose contact	Wackelkontakt
	loose tube cable	Hohlader-Kabel
	Lorentz force	Lorentz-Kraft
	loss meter	Verlustzähler
	loss of data	Datenverlust
	loss of voltage	Spannungsverlust
	loss-of-voltage protection	Spannungsausfallschutz
	low pass	Tiefpass
	low potential	L-Potenzial
	low voltage	Niederspannung
	low-capacitance	kapazitätsarm
	low-distortion	klirrarm
	lower limit of effective range	Messbereichsanfangswert
	lower limit of scale	Skalenanfangswert
	lower-end performance level	unterer Leistungsbereich
	low-frequency	niederfrequent
	low-inductance	induktionsarm
	low-loss	verlustarm
	low-loss metallized-dielectric capacitor	MKV-Kondensator
	low-noise	rauscharm
	low-order byte	rechtes Byte
	low-power-factor luminaire	unkompensierte Leuchte
	low-profile keyboard	Flachtastatur
	low-radiation screen	strahlungsarmer Bildschirm
	low-rating load	Kleinverbraucher
	low-resistance	niederohmig
	low-speed machine	Langsamläufer
	low-value resistor	niederohmiger Widerstand
	low-volt lamp	Niederspannungslampe
	low-voltage distribution mains	Niederspannungshauptverteilungsleitung
	low-voltage high-breaking-capacity fuse	NH-Sicherung
	low-voltage instrument transformer	Niederspannungswandler
	low-voltage side	Unterspannungsseite
	low-voltage switchgear	Niederspannungsschaltanlage
	low-voltage system	Niederspannungsanlage
	luminaire arrangement	Leuchtenanordnung
	luminaire with capacitive circuit	kapazitiv geschaltete Leuchte
	luminance	Leuchtdichte
	luminescence	Lumineszenz
	luminescent	selbstleuchtend
	luminous call system	Lichtrufanlage
	luminous flux	Lichtstrom
	lumped impedance	konzentrierte Impedanz

m

machine at rest and deenergized	Pause (Maschine)
machine code	Maschinensprache
machine of medium-high rating	Maschine mittlerer Leistung
machine with brush gear	bürstenbehaftete Maschine

magnet	Magnet
magnet armature	Magnetanker
magnet core	Magnetkern
magnet steel	Magnetstahl
magnet yoke	Magnetjoch
magnetic	magnetisch
magnetic alloy	Magnetlegierung
magnetic bar	Stabmagnet
magnetic bias	Vormagnetisierung
magnetic constant	Feldkonstante (magn.)
magnetic core	magnetischer Kern
magnetic dipole	magnetischer Dipol
magnetic disc	Magnetplatte
magnetic disk storage	Plattenspeicher
magnetic drum	Magnettrommel
magnetic effects	magnetische Beeinflussung
magnetic field	Magnetfeld
magnetic field strength	Magnetfeldstärke
magnetic field strength	magnetische Feldstärke
magnetic flux	Magnetfluss
magnetic force	Feldstärke
magnetic induction	magnetische Induktion
magnetic line of force	Kraftlinie
magnetic lines of force	magnetische Kraftlinien
magnetic path	magnetischer Weg
magnetic pole	magnetischer Pol
magnetic potential difference along a closed path	magnetische Umlaufspannung
magnetic potential difference along a closed path	Umlaufspannung (magnetische)
magnetic remanence	magnetische Remanenz
magnetic saturation	magnetische Sättigung
magnetic sensitivity	magnetische Empfindlichkeit
magnetic shielding	magnetische Abschirmung
magnetic shunt	magnetischer Nebenschluss
magnetic stripe identity card	Magnetkartenausweis
magnetic time-delay relay	magnetisches Zeitrelais
magnetic tripping	magnetische Auslösung
magnetically latched relay	magnetisches Haftrelais
magnetic-amplifier voltage regulator	Magnetverstärker-Spannungsregler
magnetism	Magnetismus
magnetization energy	Magnetisierungsarbeit
to magnetize	aufmagnetisieren
to magnetize	durchfluten
to magnetize	magnetisieren
magnetizing inductance	Hauptinduktivität
magnetomotive force pattern	Kraftlinienbild
magnetoresistive transducer	Feldplattenwandler
magnetron	Magnetron
magnetrostrictive effect	magnetostriktiver Effekt
magnification factor	Überhöhung (Resonanz)
main board	Hauptplatine
main branch circuit	Hauptleitungsabzweig
main circuit	Hauptstromkreis
main distribution switchboard	Hauptverteilertafel
main earthing bar	Haupterdungsschiene
main earthing terminal	Haupterdungsklemme
main equipotential bonding conductor	Haupt-Potenzialausgleichsleiter
main field winding	Hauptfeldwicklung
main incoming line conductor	Hauptleiter
main power distribution board	Energie-Hauptverteiler
main storage	Hauptspeicher
main switching	Hauptschaltgerät

device	
main terminal box	Hauptanschlusskasten
main transformer	Netztransformator
mainly active load	Netzlast
mainly active load breaking capacity	Last-Ausschaltvermögen
mains cable	Netzleitung
mains failure, power failure	Netzausfall
mains fuse	Eingangssicherung
mains plug	Netzstecker
mains riser duct	Haupt-Steigleitungsschacht
mains socket-outlet	Netzsteckdose
mains switch	Netzschalter
mains-operated	netzbetrieben
to maintain	pflegen
maintainability	Wartbarkeit
maintainability concept	Instandhaltungskonzept
maintenance instruction	Wartungsvorschrift
maintenance manual	Wartungsanleitung
maintenance policy	Instandhaltungsgrundsätze
maintenance test	betriebsmäßige Prüfung
maintenance, servicing	Instandhaltung
major failure	Hauptausfall
major loop	Hauptschleife
majority logic	mehrwertige Logik
make contact	Schließer (Relais)
make contact element	Arbeitskontakt
make-before-break arrangement	Überlappung (Kontakt, Schließer)
make-before-break contact	Schließer vor Öffner
make-break time	Ein-/Ausschaltzeit
make-proof	Einschalttest
maker's warranty	Fabrikgarantie
make-time	Einschaltzeit
making capacity	Einschaltleistung
making conditions	Einschaltbedingungen
male contact	männlicher Kontakt
maloperation	Fehlbedienung
mandatory and prohibition signs	Gebots- u. Verbotszeichen
mandatory standard	rechtsverbindliche Norm
mandatory values	verbindliche Werte
manipulated variable	Stellgröße
man-machine dialog	Mensch-Maschine-Dialog
manual	Handbuch
manual alarm box	nicht automatischer Brandmelder
manual input	Handeingabe
manual mode of operation	konventioneller Betrieb
manual mode of operation	manueller Betrieb
manual operated	von Hand bedienbar
manual-automatic selector switch	Hand-Automatik-Umschalter
manually operated	handbetätigt
manufacturing	Fertigung
manufacturing guidelines for industrial and power electronics	Ausführungsrichtlinien der Industrie- und Leistungselektronik
marginal field intensity	Randfeldstärke
marine switchboard	Schiffsschaltanlage
to mark	markieren
mark	Zeichen (Prüf-, Kennzeichnung)
to mark, to designate	kennzeichnen
marking, designation	Kennzeichnung
marking, labelling	Bezeichnung
markings	Aufschriften
mask-programmed read-only memory	maskenprogrammierter Festwertspeicher
massic energy	spezifische Energie (Batterie)
master	sendeberechtigter Teilnehmer
master cable	Stammkabel
master clock	Mutteruhr

master clock, central clock	Hauptuhr
master computer, host computer	Leitrechner
master-key system	Schließanlage
master-slave bistable element	JK-Kippglied mit Zweiflankensteuerung
master-slave method	zentrale Buszuteilung
master-slave operation	Master-Slave-Betrieb
matching autotransformer	Anpass-Spartransformator
matrix print head	Nadeldruckkopf
maximum allowable working temperature	zulässige Betriebstemperatur
maximum ambient temperature	maximale zulässige Umgebungstemperatur
maximum continuous rating	Dauerhöchstleistung
maximum continuous rating	höchste Dauerleistung
maximum deflection	Maximalausschlag
maximum field	maximale Erregung
maximum level	Höchstpegel
maximum limit stress	Grenzbeanspruchung
maximum measuring relay	Maximum-Messrelais
maximum memory configuration	maximaler Speicherausbau
maximum output	Spitzenleistung
maximum permissible shortcircuit current	höchstzulässiger Kurzschlussstrom
maximum permissible voltage	zulässige Spannung
maximum power loss	Maximal-Verlustleistung
maximum rated through-current	höchster Bemessungsdurchgangsstrom (Trafo)
maximum signal output	maximales Ausgangssignal
maximum-demand monitor	Leistungswächter
maximum-demand monitor	Maximumwächter
mean availability	mittlere Verfügbarkeit
mean charging voltage	mittlere Ladespannung
mean continuous output	mittlere Dauerleistung
mean deviation	mittlere Abweichung
mean discharge voltage	mittlere Entladespannung
mean length of turn	mittlere Windungslänge
mean time between failures (MTBF)	fehlerfreie Betriebszeit
mean time to repair (MTTR)	mittlere Reparaturdauer
mean value of power	Mittelwert der Leistung
mean value, average value	Mittelwert
mean voltage	mittlere Spannung
meantime between failures (MTBF)	mittlerer Ausfallabstand
measurand	Messwert (zu messender Wert)
to measure	messen
measured quantity	gemessene Größe
measured value	Messwert (gemessener Wert)
measured value acquisition	Messwerterfassung
measurement adapter	Messzusatz
measurement technique	Messtechnik
measurement uncertainty	Messunsicherheit
measuring accuracy	Messgenauigkeit
measuring and control equipment	Mess-, Steuer- und Regelgeräte
measuring current transformer	Stromwandler für Messzwecke
measuring loop	Messschleife
measuring shunt	Mess-Nebenwiderstand
measuring transducer	Messumformer
measuring voltage transformer	Mess-Spannungswandler

Englisch – Deutsch

measuring-point selector	Messstellenumschalter
mechanical balance	mechanischer Abgleich
mechanical circuit-breaker	mechanischer Leistungsschutzschalter
mechanical coding	Verwechslungsschutz
mechanical end stop	mechanische Endbegrenzung
mechanical reclosing lockout	mechanische Wiedereinschaltsperre
mechanically timed relay	mechanisches Zeitrelais
Medium Access Control	MAC
medium access control procedure	Steuerungsverfahren für den Medienzugriff (LAN)
Medium Attachment Unit	MAU
medium attachment unit	Medium-Anschlusseinheit
medium frequency (MF)	Mittelfrequenz
medium time-lag fuse	mittelträge Sicherung
medium voltage (MV)	Mittelspannung
medium-power transformer	Mittelleistungstransformator
medium-scale integrated circuit	höherintegrierte Schaltung
megger, ductor	Kurbelinduktor
membrane switch array	Folientastfeld
memory access	Speicherzugriff
memory address	Speicheradresse
memory capacity	Speicherkapazität
memory chip	Speicherbaustein
memory driver	Speichertreiber
memory dump	Speicherabzug
memory extension	Speichererweiterung
memory integrated circuit	integrierte Speicherschaltung
Memory Management Unit (MMU)	Speicherverwaltungseinheit
memory mapping	Speicheraufteilung
memory page	Speicherseite
memory programmed	speicherprogrammiert
menu assisted	menügeführt
mercury battery	Quecksilberbatterie
mercury switch	Quecksilberschalter
mercury-wetted contact	quecksilberbenetzter Kontakt
mercury-wetted relay	Quecksilberfilmrelais
mesh	Masche (Netzwerk)
message	Telegramm (DÜ)
message coding	Nachrichtencodierung
message coding	Nachrichtenverschlüsselung
metal film resistor	Metallfilmwiderstand
metal film resistor	Metallschichtwiderstand
metal-core printed board	Metallkern-Leiterplatte
metal-foil capacitor	Metallfolienkondensator
metal-insulator-semiconductor FET (MIS FET)	Metall-Isolator-Halbleiter-FET
metallic bright	metallen blank
metallically separated	galvanisch getrennt
metallized brush	metallhaltige Bürste
metallized capacitor	metallisierter Kondensator
metallized-paper capacitor	Metall-Papier-Kondensator
metallized-paper capacitor	MP-Kondensator
metallized-plastic capacitor	MKL-Kondensator
metal-oxide semiconductor circuit (MOS)	Metalloxidschicht-Halbleiterschaltung
metal-oxide semiconductor field-effect transistor (MOSFET)	Feldeffekttransistor mit Metall-Oxid-Halbleiter-Aufbau
metal-oxide varistor arrester	Metalloxid-Varistor-Ableiter

metal-sheathed cable	Metallmantelkabel
meter box	Zählerkasten
meter for imported kWh	Zähler für Strombezug
meter reading	Zählerablesung
meter seal	Zählerplombe
meter unit	Ableseeinheit (Zähler)
meter, measuring instrument	Messgerät
metering	zählen (integrierend)
metering unit	Messeinrichtung
method of connection	Schaltungsart
method of earthing	Erdungsart
method of operation	Wirkungsweise
Metropolitan Area Network	MAN
mica film	Glimmerfolie
mica insulation	Glimmerisolation
micro-bending	Mikrokrümmung (LWL)
microclimate	Kleinklima
microelectronics	Mikroelektronik
microprocessor-based control	Mikroprozessorsteuerung
microprogrammable control	mikroprogrammierbare Steuerung
microstrip line	Mikrostreifenleitung
microswitch	Mikroschalter
mimic flow diagram	Fließschaubild
mine-type cable	Bergbaukabel
miniature all-or-nothing relay	Kleinschaltrelais
miniature circuit-breaker (m.c.b.)	Automat (Kleinselbstschalter)
miniature circuit-breaker (m.c.b.)	Kleinselbstschalter
miniature circuit-breaker (m.c.b.)	Leitungsschutzschalter (LS)
miniature circuit-breaker (m.c.b.)	Schutzautomat
miniature circuit-breaker (m.c.b.)	Sicherungsautomat
miniature circuit-breaker (m.c.b.) board	Installationsverteiler mit Kleinselbstschaltern
miniature circuit-breaker with combined thermal and electromagnetic release	thermisch-magnetischer Schutzschalter
miniature printed-circuit board	Kleinleiterplatte
miniature relay	Kleinrelais
minimum breaking current	kleinster Ausschaltstrom
minimum breaking current	Mindestausschaltstrom
minimum clearance from adjacent components	Mindestabstand von benachbarten Bauteilen
minimum demand	Mindestleistung
minimum fusing current	kleinster Schmelzstrom
minimum limiting value	unterer Grenzwert
minimum load current	Mindestlaststrom
minimum operation temperature, low-temperature	tiefste Arbeitstemperatur (TAMIN)
minimum power supply voltage	niedrigste Versorgungsspannung
minor loop	Nebenschleife
mismatch	Fehlanpassung
mistake, human error	Fehlverhalten (menschliches)
mixer diode	Mischdiode
mnemonic code	mnemotechnischer Code
mobile substation	fahrbare Unterstation
mode of control	Steuerungsart
mode of coupling	Kopplungsfaktor
modem (modulator-demodulator)	Modem
to modify, to rebuild	umbauen
modular design	Komponentenbauweise
modular enclosure system	Schranksystem

modular residual-current device (m.r.c.d.)	modulares Fehlerstromgerät
modular system	Baugruppentechnik
modular terminal	Anreihklemme
modulation	Aussteuerung
module	Modul
module location	Steckplatz
module width	Modulbreite
module, chip	Baustein
module, printed-circuit board	Baugruppe
mogul cap	Goliathsockel (E40)
moment of force	Kraftmoment
momentary contact making	kurzzeitige Kontaktgabe
monitoring	Überwachung (Steuern u. Überwachen)
monitoring information	Überwachungsmeldung
monitoring loop	Überwachungsschleife
monoblock battery	Blockbatterie
monomode fibre	Einmodenfaser
monopolar HVDC system	einpolige Hochspannungsgleichstromübertragung
monostable element	monostabiles Kippglied
monostable relay	monostabiles Relais
most positive value	größter positiver Wert
mother board	Trägerleiterplatte
motor	Motor
motor contactor	Motorschütz
motor driven apparatus	motorbetriebenes Gerät
motor fuse-disconnector	Sicherungs-Motortrenner
motor protecting switch	Motorschutzschalter
motor protection	Motorschutz
motor starter	Motoranlasser
motor starter	Motorstarter
motor suspension	Motoraufhängung
motor switch	Motor-Lastschalter
motor-driven	motorisch angetrieben
motor-generator set	Maschinenumformer
motor-generator set	Motor-Generator
motor-generator set	rotierender Umformer
motorized rheostat	Motorsteller
moulded plug	konfektionierter Stecker
moulded-case circuit-breaker (MCCB)	kompakter Leistungsschalter
moulded-plastic fuse box	Isolierstoff-Sicherungskasten
mounting frame	Einbaurahmen
mounting rail	Tragprofil (Schiene)
mouse	Maus (Eingabegerät)
movement, motion	Bewegung
moving contact	Schaltkontakt (beweglich)
moving-iron instrument	Dreheisenmessgerät
moving-magnet instrument	Drehmagnet-Messgerät
multi-channel analyzer	Vielkanalanalysator
multi-channel mode	Mehrkanalbetrieb
multi-computer system	Mehrrechnersystem
multi-conductor cable	Mehrleiterkabel
multi-drop cable	Fernbus-Kabel
multi-endpoint connection	Mehrpunktverbindung (DÜ)
multi-layer coil	mehrlagige Spule
multi-layer printed board	Mehrlagen-Leiterplatte
multi-layer winding	Mehrschichtwicklung
multimeter	Multimeter
multimeter	Vielfachmessgerät
multimode fibre	Mehrmodenfaser
multi-outlet distribution unit	Steckdosenverteiler
multi-phase	mehrsträngig
multiple socket-outlet	Steckdosenleiste
multiple-channel instrument	Mehrsignal-Messgerät
multiple-current	Mehrstrom-Generator

generator	
multiple-spring wire plug	Büschelstecker
multiple-twin quad, DM quad	Dieselhorst-Martin-Vierer
multiplex operation	Multiplexbetrieb
multipole	mehrpolig
multipole	vielpolig
multipole connector	mehrpoliger Steckverbinder
multiprocessor system	Mehrprozessorsystem
multi-purpose system	Mehrzweckanlage
multi-quadrant drive	Mehrquadrantenantrieb
multi-rate tariff switch	Tarifschaltuhr
multi-row connector	mehrreihiger Steckverbinder
multi-section coil	unterteilte Spule
multi-speed motor	Motor mit mehreren Drehzahlen
multi-tier	mehrzeilig
multi-user system	Mehrplatzsystem
multi-vendor	herstellerunabhängig
multivibrator	Multivibrator
multi-voltage power supply unit	Mehrspannungsnetzgerät
mushroom button	Pilztaster
mushroom pushbutton	Pilz-Druckknopf
mutual impedance	Kopplungsimpedanz
mutual inductance	Gegeninduktivität
mutual induction	gegenseitige Induktion

n

nailing saddle	Nagel-Doppelschelle
NAND element	NAND
NAND operation	NAND-Verknüpfung
narrow-band emission	schmalbandige Aussendung
natural noise	natürliches Rauschen
natural oscillation	Eigenschwingung
n-digit	n-stellig
near field	Nahfeld
near field length	Nahfeldlänge
negated output	invertierter Ausgang
negative deviation	Minusabweichung
negative edge	negative Flanke
negative excitation	Gegenerregung
negative feedback	Gegenkopplung
negative feedback	negative Rückkopplung
negative glow lamp	Glimmlampe
negative pole	negativer Pol
negative sequence field	gegenläufiges Drehfeld
negative sign	negatives Vorzeichen
negative temperature coefficient thermistor detector	NTC-Halbleiterfühler
neon tube	Leuchtröhre
to nest	schachteln (Programme)
net data	Nettodaten
net output	Nettoleistung (Generator)
network	Leitungsnetz
network access unit	Netzwerkanschlusseinheit
network connection establishment	Endsystemverbindungsaufbau
network planning technique (critical path method)	Netzplantechnik
network protocol	Netzwerkprotokoll
neutral conductor	Mittelleiter (Neutralleiter)
neutral conductor	Neutralleiter
neutral conductor	Sternpunktleiter
neutral loading capacity	Sternpunktbelastbarkeit
neutral point	Erdpunkt
neutral point	Mittelpunkt (Sternpunkt)
neutral point	Nullpunkt (Sternpunkt)
neutral point	Sternpunkt
neutral position	Ruhelage
neutral terminal	N-Klemme
nickel iron	Mumetall
nickel-cadmium	Nickel-Cadmium-Akku-

battery	mulator
nickel-iron sheet	Nickel-Eisen-Blech
node	Knoten (Netz)
noise absorbing cover	Schallschluckhaube
noise equivalent power	rauschäquivalente Leistung
noise factor	Rauschfaktor
noise immunity	Störfestigkeit
noise level	Lärmpegel
noise level	Störpegel
noise radiation	Störabstrahlung
noise rating curve	Geräuschbeurteilungskurve
noise ratio	Störabstand
noise spectrum	Störspektrum
noise temperature	Rauschtemperatur
noise voltage	Geräuschspannung
noise, interference	Störung (Rauschen)
noise-free	störsicher
no-load operation	Leerlauf
no-load output voltage	Leerlauf-Ausgangsspannung
no-load speed	Leerlaufdrehzahl
nominal active power	Nennwirkleistung
nominal capacity	Nennkapazität
nominal contact voltage	Kontakt-Nennspannung
nominal discharge current rate	Entladenennstrom
nominal frequency	Nennfrequenz
nominal full-scale value	nominaler Skalenendwert
nominal operating time	Nennbetriebsdauer
nominal power	Bauleistung
nominal power	Nennleistung
nominal power-factor	Nennleistungsfaktor
nominal range	Nennbereich
nominal temperature	Nenntemperatur
nominal value	Nenngröße
nomogram	Nomogramm
non-adjustable release	nicht einstellbarer Auslöser
non-armoured cable	nicht bewehrtes Kabel
non-bus edge connector	Peripheriestecker
non-conductive	nicht leitend
non-conformance report	Mängelbericht
non-critical fault	unkritischer Fehlzustand
non-delayed	unverzögert
non-detachable flexible cable	feste Anschlussleitung
non-directional current protection	nicht gerichteter Stromschutz
non-disclosure of information	Informationsgeheimhaltung
non-electric	nicht elektrisch
non-equivalence	Antivalenz
non-ferrous metal	Nichteisenmetall
non-floating	potenzialgebunden
non-fusible switch	Schalter ohne Sicherung
non-inflammable	unbrennbar
non-inherently short-circuit- proof	bedingt kurzschlussfest
non-interchangeable	unverwechselbar
non-interleaved coil	Einfachspule
non-intrinsically safe	nicht eigensicher
non-inverting amplifier	nicht invertierender Verstärker
non-linear distortion	nicht lineare Verzerrung
non-linear resistor	spannungsabhängiger Widerstand
non-line-frequency content	nicht-netzfrequenter Anteil
non-magnetic	antimagnetisch
non-magnetic	nicht magnetisch
non-magnetic	unmagnetisch
non-operating state	nicht in Betrieb
non-oscillating	schwingungsfrei
non-periodic	nicht periodisch
non-polarized	nicht polarisiert
non-polarized relay	ungepoltes Relais
non-polluting	umweltfreundlich
non-reacting	rückwirkungsfrei
non-release-value	Haltewert (Relais)
non-resettable	nicht rückstellbarer

detector	Melder
non-reversible motor	nicht umkehrbarer Motor
non-reversing machine	Maschine für eine Drehrichtung
non-reversing motor	Motor für eine Drehrichtung
non-rotational field	rotationsfreies Feld
non-salient-pole rotor	Vollpolläufer
non-self-healing capacitor	nicht selbstheilender Kondensator
non-steady	nicht stationär
non-synchronous operation	nicht synchroner Betrieb
non-time-critical	zeitunkritisch
non-tripping time	Nichtauslösezeit
non-volatile	remanent
non-volatile data storage	resistente Datenspeicherung
non-volatile RAM	nichtflüchtiges RAM
non-wire-wound potentiometer	Schicht-Drehwiderstand
non-withdrawable unit	festeingebautes Gerät
NOR element	NOR-Glied
NOR operation	NOR-Verknüpfung
normal arm's reach	Handbereich
normal interference level	Normalstörgrad
normal operating conditions	normale Betriebsbedingungen
normal operation	Normalbetrieb
normal position	Grundstellung (Schütz)
normal service conditions	Normalbedingungen
normal service position	Betriebsstellung
normal shutdown	Regelabschaltung
normal use	bestimmungsgemäßer Betrieb
normal-gap construction	normale Kontaktöffnungsweite
normalized frequency response	normierter Frequenzgang
normally closed thermal link	öffnende Temperatursicherung
normal-mode voltage	Gegentaktspannung
NOT	Nicht-Glied
notching relay	Fortschaltrelais
notice of completion of work	Freimeldung bei Arbeitsende
no-volt release	Nullspannungsauslöser
n-pole	n-polig
n-release	N-Auslöser
NTC thermistor	Heißleiter
nth harmonic	n-te Harmonische
N-type semiconductor	N-Halbleiter
nuclear energy	Kernenergie
nuclear power station	Kernkraftwerk
null modem	Nullmodem
number of ampere-turns	Amperewindungszahl
number of characters	Zeichenzahl
number of phases	Strangzahl
number scale	Ziffernskale
numbering scheme	Nummernschema
numeric code	Zahlencode
numeric key	Zifferntaste
numerical aperture	numerische Apertur (LWL)
numerical keypad	numerische Tastatur
numerically controlled machine	numerisch gesteuerte Maschine

O

object code program	Objektcodeprogramm
object number, item number, part number	Sachnummer
octal number	Oktalzahl
odd-order harmonic	ungeradzahlige Oberwelle
off button	AUS-Taster
off delay	Ausschaltverzögerung
off position	Ruhestellung (Schalter)

office workplace	Büroarbeitsplatz
official recognized standard	amtlich anerkannte Norm
off-limit condition	Grenzwertüberschreitung
off-line operation	Offlinebetrieb
off-load voltage	Leerlaufspannung (Batterie)
off-peak storage heating	Nachtspeicherheizung
offset	bleibende Abweichung
offset	statischer Restfehler
offset error	Nullpunktabweichung
offset voltage	Fehlspannung
offset zero	versetzter Nullpunkt
off-state forward voltage	Vorwärts-Sperrspannung
off-state leakage current	Leckstrom im Aus-Zustand
ohmic	ohmsch
ohmic contact	ohmscher Kontakt
ohmic loss	stromabhängige Verluste
ohmic resistance	Widerstand (Ohmscher)
ohmic voltage drop	ohmscher Spannungsfall
ohmmeter	Ohmmeter
Ohm-value	Ohm-Wert
oil pressure cable	Öldruckkabel
oil-circuit-breaker	Öl-Leistungsschalter
oil-imersed reactor	Öldrosselspule
oil-immersed self-cooled transformer	Öltransformator mit natürlicher Luftkühlung
oil-immersed transformer	Öltransformator
oil-insulated	ölisoliert
oil-pressure cable	Öldruckkabel
oil-water cooling	OW
on d.c.- side	gleichstromseitig
on-board component	integriertes Bauteil
one's complement	Einerkomplement
one-digit, one-figure	einstellig (Zahl)
one-minute power frequency test voltage	Ein-Minuten-Prüfwechselspannung
one-out-of-ten code	Eins-aus-Zehn-Code
one-pulse voltage doubler connection	Einpuls-Verdopplerschaltung
on-line operation	Onlinebetrieb
on-load factor	relative Einschaltdauer (Schütz)
on-load voltage	Spannung bei Belastung
on-off code	Ja-Nein-Code
ON-OFF indicator	Ein-/Aus-Anzeige
on-off ratio	Ein-/Aus-Verhältnis
on-off switch	Ein-/Aus-Schalter
on-off switch, one-way switch	Ausschalter
on-off switch, one-way switch	Einschalter
on-period	Einschaltdauer
open cell	offene Zelle (Batterie)
open circuit	offener Stromkreis
open position	offene Stellung
Open Systems Interconnection	OSI
Open Systems Interconnection (OSI)	Kommunikation offener Systeme
open-circuit characteristic	Leerlaufkennlinie
open-circuit core loss	Leerlauf-Eisenverluste
open-circuit monitoring	Drahtbruchüberwachung
open-circuit voltage	Leerlaufspannung (Generator)
open-circuit voltage	Ruhespannung (Leerlauf)
open-collector driver	Treiber mit offenem Kollektor
opening	Auftrennung
opening time of a break contact	Ansprechzeit eines Öffners
open-line operation	Leerlaufbetrieb (Netz)
open-loop control	offene Regelschleife
open-loop gain	Leerlaufverstärkung
open-loop stabilization	Stabilisierung durch Steuerung
open-phase protection	Phasenüberwachung
operating character-	Betriebseigenschaften

istics	
operating conditions	Betriebsbedingungen
operating continuously	durchlaufend (Dauerbetrieb)
operating delay	Schaltverzögerung
operating diagram	Schaltdiagramm
operating frequency	Betriebsfrequenz
operating limits	betriebliche Grenzen
operating loss	Betriebsdämpfung
operating manual	Bedienungshandbuch
operating mode	Betriebsart
operating mode selection	Einstellen der Betriebsart
operating point	Schaltpunkt
operating sequence	Schaltablauf
operating system	Betriebssystem
operating system software	Systemsoftware
operating temperature	Arbeitstemperatur
operating temperature	Betriebstemperatur
operating time	Ablaufzeit
operating time	Abschaltzeit
operating time	Ausschaltdauer (Sicherung)
operating time	Betriebsdauer
operating time	Schaltzeit
operating time per year	Jahresbetriebsdauer
operating time, running period	Betriebszeit
operating voltage	Betriebsspannung
operating voltage range	Betriebsspannungsbereich
operation at nominal value	Nennbetrieb
operation code	Operationscode
operation from battery	Batteriebetrieb
operation under fault conditions	gestörter Betrieb
operation, service	Betrieb
operational amplifier	Operationsverstärker
operational amplifier	Rechenverstärker
operational performance	Betriebsverhalten
operator	Bediener
operator activities log	Bedienprotokoll
operator input	Bedieneingabe
operator panel	Bedienfeld
opposite phase	Gegenphase
opposite polarity	entgegengesetzte Polarität
optical character recognition (OCR)	optische Zeichenerkennung
optical coupler, opto-coupler	optischer Koppler
optical detector	optischer Empfänger
optical fibre	Lichtwellenleiter
optical fibre telephone cable	Lichtwellenleiter-Fernsprechkabel
optical isolator	optischer Isolator
optical scanning	optische Abtastung
optical smoke detector	optischer Rauchmelder
optical-fibre cable	Lichtwellenkabel
optical-fibre connector	LWL-Steckeckverbinder
optical-fibre coupler	Koppler
optical-fibre coupler	LWL-Koppler
optical-fibre splice	LWL-Spleiß
optics	Optik
optimum output power	optimale Ausgangsleistung
option package	Ergänzungspaket
optocoupler	Optokoppler
optoelectric receiver	optoelektrischer Wandler
optoelectronic impulsing transmitter	optischer Impulsgeber
opto-receiver	Lichtempfänger
opto-transmitter	Lichtsender
OR element	ODER-Glied
order drawing	Bestellzeichnung
order of magnitude	Größenordnung
ordinary person	Laie
ordinary PVC-	mittlere PVC-Schlauch-

sheathed flexible cord	leitung
ordinary tough-rubber-sheathed flexible cord	Gummischlauchleitung für leichte mechanische Beanspruchungen
origin of an electrical installation	Speisepunkt einer elektrischen Anlage
original equipment battery	Erstausrüstungsbatterie
oscillating circuit	Schwingkreis
oscillation	Schwingung (elektrisch)
oscillation equation	Schwingungsgleichung
oscillation frequency	Schwingfrequenz
oscillator	Oszillator
oscilloscope	Oszilloskop
out of service	außer Betrieb
outdoor cable	Außenkabel
outdoor cable for telecommunication systems	Fernmelde-Außenkabel
outdoor installation	Anlage im Freien
outdoor transformer	Transformator für Freiluftaufstellung
outdoor type	Freiluftausführung
outer diameter	Außendurchmesser
outgoing circuit	Abgangsstromkreis
outgoing circuit-breaker unit	Leistungsschalterabgang
outgoing feeder	Abgang (Stromkreis)
outgoing feeder	abgehende Leitung
outgoing feeder disconnector	Abgangstrennschalter
outgoing terminal	Ausgangsklemme
out-of-band emission	Nebenbandaussendung
output	Ausgabe
output amplifier	Ausgangsverstärker
output amplifier	Endverstärker
output break circuit	Ausgangskreis mit Öffner-funktion
output circuit	Ausgangsstromkreis
output current	Ausgangsstrom
output latch	Ausgangsspeicher
output leakage current	Ausgangsreststrom
output loading capability	Ausgangsbelastbarkeit
output peripherals	Ausgangsperipherie
output power	abgegebene Leistung
output power	Ausgangsleistung
output speed	Ausgangsdrehzahl
output terminal	Ausgang
output voltage, secondary voltage	Ausgangsspannung
output winding	Ausgangswicklung
outside air temperature	Außenlufttemperatur
overall arrangement	Gesamtanordnung
overall average noise figure	Gesamtrauschzahl
overall height	Bauhöhe
overall schematic circuit diagram	Gesamtstromlaufplan
overall shield	äußerer Schirm
overall space required	Raumbedarf
overcharge	Überladung (Batterie)
over-compensation	Überkompensation
overcurrent	Überstrom
overcurrent and phase failure protection relay	Überstromrelais mit Phasenausfallschutz
overcurrent release	Überstromauslöser
to overdimension	überdimensionieren
overdrive	Übersteuern (Verstärker)
overexcitation	Übererregung
overhaul	Überholung (Revision)
overhead contact line with catenary	Kettenoberleitung
overhead distribution line	Versorgungsfreileitung
overhead light	Deckenlicht
overhead lighting	Oberbeleuchtung
overhead line	oberirdische Leitung
overhead line feeder	Freileitungsabzweig
overhead power transmission line	Übertragungs-Freileitung

overheating	Überhitzung
overlapping laminations	überlappt geschichtete Bleche
overload characteristic	Überlastkennlinie
overload protection	Überlastschutz
overload release	Überlastauslöser
overload withstand capability	Überlastfestigkeit
overrange	Überschreitung (Messbereich)
overrange indication	Überlaufanzeige
oversheath	Außenmantel
overspeed trip	Überdrehzahlauslöser
overtemperature protection	Übertemperaturschutz
overtone-mode crystal	Oberschwingungsquarz
overvoltage	Überspannung
overvoltage due to lightning	Gewitterüberspannung
overvoltage protection	Überspannungsschutz
overvoltage protector	Spannungssicherung
oxide film	Oxidschicht
oxygen-hydrogen fuel cell	Sauerstoff-Wasserstoff-Brennstoffzelle

P

packaging of components on continuous tapes	Gurtung von Bauteilen
packet switching data network	paketvermittelndes Datennetz
packet, laminated core	Paket (Kernblech)
paging system	Ausrufanlage
paging system	Personenrufanlage
palm-type pushbutton	großer Pilzdruckknopf
panel	Schaltfeld
panelboard	Tableau
paper capacitor	Papierkondensator
paper top layer	Papierdecklage
parabolic reflector	Parabolreflektor
parallel capacitance	Parallelkapazität
parallel counter	synchroner Zähler
parallel interface	Parallelschnittstelle
parallel operation	Parallelbetrieb
parallel power-factor correction	Parallelkompensation (Leistungsfaktor)
parallel resonance	Parallelresonanz
parallel-contact earthing switch	Parallel-Erdschluss-schalter
parallel-series connection	Parallel-Serien-Schaltung
parallel-wound	parallel gewickelt
parameter	Parameter
parameter, characteristic	Kenngröße
parapet duct	Brüstungskanal
parasitic oscillation	parasitäre Schwingung
parasitic RF noise	HF-Rauschen
parity check	Paritätsprüfung
parity error	Paritätsfehler
partial failure	Teilausfall
partial inductance	Teilinduktivität
partial operating time	Teilbetriebsdauer
partial redundancy	Teilredundanz
partially enclosed relay	teilgeschlossenes Relais
part-load operation	Teillastbetrieb
party line	Gemeinschaftsleitung
partyline link	Linienverbindung (DÜ)
pass band	Durchlassband
to pass control	Steuerung übergeben
passive current loop interface	passive Linienstrom-schnittstelle
passive filter	passives Filter
password	Passwort
patchcord	Steckschnur
path attenuation	Streckendämpfung (LWL)
PC central unit	PC-Zentraleinheit
PC-based measuring instrument	PC-Messgerät

P-channel field-effect transistor	P-Kanal-Feldeffekttransistor
PCM-frame	PCM-Impulsrahmen
peak attenuation	Spitzendämpfung
peak factor	Scheitelfaktor
peak height	Peakhöhe
peak let-through current chart	Strombegrenzungskennlinie
peak load	Lastspitze
peak load	Spitzenlast
peak load tariff	Spitzenzeittarif
peak making current	Einschaltstoßstrom
peak making current	Scheitelwert des Einschaltstroms
peak value	größter Augenblickwert
peak value	Spitzenwert
peak value of magnification	Resonanzüberhöhung der Amplitude
peak voltage	Gipfelspannung
peak voltage	Scheitelspannung
peak withstand current	Stoßstrom
peak withstand current test	Stromstoßprüfung
peak withstand voltage	Steh-Spitzenspannung
peaking	Überhöhung (Verstärkung)
peak-off current	Durchlass-Spitzenstrom
peak-point current	Höckerstrom
peer-to-peer link	Punkt-zu-Punkt-Kopplung
P-element	P-Glied
PEN conductor	Nullleiter (PEN)
PEN conductor monitoring circuit-breaker	Nullleiter-Fehlerstromschutzschalter
pen plotter	Stiftplotter
pendant luminaire	Pendelleuchte
penetration	Durchführung (für Kabel)
PEN-terminal	PEN-Klemme
performance quantities	Betriebsgrößen
performance, capacity	Leistung (allgemein)
performance, running property	Laufeigenschaft
period of oscillation	Schwingungsdauer
period, period of oscillation	Periodendauer
periodic	periodisch
periodic duty	Aussetzbetrieb
periodic duty	periodischer Aussetzbetrieb
periodic quantity	Wechselgröße
peripheral speed	Umfangsgeschwindigkeit
peripherals	Peripherie
permanent connection	Festanschluss
permanent current	Dauerstrom
permanent fault	stehender Kurzschluss
permanent magnet	Dauermagnet
permanent storage	Speicherung mit Haltverhalten
permanent-field machine	permanenterregte Maschine
permanently active monitoring function	ständig aktive Überwachung
permanent-magnet moving-coil instrument	Drehspulmessgerät
permeability	Durchlässigkeit (magnetische)
permeability	magnetische Durchlässigkeit
permeability	Permeabilität
permeability of free space	Induktionskonstante
permeability of free space	Permeabilität des leeren Raumes
permeability of free space	Vakuumpermeabilität
permeance	magnetischer Leitwert
permit to work	schriftliche Freigabe
persistence	Nachleuchten
per-unit admittance	Leitwertbelag
phantom circuit	Phantomkreis

phase	Strang
phase angle	Phasenlage
phase difference	Phasenabweichung
phase difference	Phasenverschiebungswinkel
phase difference	Verschiebungswinkel (Phasen-)
phase distortion	Phasenverzerrung
phase opposition	entgegengesetzte Phasenlage
phase quadrature	Phasenverschiebung um 90^0
phase response	Phasengang
phase reversal	Phasenumkehr
phase rotation	Phasendrehung
phase selection relay	Phasenauswahlrelais
phase sequence	Phasenfolge
phase shifting	Schwenkung der Phasenlage
phase terminal	Strangklemme
phase transposition	Phasenvertauschung
phase unbalance relay	Schieflastrelais
phase voltage	Phasenspannung (Strang)
phase winding	Strangwicklung
phase, main	Außenleiter
phase-angle displacement	Phasenungleichheit (Winkel)
phase-fired control	Phasenanschnittsteuerung
phase-frequency response	Phasen-Frequenzgang
phase-locked loop (PLL)	phasensynchronisierte Schleife
phases L1, L2, L3	Phasen L1,L2,L3
phase-sequence indicator	Drehanzeiger
phase-sequence indicator	Phasenfolgeanzeiger
phase-to-earth clearance	minimaler Abstand zwischen Teilen unter Spannung und geerdeten Teilen
phase-to-earth insulation	Phase-Erde-Isolation
phase-to-earth voltage	Außenleiter-Erde-Spannung
phase-to-neutral voltage	Sternspannung
phase-to-phase clearance	Leiter-Leiter-Abstand
phase-to-phase short circuit	Phasenkurzschluss
phase-to-phase voltage	Leiterspannung
phasing tester	Phasenprüfer
phasor diagram	Zeigerdiagramm
phasor quantity	vektorielle Größe
pH-meter	pH-Messgerät
photocell, phototube	Fotozelle
photodetector	Fotoempfänger
photodetector	lichtelektrischer Empfänger
photodiode	Fotodiode
photoelectric barrier	Lichtschranke
photoelectric current	Fotostrom
photoelectric relay	fotoelektrisches Relais
photoelement	Fotoelement
photon noise	Photonenrauschen
photoresistor	Fotowiderstand
photovoltage	Fotospannung
physical address	physikalische Adresse
physical bus characteristics	Busphysik
physical layer	Bitübertragungsschicht
physical protocol	Bitübertragungsprotokoll
pickup delay	Ansprechverzögerung
pickup value	Ansprechwert
piezoceramic oscillator	piezokeramischer Schwinger
pilot contact	Pilotkontakt
pilot lamp	Meldelampe
pilot lighting	Orientierungsbeleuchtung
pilot relay	Melderelais
pilot wire	Hilfsader (Schutzader)
pilot wire	Steuerader

Englisch – Deutsch

pin configuration	Anschlussanordnung
pin spacing	Stiftabstand
pinch-off voltage	Abschnürspannung
pin-compatible	pinkompatibel
pin-cushion distortion	Kissenverzeichnung
pipe clamp	Rohrschelle
pitch	Teilungseinheit
pitch of laid-up core	Schlaglänge der verseilten Ader
pixel	Bildpunkt
planning and design	Projektierung
plant control level	Betriebsleitebene
plant data	Anlagedaten
plant mimic diagram	Anlagenfließbild
plant shutdown	Betriebspause
plastic case	Plastikgehäuse
plastic duct	Kunststoffkanal
plastic enclosure	Kunststoffgehäuse
plastic-coated silicon fibre	PCS-Faser
plastic-covered conductor	kunststoffüberzogener Leiter
plastic-insulated cable	Kunststoffkabel
plate couple	Plattenpaar (Batterie)
plated-through hole	durchkontaktiertes Loch
platinum resistance thermometer	Platin-Widerstandsthermometer
plotting program	Zeichnungsprogramm (CAD)
plug	Steckverbinder mit männlichen Kontakten
plug connector	Messerleiste
plug connector	Stiftkabelschuh
plug fuse	Steckersicherung
plug, plug connector	Stecker
plug-and-socket connection	Steckverbindung
plug-in board	Steckbaugruppe (Leiterplatte)
plug-in cable	Steckkabel
plug-in charger	Steckerladegerät
plug-in component	steckbares Bauelement
plug-in jumper	steckbare Brücke
plug-in power supply unit	Steckernetzteil
plug-in unit	Kassette
plugless connection	stecklose Verbindung
plunger coil	Tauchspule
plus sign	Pluszeichen
plus tapping	Plus-Anzapfung
point detector	punktförmiger Melder
point of supply	Übergabestelle (Energienetz)
pointer-type frequency meter	Zeiger-Frequenz-Messgerät
point-to-point configuration	Ende-zu-Ende-Konfiguration
point-to-point connection	Einzelanschluss (Punkt zu Punkt)
point-to-point wiring	wilde Verdrahtung
polarity	Polarität
polarity indicator	Polaritätsanzeiger
polarity reversal	Polumkehr
polarity reversal	Verpolung
polarity reverser	Polwechsler (Umpolung)
polarity test	Prüfung der Polarität
polarization	Polarisation
polarization	Polung
polarized	verpolungssicher
polarized capacitor	gepolter Kondensator
polarized plug	Stecker mit Verpolschutz
polarized relay	gepoltes Relais
polarized relay	polarisiertes Relais
polarizing guide	Codierführungsleiste
pole core	Polkern
pole face	Polfläche
pole magnet	Polmagnet
pole shoe	Polschuh
pole strength	Polstärke
pole, post	Mast (Holz, Beton)
pole-changing contactor	Polumschaltschütz
pole-changing control	Steuerung durch Polumschaltung
pole-changing motor	polumschaltbarer Motor

pole-pair ratio	Polpaarverhältnis
poles	Pole (Maschine)
poles of same polarity	gleichnamige Pole
pollution	Verschmutzung
polygon connection	Polygonschaltung
polyphase circuit	Mehrphasenstromkreis
portable appliance	ortsveränderliches Gerät
portable appliance	tragbares Gerät
portable battery	transportable Batterie
portable equipment	ortsveränderliche Betriebsmittel
portable residual overcurrent device (PRCD)	ortsveränderliche Fehlerstrom-Schutzeinrichtung
position	Platz (im Baugruppenträger)
position	Schaltstellung
position indicating device	Schaltstellungsanzeiger
position indicator	Stellungsmelder
position of normal use	Gebrauchslage
position switch	Positionsschalter
position switch	wegabhängiger Schalter
positioning motor	Stellmotor
positive edge	positive Flanke
positive feedback	Mitkopplung
positive going edge	ansteigende Flanke
positive integer	positive ganze Zahl
positive opening	zwangsläufiges Öffnen
positive phase-sequence system	mitlaufendes System
positive plate	positive Platte (Batterie)
post	Stift (Verdrahtung)
potential connection	Potenzialanschluss
potential transfer	Potenzialverschleppung
potentiometer	Potenziometer
potentiometer-type resistor	ohmscher Spannungsteiler
potentiometer-type resistor	Spannungsteiler (ohmscher)
pot-type core	Schalenkern (Magnetkern)
power amplifier	Leistungsverstärker
power cable	Energiekabel
power cable	Starkstromkabel
power consumption	Eigenverbrauch
power consumption	Leistungsverbrauch
power converter	Leistungsumformer
power distribution	Energieverteilung
power distribution	Stromverteilung (Energieverteilung)
power distribution board	Lastverteiler
power efficiency	Wirkungsgrad
power electronics	Leistungselektronik
power electronics installer	Energieanlagenelektroniker
power engineering	Energietechnik
power engineering	Starkstromtechnik
power factor	Wirkfaktor
power factor of the fundamental	Grundleistungsfaktor
power failure	Stromausfall
power flow	Signalfluss (Kontaktplan)
power fluctuation	Leistungsschwankung
power generation	Stromerzeugung
power house	Maschinenhaus
power input	Leistungsaufnahme
power inverter	Wechselrichter
power limiter	Leistungsbegrenzer
power loss	Verlustleistung
power output	Abgabeleistung
power output	Leistungsabgabe
power pack	Netzgerät
power produced	Betriebsleistung
power rating	übertragbare Leistung (Kabel)
power recovery	Energierückgewinnung
power recovery	Leistungsrückgewinnung
power recovery	Netzrückspeisung
power rectifier	Leistungsgleichrichter
power requirement, maximum demand	Leistungsbedarf

Englisch – Deutsch

power socket outlet and plug	Kraftsteckvorrichtung
power source	Energiequelle
power source	Stromquelle
power space ratio	Ausnutzungsgrad
power station control	Kraftwerkleittechnik
power station, power plant	Kraftwerk
power supply	Spannungszuführung
power supply circuit	Stromzuführung
power supply installation	Stromversorgungsanlage
power supply unit	Netzteil
power supply unit	Stromversorgung (Gerät)
power swing	Pendeln (Netz)
power switch	Netzschalter (Gerät)
power switchgear	Leistungsschaltgeräte
power switchgear	Starkstromschaltanlagen
power system management	Netzleittechnik
power system stabilizer	Netzstabilisiergerät
power transistor	Endstufentransistor
power transmission	Energietransport
power up	Spannungshochlauf
power, energy, output	Leistung (elektrisch)
power-factor corrected luminaire	kompensierte Leuchte
power-factor correction capacitor	Blindleistung-Kompensationskondensator
power-factor correction capacitor	Kompensationskondensator
power-factor correction capacitor	Phasenschieber-Kondensator
power-factor meter	cos φ–Messer
power-factor meter	Leistungsfaktormessgerät
powerful	leistungsfähig
power-on switch	Netz-Ein-Schalter
power-semiconductor component	Leistungshalbleiter
pre-alarm	Voralarm
pre-arcing time/current characteristic	Schmelzcharakteristik
pre-assembled cable set	vorgefertigter Kabelsatz
pre-assembly	Vormontage
precommissioning check	Überprüfung vor der Inbetriebnahme
prediction	Vorhersage
preferred direction of magnetisation	magnetische Vorzugsrichtung
preferred direction of magnetization	Vorzugsrichtung (magnetische)
preferred value	Vorzugswert
preheating current	Vorheizstrom
presetting counter	voreinstellbarer Zähler
press-fit diode	Einpressdiode
pressurized enclosure	Überdruckkapselung
prevention of nonconformance	Fehlerverhütung
preventive inspection	vorbeugende Prüfung
previous load	Vorlast
price per kilowatt	Leistungspreis
primary cell	Primärelement
primary distribution network	Mittelspannungsnetz
primary load	primäre Last
primary network, high-voltage system	Hochspannungsnetz
primary reverser	Ständerumschalter
primary side	Primärseite
primary standard	Hauptnormal
primary starter	Ständeranlasser
primary terminal	Primäranschluss
primary winding	Primärwicklung
prime power	Netzversorgung (USV)
printed circuit	gedruckte Schaltung
printed conductor	gedruckter Leiter
printed-board relay	Kartenrelais
printed-circuit board	Leiterplatte
printed-circuit board	Platine (Leiterplatte)
printed-circuit board (p.c.b.)	Flachbaugruppe

printed-circuit board assembly machine	Bestückungsautomat
priority assignment	Prioritätszuordnung
priority switch	Vorrangschalter
probe	Tastkopf
problem-oriented language	problemorientierte Programmiersprache
procedure	Verfahren (Methode, Prozess)
procedure-oriented language	prozedurorientierte Sprache
procedures manual	Verfahrenshandbuch (Qualität)
to process	verarbeiten
process alarm	Prozessalarm
process automation	Prozessautomatisierung
process control engineering	Prozessleittechnik
process data	Prozessdaten
process peripherals	Prozessperipherie
processing module	Verarbeitungseinheit
processing sequence	Bearbeitungsfolge
processor status word	Prozessor-Statuswort
prod	Tastspitze
product safety standards	Sicherheitsvorschriften (Bauteile)
production data acquisition	Betriebsdatenerfassung
production management system	Produktionsleitsystem
professional equipment	professionelles Gerät
program	Programm
program controller	Programmschaltwerk
program flowchart	Programmablaufplan
program interruption	Programmunterbrechung
program source text	Programmquelltext
program structure	Programmaufbau
programmable counter	programmierbarer Zähler
programmable interval timer	programmierbare Intervalluhr
programmable logic controller (PLC)	speicherprogrammierbares Automatisierungsgerät
programmable measuring apparatus	programmierbares Messgerät
programmable read-only memory (PROM)	programmierbarer Festwertspeicher
programming language	Programmiersprache
programming unit	Programmiergerät
progress of charge	Ladeverlauf
project controlling	Projektwirtschaft
project management	Projektabwicklung
project planning guide	Projektierungshandbuch
to project, to design	projektieren
propagation delay	Signallaufzeit
property, characteristic	Eigenschaft
proportional action	P-Verhalten (Regler)
proportional gain	P-Verstärkung
proportional-plus-derivative control	PD-Regelung
proportional-plus-integral controller	PI-Regler
proportional-plus-integral-plus-derivative action control	PID-Regelung
proportional-plus-integral-plus-derivative controller	Proportional-Integral-Differential wirkender Regler
propulsion power	Antriebsleistung (Generator)
prospective touch voltage	zu erwartende Berührungsspannung
protected against accidental contact	gegen zufällige Berührung geschützt
protected by fuse	abgesichert
protection against direct contact	Schutz gegen direktes Berühren
protection against dripping water	Tropfwasserschutz
protection against	Schutz gegen senkrecht

dripping water falling vertically	fallendes Tropfwasser
protection against electric shock	Körperströme (Schutz gegen gefährliche)
protection against electric shock	Schutz gegen elektrischen Schlag
protection against electric shock	Schutz gegen gefährliche Körperströme
protection against electric shock	Schutz gegen zu hohe Berührungsspannung
protection against indirect contact	Schutz bei indirektem Berühren
protection by automatic disconnection of supply	Schutz durch selbstständiges Abschalten der Spannung
protection by fuses	Absicherung
protection by limitation of voltage	Schutz durch Begrenzung der Spannung
protection by placing out of reach	Schutz durch Abstand
protection equipment	Schutzeinrichtung
protection level	Schutzpegel
protection of load	Schutz des Verbrauchers
protection potential	Schutzpotenzial
protection zone	Schutzzone
protective bonding	Schutzverbindung
protective capacitor	Schutzkondensator
protective circuit	Beschaltung (Schutz)
protective circuit	Schutzkreis
protective conductor incorporated in cable	mitgeführter Schutzleiter
protective conductor supervision	Schutzleiterüberwachung
protective earth	PE (Schutzerde)
protective earth conductor	PE-Leiter (geerdeter Schutzleiter)
protective earth conductor	Schutzleiter (PE)
protective earthing	Schutzerdung
protective earthing	Sicherheitserdung
protective electrode	Schutzelektrode
protective housing	Schutzgehäuse
protective measure	Schutzmaßnahme
protective neutral conductor	Mittelleiter (mit Schutzfunktion)
protective screen	Schutzschirm
protective separation	Schutztrennung
protective-conductor terminal	Schutzleiteranschluss
protocol	Protokoll (DÜ)
protocol converter	Protokollwandler
protocol handling	Protokollabwicklung
protocol layer	Protokollschicht
prototype	Baumuster
proximity switch	Näherungsschalter
PTC-thermistor (positive temperature coefficient)	Kaltleiter
public key system	Chiffresystem mit öffentlichen Schlüsseln
public telephone network	öffentliches Fernsprechnetz
public-address system	Lautsprecheranlage
pull-down resistor	pull-down-Widerstand
pull-in reader	Einzugleser
pulling into step	In-Tritt-Fallen
pull-up resistor	pull-up-Widerstand
pull-wire switch	Reißleinenschalter
pulsating	pulsierend
pulsating voltage	Mischspannung
pulsating voltage	pulsierende Spannung
pulse burst	Pulsburst
pulse control operation	Pulsbetrieb
pulse counter	Impulszähler
pulse drop	Dachabfall (Impuls)
pulse duration	Impulsdauer
pulse duty factor	Tastverhältnis
pulse fall time	Impulsabfallzeit
pulse frequency control	Pulsfolgesteuerung
pulse generator, purser	Impulsgeber
pulse jitter	Pulszittern
pulse operation	Impulsbetrieb

pulse overshoot	Impulsspitze
pulse rate	Impulsrate
pulse recorder	Impulsschreiber
pulse shape	Impulsform
pulse spreading	Pulsverbreiterung
pulse tilt	Dachschräge (Impuls)
pulse timing diagram	Impulsdiagramm
pulse transformer	Impulsübertrager
pulse waveform distortion	Impulsverzerrung
pulse width	Impulsbreite
pulse-amplitude modulation	Impulsamplitudenmodulation
pulse-amplitude modulation circuit	Pulsamplitudenmodulationsschaltung (PAM)
pulse-contracting element	Verkürzungsglied
pulse-controlled a.c. converter	Pulsumrichter
pulse-controlled inverter	Pulswechselrichter
pulse-edge evaluation	Signalflankenauswertung
pumped-storage power station	Pumpspeicherkraftwerk
pure d.c.	reiner Gleichstrom
pure inductance	verlustlose Induktivität
pure resistive load	reine ohmsche Belastung
pushbutton	Taster (Druckknopf)
push-in lampholder	Einsteckfassung
push-pull Class B amplifier	Gegentakt-B-Verstärker
push-pull connector	push-pull-Steckverbinder
push-pull input	symmetrischer Eingang (Gegentakt)
push-pull output	symmetrischer Ausgang (Gegentakt)
push-to-test button for lamp	Lampenprüftaste
push-to-test indicator light	Leuchtmelder mit Lampenprüftaste
PVC non-sheathed cable for internal wiring	PVC-Verdrahtungsleitung
PVC-insulated single-core non-sheathed cable	PVC-Aderleitung
p-wire	C-Ader

q

quad	Adervierer
quad	Vierer (Adervierer)
quad-in-line package	Quad-In-Line-Gehäuse
quadrant	Viertelkreis
quadrature excitation	Querfelderregung
quadrature-amplitude modulation	Quadraturamplitudenmodulation
quadrature-amplitude shift keying	Quadraturamplitudenumtastung
quadrature-axis magnetic flux	Querfluss
quadrature-axis stray field	Querstreufeld
quadrophony	Quadrophonie
quad-to-quad coupling	Nebenviererkopplung
qualifying symbol	Kennzeichen (Schaltplan)
quality assurance	Qualitätssicherung
quality assurance engineer	Qualitätsingenieur
quality assurance manual	Qualitätssicherungs-Handbuch
quality audit	Qualitätsaudit
quality characteristic	Qualitätsmerkmal
quality defect	Qualitätsmangel
quality factor	Q-Faktor
quality mark	Gütezeichen
quality of service	Dienstgüte
quality report	Qualitätsbericht
quality requirement	Qualitätsanforderung
quantity of electricity	Ladungsmenge (Elektrizitätsmenge)
quantization level	Quantisierungsstufe
quantization noise	Quantisierungsrau-

	schen
quantizing error	Quantisierungsfehler
quartz clock	Quarztaktgeber
quartz oscillator	Quarzgenerator
quartz resonator	Quarzschwinger
quartz-stabilized	quarzstabilisiert
quasi-r.m.s. detector	Quasi-Effektivwertmesser
quasi-static state	quasistationärer Zustand
quenching gas	Löschgas
quick breaking	Schnellabschaltung
quick charge	Schnellladung
quick make operation	Schnelleinschaltung
quick stop	Schnellhalt
quotient measuring relay	Quotientenrelais
quotientmeter	Quotientenmessgerät

r

r.m.s. power-frequency voltage	Wechselspannung (Effektivwert)
r.m.s.-responding instrument	Effektivwertmessgerät
rack	Gestell
rack row	Gestellreihe
rack system	Aufbausystem
radial cable	Stichkabel
radial magnetic field	radiale magnetische Feldstärke
radial-flow fan	Querstromlüfter
radial-flow fan	Radiallüfter
radiant emittance	Abstrahlung
radiant energy density	Strahlungsdichte
radiant intensity	Strahlungsstärke
radiation	Strahlung
radiation burden	Strahlenbelastung
radiation hazards	Strahlungsgefährdung
radiation source	Strahlungsquelle
radiator fan	Kühlerventilator
radio data communication system	Datenfunksystem
radio interference suppression	Entstörung
radio interference suppression	Rundfunkentstörung
radio interference suppression	Unterdrückung von Funkstörungen
radio interference voltage	Rundfunkstörspannung
radio relay system	Richtfunknetz
radio-frequency (RF) shunt resistance	HF-Dämpfungswiderstand
radio-frequency cable	Hochfrequenzkabel
radio-frequency interference (RFI)	hochfrequente Beeinflussung
radiometry	Radiometrie
to raise the voltage	Spannung erhöhen
ramp	Rampe
random error	statischer Fehler
random noise	statisches Rauschen
random-access memory	Speicher mit wahlfreiem Zugriff
random-access memory (RAM)	RAM
range of sensitivity	Empfindlichkeitsbereich
range, span	Bereich
rapid start	Schnellstart (Zeitrelais)
raster plotter	Rasterplotter
rate of rise of current	Stromanstiegsgeschwindigkeit
rate of rise of voltage	Spannungsanstieg
rate of voltage rise	Steilheit des Spannungsanstiegs
rated coil voltage	Spulen-Nennspannung
rated fused short-circuit current	bedingter Bemessungskurzschluss bei Schutz durch Sicherungen
rated motor output	Motornennleistung
rated operating conditions	Nennbetriebsbedingungen
rated operational voltage	Bemessungsbetriebsspannung
rated output voltage	Nennausgangsspannung

rated secondary voltage	Sekundär-Nennspannung
rated supply voltage range	Nenneingangsspannungsbereich
rating	Bemessung
rating class	Leistungsstufe
rating plate	Leistungsschild
rating plate, name plate	Typenschild
ratio	Verhältnis (Übersetzungs-)
raw data	Rohdaten
RC-circuit	RC-Beschaltung
RC-coupling	RC-Kopplung
RCD type B	RCD Type B
RC-element	RC-Glied
RCL-measuring bridge	RCL-Messbrücke
re-acceleration	Wiederhochlauf
reachable space	Reichweite
reactance	Reaktanz
reactance	Widerstand (induktiver)
reactance voltage	Streuspannung (Trafo)
reactance voltage of commutation	Stromwendespannung
reactive current	Blindstrom
reactive power absorbed	aufgenommene Blindleistung
reactive power factor	Blindleistungsfaktor
reactive power supplied	abgegebene Blindleistung
reactive-current compensation	Blindstromkompensation
reactive-power absorption	Blindleistungsaufnahme
reactive-power compensation equipment	Kompensationsanlage
reactor	Spule (Drossel)
read cycle	Lesezyklus
to read out	auslesen
read(ing) error	Lesefehler
readback input	Rückleseeingang
reader unit	Lesegerät
readily flammable material	leicht entflammbares Material
reading error	Ablesefehler
reading wand	Lesestift (Strichcode)
to re-adjust	nachjustieren
re-adjustment of zero	Justierung der Nulllage
read-only memory	Nur-Lese-Speicher
read-only memory (ROM)	ROM
read-only memory chip	Festwertspeicherbaustein
read-write memory	Lese-Schreib-Speicher
read-write register	Schreib-Lese-Register
ready for closing	einschaltbereit
ready for connection	anschlussfertig
ready for operation	betriebsbereit
real neutral point	reeller Sternpunkt
real part	Realteil
real time	Echtzeit
real time	Istzeit
real-time clock	Datum- und Uhrzeitgeber
real-time processing	Realzeitverarbeitung
receiver block	Empfängerbaustein
receiver sensitivity	Empfangsempfindlichkeit
receiving aerial	Empfangsantenne
receptacle	Steckverbinder mit weiblichen Kontakten
receptacle with tab	Steckhülse mit Flachstecker
reception	Empfang
rechargeable	wiederaufladbar
reclosing lockout defeater	Wiedereinschaltfreigabe
reclosure attempt	Wiedereinschaltversuch
to recompile	rückübersetzen
to reconnect	umklemmen
reconnectable	rangierbar
reconnectable	umschaltbar (Trafo)
reconvert	Rückumsetzen
to record	registrieren
recorded measured	Messgrößenaufzeich-

Englisch – Deutsch

quantity	nung
recorder	Registriergerät
recording instrument	schreibendes Messgerät
recording phasemeter	Phasenschreiber
recovery	Rückgewinnung (Energie)
rectangular impulse	Rechteckstoß
rectification	Gleichrichtung
rectifier operation	Gleichrichterbetrieb
rectilinear vibration	lineare Schwingung
recurring peak voltage	periodische Spitzenspannung
recursive	rekursiv (Programm)
reduced service	reduzierter Betrieb
reduction of cross section	Querschnittsschwächung
redundancy	Redundanz
redundant and fail-safe	hochverfügbar und fehlersicher
redundant UPS	redundante USV
reed relay	Reed-Relais
reference conductor	Bezugsleiter
reference current	Vergleichsstrom
reference model	Referenzmodell (ISO)
reference potential	Bezugspotenzial
reference standard	Bezugsnormal
reference voltage	Referenzspannung
reflected wave	reflektierte Welle
reflection factor	Reflexionsfaktor
reflector lamp	Strahler (Lampe)
refrigerating compressor	Kältekompressor
regenerative braking	Bremsung mittels Netzrückspeisung
regenerative braking	Rückarbeitsbremsung
regenerative repeater	Regenerationsverstärker
regenerative repeater	signalformender Wiederholer
register contents	Registerinhalt
regulating autotransformer	Regeltransformator in Sparschaltung
regulations, rules	Regeln (Vorschriften)
reinforced insulation	verstärkte Isolierung
relationship	Verhältnis (Beziehung)
relative air humidity	relative Luftfeuchtigkeit
relative dielectric constant	relative Dielektrizitätskonstante
relative humidity	relative Feuchte
relaxation time	Abklingzeit (Schwingung)
relay control	Relaissteuerung
relay ladder diagram	Relais-Kontaktplan
relay logic	Verknüpfung (Kontakt-)
relay with pickup and dropout delay	Relais mit Abfall- und Anzugsverzögerung
to release	rückfallen (Relais)
release on request (ROR)	Freigabe auf Anforderung
release state	Ruhezustand (Relais)
release time	Rückfallzeit
reliability	Überlebenswahrscheinlichkeit
reliable	zuverlässig
to reload	nachladen
relocation	Umrangierung
reluctance	magnetischer Widerstand
reluctance	Reluktanz
reluctance	Widerstand (magnetischer)
remanence	Remanenz
remanence contactor relay	Remanenz-Hilfsschütz
remanent magnetic field	magnetisches Restfeld
remanent magnetization	zurückbleibende Magnetisierung
remanent voltage	Remanenz-Spannung
remote control	Fernbetätigung
remote control centre	Fernsteuerzentrale
remote control circuit	Fernsteuerkreis
remote control switch	Fernschalter
remote control wall dimmer	Wand-Ferndimmer
remote indication	Fernanzeige

Druck und Bindung: Westermann Druck GmbH,
Georg-Westermann-Allee 66, 38104 Braunschweig

ISBN 978-3-14-222630-9

westermann

AF905916

Hans-Joachim Petersen

Wörterbuch Elektrotechnik

Deutsch - Englisch
Englisch - Deutsch

5. Auflage

Bestellnummer 222630

remote job entry	RJE
remote powering	Fernspeisung
remote repeater	Fernbus-Verstärker
remote sensing	Fernerfassen
remote-control switch	Stromstoßschalter
remotely operated apparatus	fernbedientes Gerät
removable part	herausnehmbarer Teil
to remove the sheath	abmanteln
to rename	umbenennen
renewable energy	erneuerbare Energie
repair	Reparatur
repair service	Reparaturdienst
repair shop	Reparaturwerkstatt
repair sleeve	Reparaturverbinder
to repair, to restore	instand setzen
repeater	Bus-Verstärker
repeater	Leitungsverstärker
repeater	Wiederholer
repetition rate	Wiederholfrequenz
replaceable, exchangeable	auswechselbar
replacement battery	Ersatzbatterie
representative value	typischer Wert
repulsion motor	Repulsionsmotor
request to send	Sendeaufforderung
requirements specification	Lastenheft
requirements specification	Pflichtenheft
reserve battery	Reservebatterie
reset button	Rücksetztaste
reset force	Rückstellkraft
reset input	Rücksetzeingang
reset pulse	Rücksetzimpuls
reset push-button	Rückstelldruckknopf
reset the counter	Nullstellen des Zählers
resettable	rückstellbar
resettable register	Rückstellzählwerk
resetting value	Rückkehrwert (Relais)
residual ampere-turns	Restdurchflutung
residual capacity	Restkapazität (Batterie)
residual current	Differenzstrom
residual current	Fehlerstrom (FI-Schalter)
residual current unit (RCU)	Fehlerstromauslöser zum Anbau an Leitungsschutzschalter (FI-Block)
residual deflection	bleibende Nullpunktabweichung
residual error rate	Restfehlerrate (DÜ)
residual magnetic polarization	remanente magnetische Erregung
residual magnetism	Restmagnetismus
residual non-operating current	Nichtauslösefehlerstrom
residual voltage	Restspannung
residual-current circuit breaker with integral overcurrent protection (RCBO)	Fehlerstrom-Schutzschalter mit integriertem Leitungsschutzschalter (FI-/LS-Schalter)
residual-current circuit-breaker	Fehlerstrom-Schutzschalter
residual-current circuit-breaker without integral overcurrent protection (RCCB)	Fehlerstrom-Schutzschalter ohne integrierten Überstromschutz (RCCB)
residual-current device (RCD)	Fehlerstrom-Schutzeinrichtung
residual-current monitor for household use (RCM)	Differenzstrom-Überwachungsgerät für Hausinstallationen
resilient contact	federnder Kontakt
resin-encapsulated	gießharzisoliert
resistance	Widerstand (Wirk-)
resistance	Wirkwiderstand
resistance area	Spannungstrichter (Erdung)
resistance measuring bridge	Widerstandsmessbrücke
resistance per unit length	Widerstandsbelag
resistance to burning	Feuerbeständigkeit

Englisch – Deutsch

resistance to moisture condensation	Betauungsfestigkeit
resistance to welding	Schweißfestigkeit
resistance welding	Widerstandsschweißen
resistance-start motor	Motor mit Widerstandsanlasser
resistant to light	lichtbeständig
resistant to ultraviolet rays	UV-beständig
resistant, durable, proof	beständig
resistive coupling	ohmsche Kopplung
resistive load	ohmsche Belastung
resistive load	Widerstandsbelastung
resistive load	Widerstandslast
resistor	Widerstand (Bauteil)
resistor divider	Widerstandsteiler
resistor network	Widerstandsnetzwerk
resolution	Feinheit (Auflösung)
resonance factor	Resonanzfaktor
resonant circuit	Resonanzkreis
resonant circuit	schwingfähiger Kreis
resonant circuit	Serienschwingkreis
resonant structure	Resonanzanordnung
to resonate	mitschwingen
response time	Reaktionszeit
responsible	verantwortlich
restart inhibit	Wiederanlaufsperre
restricted access location	Betriebsraum mit beschränktem Zutritt
restricted area	Sicherheitsbereich
result	Ergebnis
result of a measurement	Messergebnis
retention system	Halterung (Kontakte)
to retrigger	nachtriggern
retrofitting parts	Umrüstteile
return	Rückgang (Relais)
to return	rücklaufen (Zeitrelais)
return cable	Rückleitungskabel
return cable	Stromrückleitungskabel
return conductor	Rückleiter
return conductor rail	Rückleitungsschiene
return loss	Rückflussdämpfung
return-to-zero code	RZ-Code
reversal	Richtungsumkehr
reversal, reversing	Drehrichtungsumkehr
reverse	entgegengesetzt
reverse blocking	rückwärts sperrend
reverse characteristic	Sperrkennlinie
reverse conducting voltage	Rückwärtsdurchlassspannung
reverse current	Gegenstrom
reverse current transfer ratio	Rückwartsstromverstärkung
reverse direction of rotation	Gegendrehrichtung
reverse field	Gegendrehfeld
reverse magnetization	Gegenmagnetisierung
reverse supply voltage protection	Schutz vor Umpolen der Versorgungsspannung
to reverse the polarity	umpolen
reverse transfer admittance	Rückwärtssteilheit
reverse voltage	Rückspannung
reverser	Richtungsschalter
reverser-disconnector	Fahrtwende- und Motortrennschalter
reversible	reversibel
reversible converter	Umkehrstromrichter
reversing duty	Reversierbetrieb
reversing duty	Umkehrbetrieb
reversing motor	Motor für zwei Drehrichtungen
reversing pole-changing switch	Wende-Polumschalter
reversing starter	Wendeanlasser
reversing switch	Umkehrschalter
revolutions per minute (r.p.m.)	Drehzahl pro Minute
revolutions per minute (r.p.m.)	min^{-1} (Umdrehung pro Minute)
revolutions per minute (r.p.m.)	Umdrehungen pro Minute
to rewind	rückspulen

rewired fuse	geflickte Sicherung
RF impulse	HF-Impuls
rheostat	Steller (Stellwiderstand)
ribbon cable	Bandkabel
ribbon cable connector	Flachleitungsstecker
ribbon-type webbed building wire	Stegleitung
right angle plug	Winkelstecker
right-to-left shifting input	Rückwärtsschiebeeingang
rigid printed board	starre Leiterplatte
ring buffer store	Ringpufferspeicher
ring earth electrode	Ringerder
ring feeder	Ring (Netz)
ring network	ringförmiges Netz (LAN)
ring substation	Ringsammelschienenstation
ripple	Welligkeit
ripple voltage	überlagerte Wechselspan sicherheitsgerichtete nung
ripple-control receiver	Rundsteuerempfänger
rise time	
rise time	Anstiegszeit
rising characteristic	Flankenanstiegszeit
rising edge rate	steigende Kennlinie
	Steilheit der Anstiegsflanke
rising mains	
rising mains	Hauptsteigleitung
risk of shock, shock	Steigleitung
hazard	Berührungsgefahr
road lighting	Straßenbeleuchtung
robotics	Robotertechnik
to roll up, to roll down	rollen (Anzeige)
roof conductor	Firstleiter
room air conditioner	Raumklimagerät
room thermostat	Raumtemperaturregler
root-mean-square value	quadratischer Mittelwert
root-mean-square value, r.m.s. value	Effektivwert (quadrat. Mittelwert)
root-mean-square voltage	Spannungseffektivwert
rotary contact	Drehkontakt
rotary converter	Umformer
rotary selector switch	Drehwahlschalter
rotary variable transformer	Ringstelltransformator
rotary wafer switch	Stufendrehschalter
rotatable	drehbar
to rotate	umlaufen
rotate right	rechts rotieren
rotating electrical machine	drehende elektrische Maschine
rotating field	Drehfeld
rotating frequency	Drehfrequenz
rotating vector, phasor	umlaufender Vektor
rotational frequency	Rotationsfrequenz
rotational speed measurement	Drehzahlmessung
rotor	Polrad
rotor cage	Läuferkäfig
rotor controller	Läufersteller
rotor winding	Läuferwicklung
rotor, inductor	Läufer
rotor, inductor	Rotor
rough service	rauer Betrieb
rough-service luminaire	Leuchte für rauen Betrieb
round cable	Rundkabel
round relay	Rundrelais
round trip propagation time	Hin- u. Rücklaufzeit
round-wire armouring	Runddrahtbewehrung (Kabel)
route	Leitweg (DÜ)
route	Richtung (DÜ)
RS-flip-flop with preferred state	RS-Speicherglied mit Grundstellung
rubber plug	Gummistecker
rubber-insulated flexible cable	Gummischlauchkabel
rubber-insulated wire	Gummiaderleitung
ruggedized model	Robustbauform
run-in period	Einlaufzeit

running time	Laufzeit (Maschine)
run-of-river power station	Laufwasserkraftwerk

S

saddle terminal	Schellenklemme
safe area	sicherer Bereich
safe clearance	Schutzabstand
safe guarding	Abschrankung
safe practice measures	sicherheitstechnische Maßnahmen
safety	Sicherheit
safety circuit	Sicherheitskreis
safety circuit	Sicherheitsstromkreis
safety clearance	Sicherheitsabstand
safety extra-low voltage (SELV)	Schutzkleinspannung
safety extra-low voltage circuit	SELV-Stromkreis
safety isolating transformer	Sicherheitstransformator
safety level	Sicherheitsstufe
safety of operation	Betriebssicherheit
safety officer	Schutzbeauftragter
safety precautions	Vorsichtsmaßnahmen
safety rules	Sicherheitsvorschriften
safety shutdown	Sicherheitsabschaltung
safety switch	Sicherheitsschalter
safety-oriented control	sicherheitsgerichtete Steuerung
saline fog test method	Salznebel-Prüfverfahren
same polarity	gleiche Polarität
sample	Stichprobe
sample-and-hold circuit	Abtast-Halteschaltung
sampling period	Abtastperiode
sampling test	Stichprobenprüfung
sand-filled fuse	sandgefüllte Sicherung
sandwich-type Eurocard	Doppel-Europakarte
saturable reactor	Sättigungsdrossel
saturated	gesättigt
saturation	Sättigung
saturation curve	Sättigungskennlinie
saturation inductance	Sättigungsinduktivität
saturation induction	Sättigungsinduktion
saturation magnetization	Sättigungsmagnetisierung
saturation region	Sättigungsbereich
sawtooth curve	Sägezahnkurve
sawtooth voltage generator	Sägezahngenerator
scale marking	Skalenteilstrich
scaled, normalized	normiert
scanning device	Abtasteinrichtung
scanning frequency	Abtastfrequenz
scheduled maintenance	geplante Wartung
schematic diagram	Stromlaufplan
schematic representation	schematische Darstellung
Schmitt trigger	Schmitt-Trigger
Schottky barrier diode	Schottky-Diode
scope of inspection	Prüfumfang
scope of work	Arbeitsumfang
screen	Schirm (gegen Störbeeinflussung)
screen menu	Bildschirmmenü
screened against magnetic effects	magnetisch geschirmt
screening effect	Abschirmeffekt
screening effectiveness	Schirmwirkung
screening factor	Reduktionsfaktor (Leitung)
screening factor	Schirmfaktor
screw cap	Gewindesockel
screw gland	Stützenisolator
screw locking varnish	Schraubensicherungslack
screwed lamp-socket	Schraubfassung
screw-in gauge ring	Schraub-Passeinsatz
screw-in miniature circuit-breaker	Einschraub-Sicherungsautomat

screwless terminal	schraubenlose Klemme
screw-terminal connector	Schraubanschlussleiste
scroll bar	Rollbalken (Anzeige)
sea level temperature	Temperatur in Meereshöhe
sealed battery	versiegelte Batterie
sealed contact	eingeschmolzener Kontakt
sealed-tank type	vollverschweißte Ausführung (Trafo)
seal-in circuit	Selbsthalteschaltung
seal-in contact	Selbsthaltekontakt
sealing strip	Dichtungsband
seasonal tariff	Jahreszeittarif
seawater-resistant	seewasserbeständig
secondary	sekundärseitig
secondary energy	Sekundärenergie
secondary failure	Folgeausfall
secondary failure	Sekundärausfall
secondary switched-mode power supply unit	sekundär getaktetes Netzgerät
secondary winding	Sekundärwicklung
section cable	Streckenkabel
section circuit-breaker	Bereichsschalter
section disconnector	Streckentrenner
sectional view	Schnittansicht
segment display	Segmentanzeige
segregated phase bus	geschottete Sammelschiene
selectable	wählbar
selective circuit-breaker	Selektionsschutzschalter
selective detector	selektiver Empfänger
selective main circuit-breaker (SMCB)	selektiver Haupt-Leitungsschutzschalter (Haupt-Sicherungsautomat)
selective protection	Selektivschutz
selectivity	Trennschärfe (Empfänger)
self-cleaning contact	selbstreinigender Kontakt
self-clocked converter	selbstgetakteter Stromrichter
self-clocking	selbsttaktend
self-contained pressure cable	Manteldruckkabel
self-cooled transformer	selbstgekühlter Transformator
self-discharge	Selbstentladung (Batterie)
self-extinguishing	Selbstlöschung (Lichtbogen)
self-heating	Eigenerwärmung
self-ignition	Selbstentzündung
self-inductance	Eigeninduktivität
self-inductance	Selbstinduktivität
self-induction	Selbstinduktion
self-locking	selbstsynchronisierend
self-monitoring	Selbstüberwachung
self-regulating generator	selbstregelnder Generator
self-regulating process	Regelstrecke mit Ausgleich
self-resetting thermal cut-out	selbst wiedereinschaltender thermischer Unterbrecher
self-resonant frequency	Eigenresonanzfrequenz
self-restoring insulation	selbstheilende Isolierung
self-supporting aerial cable	selbsttragendes Luftkabel
self-test	Selbsttest
self-tuning	selbstabstimmend
self-ventilated machine	eigenbelüftete Maschine
semi-automatic	teilautomatisch
semi-automatic changeover	halbautomatisches Umschalten
semi-conductive	halbleitend
semiconductor	Halbleiter
semiconductor contactor	Halbleiterschütz
semiconductor device	Halbleiterbauelement

semiconductor memory	Halbleiterspeicher
semiconductor rectifier	Halbleitergleichrichter
semi-flush installation	Imputz-Installation
semi-flush-type socket-outlet	Imputz-Steckdose
semi-symmetrical winding	halbsymmetrische Wicklung
sending aerial	Sendeantenne
sense amplifier	Leseverstärker
sensitive micro-switch	Schnappschalter
sensor	Messfühler
sensor	Sensor
sensor, detector	Geber
to separate	trennen (Phasen)
separate winding	unabhängige Wicklung
separate windings	getrennte Wicklungen
separately excited machine	fremderregte Maschine
separately excited machine	Maschine mit Fremderregung
separate-source voltage-withstand test	Prüfung mit Fremdspannung
separate-source voltage-withstand test	Wicklungsprüfung
separation	Schottung (Leiter)
sequence	Reihe (Folge)
sequence chart	Ablaufdiagramm
sequence control system	Ablaufsteuerung
sequence of conductors	Reihenfolge der Leiter
sequence processor	Ablaufschaltwerk
sequence-controlled contact	Folgekontakt
sequential circuit	Folgeschaltung
sequential circuit	Schaltwerk
serial data interface	serielle Datenschnittstelle
serial input	serielle Eingabe
serial link	serielle Kopplung
serial number	Fertigungsnummer
serial operation	serieller Betrieb
serial-parallel conversion	Serien-Parallel-Umsetzung
series	Reihe (Serie)
series admittance	Längsleitwert
series capacitance	Längskapazität
series capacitor	Reihenkondensator
series circuit	Reihenstromkreis
series connected	vorgeschaltet
series impedance	Reihenscheinwiderstand
series inductance	Serieninduktivität
series inductor	Reiheninduktivität
series power-factor correction	Reihenkompensation (Leuchte)
series resistor	Serienwiderstand
series resistor	Vorschaltwiderstand
series resistor	Vorwiderstand
series resonant circuit	Reihenresonanzkreis
series resonant circuit	Reihenschwingkreis
series-parallel connection	Reihen-Parallel-Schaltung
series-parallel connection	Serien-Parallel-Schaltung
series-parallel starter	Reihen-Parallel-Anlasser
series-wound motor	Motor mit Reihenschlusswicklung
series-wound motor	Reihenschlussmotor
service cable	Hausanschlusskabel
service junction box	Hausanschlussmuffe
service life	Gebrauchsdauer
service request	Bedienungsanforderung
service support	Dienstbereitschaft
servo-actuator	Servosteller
servo-control	Nachlaufregelung
servo-drive	Servoantrieb
servo-motor	Regelmotor
session protocol	Kommunikationsprotokoll

to set	setzen
set of contacts	Kontaktsatz
set value	Einstellwert
setpoint adjuster	Sollwerteinsteller
setpoint generator	Sollwertgeber
setpoint power	Soll-Leistung
setpoint range	Sollwertbereich
set-reset flip-flop	RS-Flipflop
setting compound	Vergussmasse (Kabel)
setting range	Einstellbereich
seven-layer model	Sieben-Schichten Modell (OSI)
seven-segment display	Sieben-Segmentanzeige
SF6 – insulated surge diverter	SF6 – isolierter Überspannungsableiter
shadow free lighting	schattenlose Beleuchtung
sharp transition	scharf begrenzter Übergang
shaver socket-outlet	Rasiersteckdose
shear	Scherung (magnetische)
sheath wire	Beidraht
sheath, jacket	Mantel (Kabel)
sheet feeder	Blatteinzug
sheet-steel duct	Stahlblechkanal
sheltered installation	geschützte Anlage im Freien
sheltered installation	überdachte Anlage
shield	Abschirmung
shield	Schirm (Kabel)
shield bonding lead	Schirmverbindungsleitung
shield standing voltage	Schirmspannung
shielded connector	geschirmter Steckverbinder
shielded pole	abgeschirmter Pol
shielding conductor	reduzierender Leiter
to shift	verschieben
shift left	links schieben
shift register	Schieberegister
shift right	rechts schieben
shifting input	Schiebeeingang
shipboard cable	Schiffskabel
shock current	gefährlicher Körperstrom
shock current	Körperstrom (gefährlicher)
shock current	Schockstrom
shock test	Schockprüfung
shock-hazard-protected	berührungsgeschützt
short circuit	Kurzschluss
short circuit	Schluss (Kurzschluss)
short pulse	kurzer Impuls
to short-circuit	kurzschließen
short-circuit breaking capacity	Kurzschluss-Ausschaltleistung
short-circuit characteristic	Kurzschlusskennlinie
short-circuit forward current transfer ratio	Kurzschlussverstärkung
short-circuit impedance	Kurzschlussimpedanz
short-circuit inductance	Endinduktivität
short-circuit output current	Ausgangskurzschlussstrom
short-circuit point	Kurzschlusspunkt
short-circuit power	Kurzschlussleistung
short-circuit proof	kurzschlussfest
short-circuit ratio	Leerlauf-Kurzschlussverhältnis
short-circuit release	Kurzschlussauslöser
short-circuit stress	Kurzschlussbeanspruchung
short-circuit to earth	Erdkurzschluss
short-circuit to frame	Körperschluss
to short-circuit, to jumper	überbrücken
short-circuited	kurzgeschlossen
short-circuiter	Kurzschließer
short-circuiting plug	Kurzschließstecker
short-circuit-proof output	kurzschlussfester Ausgang
short-distance interference	Nah-Entstörung
short-term drift	Kurzzeitdrift

short-time current carrying capacity	Kurzzeitbelastbarkeit
short-time duty	Kurzzeitbetrieb
short-time overload capacity	Kurzzeit-Überlastbarkeit
short-time-delay electromagnetic release	kurzverzögerter elektromagnetischer Überstromauslöser
short-time-delay release	kurzverzögerter Auslöser
short-wave	kurzwellig
shrink fit	Schrumpfverbindung
shrouded pushbutton	abgeschirmte Drucktaste
shunt compensation	Querkompensation
shunt component	Querglied
shunt field winding	Nebenschluss-Erregerwicklung
shunt release	Hilfsauslöser
shunt release	Spannungsauslöser
shunt resistor	Nebenwiderstand
shunt resistor	Parallelwiderstand
shunt-wound generator	Nebenschlussgenerator
shunt-wound machine	Nebenschlussmaschine
to shutdown	außer Betrieb setzen
shutdown on faults	Störabschaltung
to shutdown, to stop	stillsetzen
shuttle armature	Doppel-T-Anker
SI (Système international d'unités)	SI (Internationales Einheitensystem)
SI base unit	SI Basiseinheit
side view	Seitenansicht
sign	Vorzeichen
sign off	Abmeldung
signal amplifier	Signalverstärker
signal common	gemeinsames Bezugspotenzial
signal conditioning unit	Eingabeeinheit (Signalaufbereitung)
signal distortion	Signalverzerrung
signal duration drift	Laufzeitänderung
signal earth	Signalerde
signal element timing	Schritttakt
signal exchange	Signalaustausch
signal generator	Signalgenerator
signal ground	Signalmasse (Erde)
signal input	Meldeeingang
signal isolation	Signalentkopplung
signal level	Signalpegel
signal processing	Signalverarbeitung
signal reflection	Signalreflexionen
signal resolution	Signalauflösung
signalling	Signalisierung
signalling cable	Meldekabel
signalling circuit	Meldestromkreis
signalling contact	Meldekontakt
signalling system	Meldeanlage
signalling-circuit voltage	Meldespannung
signal-to-disturbance ratio	Nutz-Störsignal-Verhältnis
signal-to-noise ratio	Signal-Rausch-Verhältnis
signed number	Zahl mit Vorzeichen
silent alarm	stiller Alarm
silicon	Silizium
silicon-rubber-insulated flexible cable	Silikonschlauchleitung
silver facing	Silberauflage
silver oxide-zinc battery	Silberoxid-Zink-Batterie
silver-plated	versilbert
simplex operation	Simplexbetrieb
simplex parallel winding	eingängige Parallelwicklung
simplex transmission	Einweg-Übertragung
simultaneously accessible parts	gleichzeitig berührbare Teile
sine beat	Schwingungspaket
sine function	Sinusfunktion
sine wave	Sinuswelle
sine-wave form, sinusoid	Sinusform
sine-wave modulation	Sinusmodulation

single contact	Einfachkontakt
single fault	Einfachfehler
single infeed	einfache Einspeisung
single sideband (SSB)	Einseitenband
single UPS	Einzel-USV
single- wound	einfach gewickelt
single-beam oscilloscope	Einstrahl-Oszilloskop
single-bit full-adder	Ein-Bit-Volladdierer
single-board microcomputer	Einplatinen-Mikrocomputer
single-coil filament	Einfachwendel
single-core cable	einadriges Kabel
single-core cable (cord)	einadrige Leitung
single-end infeed	einseitige Speisung
single-ended forward converter	Eintakt-Durchflusswandler
single-gap contact element	Schaltglied mit Einfachunterbrechung
single-height	einzeilig (Baugruppenträger)
single-height printed-circuit board (p.c.b.)	einfachhohe Flachbaugruppe
single-knob measuring bridge	Einknopf-Messbrücke
single-lamination core	Kern in Einzelblechschichtung
single-leg	einschenklig (Trafo)
single-link procedure	Einfachübermittlungsverfahren
single-phase autotransformer	Einphasen-Spartransformator
single-phase bridge connection	Einphasen-Brückenschaltung
single-phase commutator motor	Einphasen-Reihenschlussmotor
single-phase kWh meter	Einphasen-Wechselstromzähler
single-phase motor	Einphasenmotor
single-plane winding	Einetagenwicklung
single-pole	einpolig
single-pole circuit-breaker	einpoliger Leitungsschutzschalter
single-pole main switch	einpoliger Netzschalter
single-range instrument	Einbereichsmessgerät
single-row connector	einreihiger Steckverbinder
single-sheet feed	Einzelblattzuführung
single-step mode	Einzelschrittverarbeitung
single-step starter	Einstufenanlasser
single-user multitasking real-time operating system	Einplatz-Multitasking-Echtzeit-Betriebssystem
sink-mode output	stromziehender Ausgang
sinusoidal half-wave	Sinushalbwelle
sinusoidal oscillation	sinusförmige Schwingung
sinusoidal quantity	reine Wechselstromgröße
sinusoidal voltage	sinusförmige Spannung
site manager	Bauleiter
site test	Prüfung am Aufstellungsort
six-phase circuit	Sechsphasenschaltung
six-pole	sechspolig
six-pulse bridge connection	Sechspuls-Brückenschalatung
sketched circuit diagram	Schaltskizze
skew	Zeitversatz (Signal)
skilled person	Elektrofachkraft
skilled worker	Facharbeiter
skilled worker	gelernter Arbeiter
skin effect	Skineffekt
slack-rope switch	Schlappseilschalter
slave	passiver Teilnehmer (Bus)
sleeve core	Mantelkern
sleeve, bush	Hülse
sleeve, bush	Muffe
slide resistor	Schiebewiderstand
slide switch	Schiebeschalter

slider	Schleifer (Potenziometer)
slide-type dimmer	Helligkeitsregler mit Schieberegler
slip frequency	Schlupffrequenz
slipring	Schleifring
slipring lead	Schleifringleitung
slipring motor	Schleifringmotor
slope time	Flankenzeit
slot assignment	Rahmenbelegung
slot, mounting position	Einbauplatz
slot-coded	steckplatzcodiert
slotline	Schlitzleitung
slotted armature	Nutenanker
slotted shadow mask tube	Schlitzmaskenröhre
slow clock	nachgehende Uhr
slow flashing	langsames Blinken
slow fuse	träge Sicherung
slowing down	Nachlauf (Motor)
small battery charger	Batterie-Kleinladegerät
small distribution board	Kleinverteiler
small-power motor	Kleinmotor
small-signal gain	Kleinsignalverstärkung
smoke detector	Rauchmelder
smooth starting	weiches Anlaufen
smoothing reactor (filter choke)	Glättungsdrossel
snap-action switch	Sprungtaster
snap-on track system	Schnellmontage-Schienensystem
socket connector	Federleiste
socket connector for soldered connection	Federleiste für Lötverdrahtung
socket, jack	Buchse (Kontakt)
socket-outlet	Steckdose
socket-outlet with earthing contact	Schutzkontakt-Steckdose
socket-outlet with interlocking switch	verriegelte Steckdose
socket-outlet with residual-current-operated device (SRCD)	Fehlerstrom-Schutzschalter (FI) in Steckdosenausführung (FI-Steckdose)
socket-outlet without earthing contact	Steckdose ohne Schutzkontakt
sodium-sulphur battery	Natrium-Schwefel-Batterie
soft solder	Weichlot
soft start	Sanftanlauf
software module	Software-Baustein
solar cell	Solarzelle
solar power station	Sonnenkraftwerk
to solder	löten
to solder	verlöten
solder bath	Lötbad
solder resist	Lötabdecklack
solder termination	Lötanschluss
solderable	lötbar
soldering flux	Flussmittel (Löten)
soldering flux	Lötmittel
soldering tag	Lötöse
solderless connection	lötfreie Verbindung
solenoid	Hubmagnet
solid conductor	Massivleiter
solid electrolyte battery	Feststoffelektrolyt-Batterie
solid rubber plug	Vollgummistecker
solid state electronics	Festkörper-Elektronik
solid state laser	Festkörper-Laser
solid-silver facing	Massivsilberauflage
solid-state control	kontaktlose Steuerung
solid-state laser	Halbleiterlaser
solid-state time relay	elektronisches Zeitrelais
to sort	sortieren
sound	Schall
sound absorption	Schallabsorption
sound attenuation	Schalldämpfung
sound pressure level	Schalldruckpegel
sound propagation time	Schalllaufzeit
sound pulse	Schallimpuls
source	Quelle (Transistor)
source address	Quelladresse
source energy	Quellenenergie

source impedance	Quellenimpedanz
source language	Quellsprache
source noise	Quellenrauschen
source program	Quellprogramm
south pole (magnetic)	Südpol (magnetischer)
space heater	Raumheizgerät
s-parameter	Übertragungskoeffizient (Transistor)
spare part	Reserveteil
spare parts service	Ersatzteilhaltung
spare slot	Reserveeinbauplatz
spark gap in air	Luftfunkenstrecke
special character	Sonderzeichen
special circuit	Sonderschaltung
special purpose transformer	Transformator für Sonderzwecke
special rubber-insulated cable	Sonder-Gummiaderleitung
special version	Sonderausführung
specific apparent power	spezifische Scheinleistung
specific characteristics	spezifische Kenngrößen
specified condition	Soll-Zustand
specified pickup value	Ansprecherregung
specified test current	vorgeschriebener Prüfstrom
spectrum analyzer	Spektrumanalysator
speed	Geschwindigkeit (Drehzahl)
speed controller	Drehzahlregler
speed frequency	Produkt aus Drehzahl und Polpaarzahl
speed measurement	Drehzahlerfassung
speed of propagation	Fortpflanzungsgeschwindigkeit
speed-torque characteristic	Drehzahl-Drehmomentverhalten
speed-torque curve	Drehmomentdiagramm
speed-torque curve	Drehzahl-Drehmoment-Kennlinie
sphare gap	Kugelfunkenstrecke
spherical-head cable connector	Kugelkopfkabelschuh
spike	Nadelimpuls
spindle-operated potentiometer	Spindelpotenziometer
splash-proof machine	spritzwassergeschützte Maschine
splice joint	Spleißverbindung (LWL)
splice loss	Spleißdämpfung (LWL)
split pole	Spaltpol
split-core current transformer	Zangenstromwandler
split-phase motor	Einphasenmotor mit Hilfswicklung
splitter	Verzeiger (LAN)
spot	Punkt
spotlight	Punktstrahler
spotlight	Strahlerleuchte
spring flap cover	Klappdeckel (Steckdose)
spur line	Stichleitung (Netz)
square root	Quadratwurzel
square wave	Rechteckschwingung
square-wave generator	Rechteckgenerator
square-wave pulse	Rechteckimpuls
squirrel-cage winding	Kurzschlusswicklung
stability limit	Kippgrenze (elektr. Maschine)
stabilized power supply	stabilisierte Stromversorgung
stabilized voltage source	Konstantspannungsquelle
stable	standfest
stable at no load	leerlauffest
stack	Stapelspeicher
stack pointer	Stapelzeiger
stacked arrangement	untereinander (Montage-)
stainless	rostfrei
staircase lighting time-delay switch	Treppenlicht-Zeitschalter
staircase lighting timer	Treppenhauslichtautomat
stalled motor	festgebremster Motor
stand-alone opera-	unabhängiger Betrieb

tion	
standard	Vorschrift (Norm)
standard atmospheric conditions	Normalklima
standard complement	Standardbestückung
standard conditions for testing	allgemeine Prüfbedingungen
standard conditions for testing	Prüfbedingungen (allgemein)
standard deviation	Standardabweichung
standard electromotive force	Normal-EMK
standard format	Normalformat
standard insulation level	genormter Isolationspegel
standard interface	Standardschnittstelle
standard lamps	Lampen der Hauptreihe
standard load	Normalbelastung
standard meter	Normalzähler
standard motor	Normmotor
standard part	Normteil
standard plug-in station	Standard-Einbauplatz
standard product	Serienfabrikat
standard pulse	normierter Impuls
standard range	Normalreihe
standard reference value	Norm-Bezugswert
standard reference voltages	gebräuchliche Nennspannungen
standard reference voltages	genormte Bezugsspannungen
standard resistance	Widerstandsnormal
standard test finger	Normalprüffinger
standard voltages	Normspannungen
standard wire gauge (WG)	Britische Drahtlehre
to standardize	vereinheitlichen
standards laboratory	Normalien-Stelle
standby cooling	Notkühlung
standby generating set	Netzersatzaggregat
standby lighting	Behelfsbeleuchtung
standby state	Bereitschaftszustand
standing surface insulation	Standortisolierung
standing wave	Stehwelle
standstill	Stillstand
star bus	Sternbus
star connection equivalent to delta connection	Ersatzsternschaltung einer Dreieckschaltung
star network	Radialnetz
star topology	Sternstruktur (LAN)
star-delta connection	Stern-Dreieck-Schaltung
star-delta starter	Stern-Dreieck-Anlasser
star-head earthing switch	Sternerder
star-interconnected-star connection	Stern-Zickzack-Schaltung
star-quad	Stern-Vierer
to start	starten
starter	Anlasser
starter coil	Zündspule (Lampe)
starterless fluorescent lamp	starterlose Leuchtstofflampe
starting characteristics	Zündeigenschaften (Lampe)
starting circuit	Anlassstromkreis
starting current	Anfahrstrom
starting power	Anlassleistung
starting winding	Anlaufwicklung
start-stop information	Start-Stopp-Information
start-stop transmission	Start-Stopp-Übertragung
start-up	Anlauf
start-up mode	Anlaufart
start-up, commissioning	Inbetriebnahme
state diagram	Zustandsdiagramm
statement	Programmanweisung
static electrical machine	ruhende elektrische Maschine
static electricity	statische Elektrizität
static input	statischer Eingang

static overvoltage	statische Überspannung
static RAM (SRAM)	statisches RAM
static screen	statische Abschirmung
static Var. compensator	statischer Blindleistungskompensator
station	Teilnehmer (LAN)
station, node	Busteilnehmer
stationary armature	ruhender Anker
stationary electrical equipment	ortsfeste elektrische Betriebsmittel
stationary transformer	ortsfester Transformator
statistical distribution	statische Verteilung
stator	Ständer (Maschine)
stator circuit	Ständerkreis
stator contactor	Ständerschütz
status register	Statusregister
statutory regulations	gesetzliche Bestimmungen
statutory requirements	gesetzliche Auflagen
steady light	Dauerlicht
steady-state operation	stationärer Betrieb
steady-state power conditions	stationäre Stromversorgungsbedingungen
steady-state voltage change	konstante Spannungsabweichung
steel-tape armour	Stahlbandbewehrung (Kabel)
step change	Sprung (plötzliche Änderung)
step down	Heruntertransformieren
step response	Sprungantwort
step response	Stoßantwort
step starter	Stufenanlasser
step switch	Stufenschalter
step switching mechanism	Schrittantrieb
step voltage	Schrittspannung
step voltage	Stufenspannung
step-by-step method	Schritt-für-Schritt-Verfahren
step-down transformer	Abspanntransformator
step-down transformer	Abwärtstransformator
step-index fibre	Stufenindexfaser (LWL)
stepless speed variation	kontinuierliche Drehzahlverstellung
stepless speed variation	stufenlose Drehzahleinstellung
stepped tolerance zone	abgestimmter Toleranzbereich
stepping error	Schrittfehler (Schrittmotor)
stepping key	Fortschalttaste
stepping motor	Schrittmotor
step-up converter	Hochsetzsteller
step-up transformer	Aufspanntransformator
sticker	Aufklebeschild
stop bit	Stoppbit
stop filter	Sperrfilter
storable	lagerfähig
storage camera tube	Speicher-Bildaufnahmeröhre
to store	speichern
stored energy	gespeicherte Energie
stored-energy time	Überbrückungszeit (USV)
straight binary code	reiner Binärcode
straight horizontal scale	Querskale
straight joint	Verbindungsmuffe (Kabel)
strain gauge	Dehnmessstreifen
strand	Einzellleiter (Draht eines mehrdrähtigen Leiters)
stranded conductor	verseilter Leiter
stranded copper conductor	Kupferdrahtseil
stranded interconnecting wire	Schaltlitze
stranded wire	Drahtlitzenleiter
stranding	Verseilung (Kabel)
streamer	Bandlaufwerk
stress, load	Beanspruchung

to strip	abisolieren
stripline	Streifenleiter
stripped conductor end	abisoliertes Leiterende
strobe pulse	Strobe-Impuls
stroke to earth	Abwärtsblitz
structured chart	Struktogramm
structured programming	strukturierte Programmierung
sub-family	Unterfamilie
subject to change without prior notice	Änderung vorbehalten
submarine cable	Seekabel
submersible machine	überflutbare Maschine
subminiature connector	Miniaturstecker
subminiature fuse-link	Kleinstsicherungseinsatz
subminiature polarized relay	Minipolrelais
sub-miniature polarized relay	Zwergpolrelais
subminiature relay	Subminiaturrelais
subset	Untermenge
substation	Unterstation (Netz)
substation battery	Stationsbatterie
substrate current	Substratstrom
subsynchronous	untersynchron
subsystem	Teilsystem
subtractor	Subtrahierwerk
successive approximation	schrittweise Annäherung
successive approximation	stufenweise Annäherung
sudden load rejection	plötzlicher Lastabwurf
sudden phase change	
sudden short circuit	Phasensprung
suitable for extension	Stoßkurzschluss
sum check	ausbaufähig
summated current	Summenkontrolle
summating register	Stromsumme
summing amplifier	Summenzählwerk
summing amplifier	Addierverstärker
superconducting	Summierverstärker
magnet	supraleitender Magnet
superconductor	Supraleiter
supermaster group section	Quartärgruppenabschnitt
superpostion principle	Überlagerungsprinzip
supervision	Aufsicht
supervision	Überwachung (Beobachten)
supply circuit	Eingangsstromkreis
supply connection	Netzanschluss
supply of electrical energy	Elektrizitätsversorgung
supply of power	Lieferung (von Strom)
supply service	Hausanschluss
supply system	Speisenetz
supply system	Versorgungsnetz
supply undertaking	Versorgungsunternehmen
supply undertaking, power supply company	Elektrizitätsversorgungsunternehmen (EVU)
supply voltage	Netzspannung
supply voltage	Speisespannung
supply voltage	Versorgungsspannung
supply-system impedance	Impedanz des Versorgungsnetzes
suppressor circuit	Schutzbeschaltung
surface conduction	Oberflächenleitung
surface current density	Flächendichte des Stroms
surface current density	Oberflächendichte des Stroms
surface flashover	Oberflächenüberschlag
surface insulation resistance	Oberflächen-Isolationswiderstand
surface lighting luminaire	Flächenleuchte
surface mounting	Oberflächenbestückung
surface mounting	Verlegung auf Putz
surface mounting device	Bauelement für Oberflächenbestückung
surface temperature	Oberflächentemperatur
surface wiring	Aufputzinstallation

surface wiring	Leitungen auf Putz
surface-mounted conduit	Rohr auf Putz
surface-type circuit-breaker	Aufbauautomat
surface-type socket-outlet	Aufputzsteckdose
surge absorbing capacitor	Löschkondensator
surge amplitude	Stoßamplitude
surge power	Stoßleistung
surge protective device (SPD)	Überspannungsableiter
surge-proof	stoßfest
surge-proof	stoßspannungssicher
susceptance	Blindleitwert
susceptance	Suszeptanz
suspension insulator	Hängeisolator
sustained earth-fault	Dauererdschluss
sweep frequency	Wobbelfrequenz
sweep generator	Ablenkgenerator
sweep repetition rate	Kippfrequenz
to switch	schalten
switch	Schalter
switch box	Schalterdose
switch for domestic installations	Schalter für Hausinstallationen
switch of normal gap construction	Schalter mit normaler Kontaktöffnung
to switch off	abschalten
to switch off, to cut off	ausschalten
to switch on, to close	einschalten
switch plate	Schalterabdeckplatte
switch socket-outlet	schaltbare Steckdose
to switch through, to connect	durchschalten
switch with pilot lamp	Kontrollschalter
switchboard	Schalttafel
switchboard cable	Schaltkabel
switchboard measuring instrument	Schalttafel-Messinstrument
switchbox	Schaltkasten
switched current	Schaltstrom
switched data circuit	Daten-Wahlverbindung
switched neutral	abschaltbarer Neutralleiter
switched off, disconnected	ausgeschaltet
switched-capacitor filter	Schaltkondensatorfilter
switched-mode power supply	getaktetes Netzteil
switched-mode power supply	Schaltnetzteil
switch-fuse	Lastschalter mit Sicherungen
switchgear	Schaltanlage für Energieverteilung
switchgear fuse	Schaltgeräteschutzsicherung
switchgroup	Schalterkombination
switching amplifier	Schaltverstärker
switching capacity	Schaltleistung
switching capacity	Schaltvermögen
switching controller	Schaltregler
switching cycle	Schaltspiel
switching diode	Schaltdiode
switching impulse	Schaltstoßspannung
switching impulse strength	Schaltstoßspannungsfestigkeit
switching instant	Schaltaugenblick
switching matrix	Koppelfeld
switching of resistive load	Schalten ohmscher Last
switching resistor	Schaltwiderstand
switching sequence chart	Schaltfolgediagramm
switching spark gap	Schaltfunkenstrecke
switching station	Schaltanlage (Station)
switching to P potential	P-Schaltend
switching transistor	Schalttransistor
switching under load	Schalten unter Last
switching voltage	Schaltspannung
switch-socket block	Schalter-Steckdosenkombination

switch-start fluorescent lamp	Leuchtstofflampe für Starterbetrieb
symbol	Symbol
symmetrical two-terminal-pair network	symmetrischer Vierpol
symmetrical voltage	symmetrische Spannung (EMV)
sympathetic oscillations	Resonanzschwingungen
synchro receiver	Gleichlaufempfänger
synchronism restoration	Resynchronisierung
synchronization	Synchronisation
to synchronize	synchronisieren
synchronizing transmitter	Synchronisier-Sender
synchronous	Synchron
synchronous	taktsynchron
synchronous compensator	Phasenschieber
synchronous condenser	Synchron-Phasenschieber
synchronous data link control (SDLC)	synchrone Datenübertragungssteuerung
synchronous generated voltage	Polspannung
synchronous master clock	Synchron-Hauptuhr
synchronous operation	Gleichlauf
synchronous operation	synchroner Betrieb
synchronous pull-out torque	Synchron-Kippmoment
synchronous sequential circuit	synchrones Schaltwerk
synchronous speed	synchrone Drehzahl
synchronous time switch	Synchronschaltuhr
synchronous-induction motor-generator	Synchron-Asynchron-Umformer
system clock	Systemtakt
system configuration	Anlagenkonfiguration
system crash	Systemabsturz
system demand control	Laststeuerung
system design	Systementwurf
system failure	Systemstörung
system frequency	Netzfrequenz
system impedance	Netzimpedanz
system interconnecting transformer	Netzkuppeltransformator
system meshing	Vermaschung (Netz)
system network	Netz
system neutral	Netzsternpunkt
system nominal voltage	Nenn-Netzspannung
system performance	Systemverhalten
system program	Systemprogramm
system selector switch	Netzumschalter
system start-up engineer	Inbetriebnehmer
system voltage drop	Netzspannungsfall
system voltage insulation	Isolation gegen geerdete Teile
systematic error	systematischer Fehler
system-compatible	systemgerecht

t

tab connector	Flachstecker
table-type socket-outlet	Tischsteckdose
tachometer generator	Drehzahlgeber
tachometer generator	Tachogenerator
tag block	Lötverteiler
tag, label	Schild (Kennzeichnung)
to take control	Steuerung übernehmen
take-over current	Übernahmestrom
tamper protection	Sabotageschutz
tamper-proof	gegen unbefugte Eingriffe gesichert
tan δ curve	tan δ Verlauf
tangent of loss angle	Verlustfaktor (tan δ)
tantalum electrolytic capacitor	Tantal-Elektrolytkondensator
tap joint	Abzweigmuffe
tap position indica-	Stellungsanzeige (Trafo)

tion	
tap-changing transformer	Einstelltransformator
taped components	gegurtete Bauteile
tapping box	Abzweigdose
tapping coil	Schaltspule (Trafo)
tariff rate	Tarif
tarnish layer	Belag (Kontakt)
taut-band instrument	Spannbandinstrument
technical data	technische Daten
Technical Inspectorate	Technischer Überwachungsverein
technical regulation	technische Vorschrift
technical science	Technik (Wissenschaft)
tee connector	T-Verbindung
tee joint	T-Muffe (Kabel)
telecommunication line	Fernmeldeleitung
telecommunication line	Nachrichtenübertragungsleitung
telecommunication network voltage circuit (TNV)	TNV-Stromkreis
telecommunications aerial cable	Fernmelde-Luftkabel
telecommunications engineering	Nachrichtentechnik
telecontrol installation	Fernwirkanlage
telecontrol unit	Fernwirkgerät
telemetry	Fernmessung
telephone outlet	Telefonanschlussdose
telephone system	Fernsprechanlage
telephone transformer	Ausgangsübertrager
teletypewriter	Fernschreiber
TEM cell	TEM-Zelle
temperature coefficient of resistance	Temperaturbeiwert des Widerstandes
temperature dependent	temperaturabhängig
temperature detector	Temperaturfühler
temperature detector	Wächter (Temperatur)
temperature drift	Temperaturfehler (Drift)
temperature jump	Temperatursprung
temperature meter	Temperaturmessgerät
temperature probe	Temperaturtastkopf
temperature rise	Temperaturanstieg
temperature-sensitive	temperaturempfindlich
temporary earth	provisorische Erdung
tender	Ausschreibung
terminal	Klemme (elektr. Anschluss)
terminal access point	Netzzugangspunkt (LAN)
terminal block	Rangierverteiler
terminal box	Anschlusskasten
terminal box	Klemmenkasten
terminal diagram	Anschlussplan
terminal diagram	Klemmenanschlussplan
terminal for potential equalizing circuit	PA-Anschlussklemme
terminal impedance	Anschlussimpedanz
terminal insulator	Klemmenisolator
terminal marking	Klemmenbezeichnung
terminal point	Endgeräteschnittstelle
terminal strip	Klemmenleiste
terminating device	Abschlussbeschaltung
terminating resistor	Abschlusswiderstand
test adapter	Prüfadapter
test arrangement	Versuchsanordnung
test circuit	Prüfschaltung
test code	Prüfvorschrift
test connection	Prüfanschluss
test environment	Prüfklima
test message	Prüftelegramm
test module	Testbaugruppe
test position	Prüfstellung
test record	Messprotokoll
test routine	Prüfroutine
test socket	Messbuchse
test socket	Prüfbuchse
test stand	Messplatz (Prüfplatz)
test terminal	Messklemme
test voltage	Prüfspannung
to test, to check, to inspect	prüfen

testing aid	Testhilfe
testing station	Prüfanlage
tetrad	Tetrade
text display	Textanzeige
textile tape	Gewebeband
thermal ageing	thermisches Altern
thermal conductivity	Wärmeleitfähigkeit
thermal current limit	thermischer Grenzstrom
thermal endurance	thermisches Langzeitverhalten
thermal flasher relay	Thermoblinkrelais
thermal link	Temperatursicherung
thermal noise	thermisches Rauschen
thermal noise	Widerstandsrauschen
thermal overload release	thermischer Überlastauslöser
thermal power station	Wärmekraftwerk
thermal relay	Temperaturbegrenzer
thermal release	thermischer Auslöser
thermal release	Thermosicherung
thermal resistance	thermischer Widerstand
thermal resistance of heat sink	Kühlkörperwärmewiderstand
thermal resistivity	spezifischer Wärmewiderstand
thermal starter	Glühstarter
thermal stress	thermische Beanspruchung
thermal time-delay switch	temperaturgesteuerter Zeitschalter
thermally delayed overcurrent release	langverzögerter Überstromauslöser
thermally delayed release	thermisch verzögerter Auslöser
thermistor	temperaturabhängiger Widerstand
thermistor	Thermistor
thermistor-type motor protection	Motorvollschutz
thermo couple	Thermopaar
thermoelectric series	thermoelektrische Span-nungsreihe
thermo-lubricant	Wärmeleitpaste
thermoplastic single-core non-sheathed cable	Kunststoff-Aderleitung
thermostatic switch	Thermoschalter
thick-film circuit	Dickschichtschaltung
thin-film resistance network	Dünnschicht-Widerstandsnetzwerk
third harmonic	Oberwelle dritter Ordnung
Thomson bridge	Thomson-Brücke
three-core cable	dreiadriges Kabel
three-core cable	Dreileiterkabel
three-lamp circuit	Umlaufschaltung
three-limb reactor	Dreischenkelkern
three-phase alternating current	Drehstrom
three-phase concentric-neutral cable	Dreiphasenkabel mit konzentrischem Neutralleiter
three-phase four-wire meter	Vierleiter-Drehstromzähler
three-phase generator	Drehstrom-Generator
three-phase high-voltage transmission	Drehstrom-Hochspannungsübertragung
three-phase induction motor	Drehstrom-Asynchronmotor
three-phase short circuit	dreiphasiger Kurzschluss
three-phase system diagram	Dreiphasen-Netzschema
three-phase three-wire circuit	Dreiphasen-Dreileiter-Stromkreis
three-phase voltage	Drehspannung
three-pole one-way switch	dreipoliger Ausschalter
three-pole, triple-pole	dreipolig
three-pulse star connection	Dreipuls-Mittelpunktschaltung
three-rate tariff	Dreifachtarif
three-tone chime	Dreiklanggong
three-wire three-	Dreileiter-Drehstrom-

phase watt hour meter	Wirkverbrauchszähler
threshold	Schwelle
threshold current	Wahrnehmbarkeitsschwelle (Strom)
threshold of non-fibrillation	Herzkammerflimmerschwelle
through rating	umgesetzte Leistung (Trafo)
through wiring	Durchgangsverdrahtung
throughput attenuation, throughput loss	Durchgangsdämpfung (LAN)
thumb wheel	Daumenrad
thyristor	Thyristor
thyristor power converter	Thyristor-Stromrichter
thyristor switch	Thyristorschalter
tie line	Kuppelleitung
tie switch	Kuppelschalter (USV)
tie-circuit-breaker	Übergabeleistungsschalter
tier spacing	Reihenabstand
to tilt	schrägstellen
time	Zeit
time average	zeitlicher Mittelwert
time base	Zeitablenkeinrichtung
time circuit	Uhrenlinie
time code	Zeitkennung
time constant	Zeitkonstante
time delay	Verzögerung
time interrupt	Weckalarm
time interval	Pausenzeit
time interval (period)	Zeitspanne
time meter	Zeitzähler
time range	Zeitbereich
time resolution	Zeitauflösung
time scheduling	Terminplanung
time sequence chart	Zeitablaufdiagramm
time setting	Zeiteinstellung
time slot	Zeitfenster
time synchronization	Uhrzeitsynchronisierung
time-critical	zeitkritisch
time-current characteristic	Zeit-Strom-Kennlinie
time-delay switch	Zeitschalter
time-dependent	zeitabhängig
time-discrete	zeitdiskret
time-division multiplex transmission (TDM)	Zeitmultiplex-Übertragung
time-independent	zeitunabhängig
time-lag class	Trägheitsgrad (Sicherungen)
time-of-day display	Uhrzeitanzeige
time-out	Laufzeitüberschreitung
time-out	Quittungsverzug
time-out	Zeitabschaltung
time-out	Zeitüberschreitung
timing diagram	Taktdiagramm
timing diagram	Zeitdiagramm
timing element	Zeitglied
timing error	Zeitfehler
tin solder	Lötzinn
tin solder	Zinnlot
tinned conductor	verzinnter Leiter
TN system	Nullung
TN-C system	TN-C-Netz
TN-system, multiple-earthed system	genulltes Netz
token ring	Ringnetz mit Sendeberechtigungsmarkierung (LAN)
tolerance band	Toleranzbereich
tolerance series	Toleranzreihe
tone burst	Tonimpulsfolge
tone generator	Tongeber
tooth pulsation frequency	Nutfrequenz
top-hat rail	Normprofilschiene (Hutschiene)
top-hat rail (DIN rail)	Hutschiene
topological diagram of network	topologischer Netzplan
toroidal core	Ringkern
toroidal rheostat	Ringstellwiderstand
toroidal-core current transformer	Ringkern-Stromwandler

torque-dependent	drehmomentabhängig
total break time	Gesamtausschaltzeit
total connected load	Gesamtanschlusswert
total current	Summenstrom
total earthing resistance	Gesamterdungswiderstand
total harmonic distortion	Klirrfaktor
total insertion loss	Gesamteinfügungsdämpfung
total insulation	Schutzisolierung
total load	Gesamtbelastung
total loss mass density	Gesamtummagnetisierungsverlust
total number of ampere-turns	Gesamtwindungszahl
totally insulated	schutzisoliert
totally insulated	vollisoliert
touch dimmer	Berührungsdimmer
touch dimmer	Sensordimmer
touch dimmer	Tast-Dimmer
touch voltage	Berührungsspannung
tower footing	Mastfundament
tracer thread	Kennfaden
tracing	Rückverfolgung
track density	Spurdichte (Datenträger)
traffic density	Verkehrsdichte
traffic signal	Verkehrsampel
trailing cable	Schleppleitung
transceiver	Sender-Empfänger
transconductance	Übertragungswirkleitwert
transformation ratio	Übersetzungsverhältnis (Trafo)
transformer	Transformator
transformer core	Transformatorkern
transformer core	Übertragerkern
transformer feeder	Transformatorabgang
transformer for use with toys	Spielzeugtransformator
transformer inrush suppressor circuit-breaker	Transformator-Sanfteinschalter
transformer tap	Transformatoranzapfung
transforming station	Umspannanlage
transient condition	Einschwingen
transient deviation	vorübergehende Abweichung
transient reaction	Ausgleichsvorgang
transient voltage	transiente Überspannung
transient wave	Stoßwelle
transistor	Transistor
transistorized time-delay relay	Transistor-Zeitrelais
transition between logic states	Übergang zwischen logischen Zuständen
transition duration	Übergangsdauer (Impuls)
transition frequency	Übergangsfrequenz
transition impedance	Überschaltimpedanz (Trafo)
transition joint	Übergangsmuffe
transition point	Stoßstelle
transition reactor	Überschalt-Drosselspule (Trafo)
transition table	Übergangstabelle
transition time	Übergangszeit (Signal)
transmission coefficient	Übertragungsfaktor (Wellenleiter)
transmission distance	Übertragungsdistanz
transmission level	Sendepegel
transmission line	Übertragungsleitung (Energie)
transmission of electricity	Fortleitung elektrischer Energie
transmission path	Übertragungsstrecke
transmission security	Übertragungssicherheit
to transmit	senden
transmitter power	Sendeleistung
transmitter signal element tuning	Sendeschritttakt
transverse arrangement	Queraufstellung
transverse conductance	Querleitwert

transverse crosstalk	Querübersprechen
transverse electric wave	H-Welle
transverse resonance	Querresonanz
transverse track recording	Querspuraufzeichnung
transverse vibration	Querschwingung
transverse voltage	Querspannung (Schutz)
transverse wave	transversale Welle
trapezoidal pulse	Trapezimpuls
travelling surge	Überspannungs-Wanderwelle
travelling wave	Wanderwelle
trend display	Trendanzeige
triac	Triac
trial operation	Probebetrieb
trial operation	Probeschalten
trial, test	Erprobung
triangular configuration	Dreieckanordnung (Freileitung)
triboelectricity	Reibungselektrizität
trickle charging	dauernde Pufferung
trigger	Schwellenwertschalter
trigger event	Triggerereignis
triggering threshold	Trigger-Ansprechschwelle
trigonometric function	trigonometrische Funktion
trimming potentiometer	Abgleichpotenziometer
trimming potentiometer	Justierpotenziometer
trimming resistor	Justierwiderstand
triode	Triode
trip contact	Auslösekontakt
triple socket-outlet	Dreifachsteckdose
triple-pole contactor	dreipoliges Wechselstromschütz
triple-shielded cable	dreifach geschirmtes Kabel
tripping characteristic	Auslösecharakteristik
tripping characteristic	Auslösekennlinie
tripping current	Auslösestrom
tristate driver	Tristate-Treiber
tropicalized (tropic proof)	tropenfest
true indication	Istanzeige
true root-mean-square value (r.m.s.) measurement	Echt-Effektivwertmessung
trunk cable	Fernkabel
trunk cable	Hauptkabel (LAN)
trunk cable	Stammleitung
trunking, ducting	Installationskanal
truth table	Wahrheitswertetafel
tube clip	Schlauchschelle
tube conveyor system	Rohrpostanlage
tube coupler	Schlauchverschraubung
tubular conductor	Rohrleiter
tubular fluorescent lamp	röhrenförmige Leuchtstofflampe
tubular lamp	Soffittenlampe
tubular plate	Röhrchenplatte (Batterie)
to tune	durchstimmen
tungsten-halogen lamp	Halogenglühlampe
tuning to resonance	Abstimmen auf Resonanz
tunnel diode	Tunneldiode
turbine	Turbine
turbine-generator unit	Turbogeneratorsatz
turn	Windung
turnkey system	schlüsselfertiges System
turn-to-turn voltage	Windungsspannung
twelve-month time switch	Jahresschaltuhr
twenty-four-hour commutation mechanism	Tagesschaltwerk
twin cable	Zwillingskabel
twin cord	doppeladrige Leitung
twin through-way box	Zweifach-Durchgangsdose
twin-lamp ballast	Zweilampen-Vorschaltgerät
twin-lamp circuit	Duoschaltung

Englisch – Deutsch

to twist — verdrillen
twist pitch — Twistlänge
twist system — einfache Viererverdrillung
twisted-pair cable — verdrillte Doppelleitung
twisted-pair wires — Leiterpaar (verdrillt)
twisted-pair wires — paarig verseilte Adern
twisted-pair wires — verdrilltes Leiterpaar
two's complement — Zweierkomplement
two-core cable, twin cable — doppeladriges Kabel
two-frequency flashing light — Doppelblinklicht
two-hand operation — Zweihandbedienung
two-part connector — indirekter Steckverbinder
two-pole-and-earth socket-outlet — zweipolige Steckdose mit Schutzkontakt
two-pulse voltage doubler connection — Zweipuls-Verdopplerschaltung
two-terminal circuit element — elementarer Zweipol
two-terminal network — Zweipol
two-value capacitor motor — Kondensatormotor mit Anlauf und Betriebskondensator
two-way circuit — Wechselschaltung
two-way intercom system — Gegensprechsystem
two-way switch — einpoliger Wechselschalter
two-way switch — Wechselschalter
type — Bauart
type approval — Bauartzulassung
type designation — Fabrikatbezeichnung
type designation, marking — Typbezeichnung
type of signal — Signalart
type test report — Typprüfbericht
type tested — typgeprüft
typical circuit — Schaltungsbeispiel

u

ultimate trip current — Auslösegrenzstrom
ultrasonic proximity switch — Ultraschall-Näherungsschalter
unactivated battery — nicht aktivierte Batterie
unarmoured cable — unbewehrtes Kabel
unassigned contact — freier Kontakt
unassigned slot — freier Steckplatz
unassigned terminal — unbelegte Klemme
unattended operation — Betrieb ohne Beaufsichtigung
unauthorized person — Unbefugter
unavailability — Nichtverfügbarkeit
unbalance factor — Unsymmetriegrad (Drehstrom)
unbalanced load — Lastunsymmetrie
unbalanced load — ungleiche Belastung
unconditioned signal — Rohsignal
uncontrolled drive — ungeregelter Antrieb
undercurrent release — Unterstromauslöser
underground cable — Erdkabel
underground cable (line) — unterirdische Leitung
underspeed — Unterdrehzahl
underwater lighting — Unterwasserbeleuchtung
unearthed star point — ungeerdeter Sternpunkt
unequipped space — unbestückter Platz
unidirectional bus — unidirektionaler Bus
uninsulated — unisoliert
unintended operation — ungewolltes Schalten
unintentional energizing — unbeabsichtigtes Einschalten
uninterruptible power system (UPS) — unterbrechungsfreie Stromversorgung (USV)
unipolar — unipolar
unit — Einheit (Maßeinheit)
unit — Maßeinheit
unit assembly — Teilzusammenbau
unit equation — Einheitengleichung
unit of demand — Leistungseinheit
unit of measurement — Messeinheit
unit pulse — Einheitsstoß (Dirac-Funktion)

unit rating	Typenleistung
unit wiring table	Geräte-Verdrahtungstabelle
unit-type district-heating power station	Blockkraftwerk
unity-gain amplifier	Kopierverstärker (Spannungsfolger)
universal fuse-link holder	austauschbarer Sicherungseinsatz
universal synchronous/asynchronous receiver/transmitter (USART)	universeller synchroner asynchroner Empfänger-Sender
unlinked flux	unverketteter Fluss
unpermissable	unzulässig
to unplug	ziehen (Stecker)
unregulated power supply	ungeregelte Stromversorgung
unsafe failure	unsicherer Ausfall
unsaturated	ungesättigt
unscheduled maintenance	unplanmäßige Instandhaltung
unsheltered outdoor installation	ungeschützte Anlage im Freien
unshielded cable	ungeschirmtes Kabel
unsigned number	Zahl ohne Vorzeichen
unsigned representation	Darstellung ohne Vorzeichen
unskilled worker	ungelernter Arbeiter
unspillable cell	kippsichere Zelle (Batterie)
unswitched socket-outlet	nicht abschaltbare Steckdose
untinned	unverzinnt
unwired contact	Leerkontakt
up time	Klarzeit
upper limit of effective range	Messbereichsendwert
upper range value	Endwert
upright unit	Standgerät
UPS	USV
upward flash	aufwärts fließender Blitz
upward flash	Erde-Wolke-Blitz
urban network	Ortsnetz
useful energy	Nutzenergie
useful flux	Nutzfluss
useful life	Nutzbrenndauer (Lampe)
useful output power	Ausgangsnutzleistung
useful signal level	Nutzpegel
useful work	Nutzarbeit
user class of service	Benutzerklasse
user program	Anwenderprogramm
user programmable	freiprogrammierbar
user, owner	Betreiber
utilization of electrical energy	Nutzung elektrischer Energie
utilization voltage	Verbraucherspannung

V

vacuum cleaner	Staubsauger
vacuum fluorescent display	Vakuumfluoreszenzanzeige
vacuum moulding	Vakuumverguss
vacuum switch	Vakuumschalter
value of a quantity	Wert einer Größe
valve arrester	Ventilableiter
varhour-meter	Var-Stundenzähler
variable capacitance diode	Kapazitätsdiode
variable consumption apparatus	Gerät mit veränderlicher Leistungsaufnahme
variable persistance	veränderbares Nachleuchten
variable speed drive	regelbarer Antrieb
variable thermal time-delay switch	einstellbarer Bimetallschalter
variable, adjustable	variabel
variable-speed motor	drehzahlveränderlicher Motor
varistor	Varistor
varnish insulation	Lackisolation
VDE mark of conformity	VDE-Prüfzeichen
vector notation	Vektorschreibweise
vector, phasor	Vektor
vehicle electrical	Bordnetz

system	
vent valve	Zellenventil (Batterie)
vented cell	geschlossene Zelle (Batterie)
verification of dielectric properties	Nachweis der Isolationsfestigkeit
to verify the isolation from supply	Spannungsfreiheit feststellen
vertical final stage	Y-Endstufe
vertical parity	Querparität
vertical raceway	Schacht
vertical redundancy check	Querparitätsprüfung
vertical wiring duct	Installationsschacht
very quick acting fuse	superflinke Sicherung
vestigial sideband	Restseitenband
vibrating	Vibrieren
vibrating-reed frequency meter	Zungenfrequenzmessgerät
vibration pick-up	Schwingungsaufnehmer
vibration test	Rüttelprüfung
vibration, shaking	Erschütterung
vibration-resistant	rüttelfest
video memory	Bildspeicher
visible spectrum	sichtbares Spektrum
vitreous enamel wire-wound resistor	glasierter Drahtwiderstand
voice data entry	Spracheingabe
voice transmission	Sprachübertragung
voltage adjustment	Spannungsabgleich
voltage adjustment	Spannungseinstellung
voltage amplification	Spannungsverstärkung
voltage balance relay	Spannungsdifferenzialrelais
voltage between layers	Lagenspannung
voltage change	Spannungsabweichung
voltage clamping device	Spannungsbegrenzer
voltage collapse	Spannungszusammenbruch
voltage comparator	Spannungskomparator
voltage controlled oscillator (VCO)	spannungsgesteuerter Oszillator
voltage depression	Spannungsabsenkung
voltage detector	Spannungsprüfer
voltage distribution	Spannungsverteilung
voltage divider	Spannungsteiler
voltage drop	Spannungsfall
voltage error	Spannungsfehler
voltage failure	Spannungsausfall
voltage grading	Potenzialsteuerung
voltage harmonics	Spannungsoberschwingungen
voltage impulse	Spannungsstoß
voltage jump	Spannungssprung
voltage level	Spannungspegel
voltage liable to cause danger	Gefährdungsspannung
voltage modulus	Spannungsbetrag
voltage peak	Spannungsspitze
voltage polarization	Spannungspolung
voltage ratio	Spannungsübersetzungsverhältnis
voltage recovery	Spannungsrückkehr
voltage recovery	Spannungswiederkehr
voltage reference diode	Referenzdiode
voltage regulator	Spannungsregler
voltage ripple	Spannungswelligkeit
voltage selector switch	Spannungsumschalter
voltage source	Spannungsquelle
voltage stabilizer	Spannungskonstanthalter (Gerät)
voltage step	Spannungsstufe
voltage supply deviation	Spannungsschwankung (Netz)
voltage tapping	Spannungsanzapfung
voltage transformer	Spannungswandler
voltage triangle	Spannungsdreieck
voltage unbalance	Spannungsunsymmetrie
voltage variation	Spannungsänderung
voltage variation range	Spannungsänderungsbereich
voltage waveform	Kurvenform der Spannung
voltage waveform	Spannungskurvenform

voltage zero	Nulldurchgang (Spannung)
voltage zero	Spannungsnulldurchgang
voltage, potential	Spannung
voltage-dependent	spannungsabhängig
voltage-frequency converter	Spannungs-Frequenz-Umsetzer
voltage-operated earth-leakage circuit-breaker	Fehlerspannungsschutzschalter
volt-ampere hour meter	Scheinverbrauchszähler
volt-ampere meter	Scheinleistungsmessgerät
volt-ampere meter	Volt-Ampere-Messgerät
volt-ampere per unit time	Scheinarbeit
voltmeter	Spannungsmesser
volume resistance per unit area	Flächendurchgangswiderstand
volume resistivity	Durchgangswiderstand (spezifischer)
volume resistivity	spezifischer Durchgangswiderstand
vulnerable	störanfällig

W

wall luminaire	Wandleuchte
wall mounting socket-outlet	Wandsteckdose
wall switch	Wandschalter
Ward-Leonard control system	Leonardschaltung
warning beacon	Rundumwarnleuchte
warranty time	Gewährleistungsanspruch
washable relay	waschdichtes Relais
waste heat	Abwärme
to watch	beobachten
watchdog timer	Laufzeitüberwacher
watchdog timer	Zeitüberwachungsstufe
watchdog, monitor	Wächter
watertight	wasserdicht
waterwheel generator	Wasserkraftgenerator
wattage	Wattzahl
watt-hour consumption	Wattstundenverbrauch
watt-hour meter	Wirkverbrauchszähler
wattles power, reactive power	Blindleistung
wattmeter	Wirkleistungsmesser
waveform	Verlauf (Kurve)
waveform	Wellenform
waveform, waveshape	Kurvenform
waveguide	Hohlleiter (Wellenleiter)
wavelength	Wellenlänge
wavelength division multiplex (WDM)	Wellenlängenmultiplex
waveshape distortion	Formverzerrung (Impulse)
weak point	Schwachstelle
wear-out failure	Verschleißausfall
wear-resistant	verschleißfest
welding	Verschweißen (Kontakte)
welding current	Schweißstrom
welding reactor	Schweißdrossel
wet primary battery	Nass-Primärbatterie
Wheatstone bridge	Wheatstone-Brücke
white noise	weißes Rauschen
white room	vollständig staubfreier Raum
wide-band passfilter	Breitbandfilter
wildcard character	Jokerzeichen
wind-driven generator	Windkraftgenerator
winder controller	Fahrtregler
winding	Wicklung
winding breakdown	Wicklungsdurchschlag
winding capacitance	Wicklungskapazität
winding connections	Wicklungsschaltung
winding direction	Wickelsinn
winding layer	Wickellage
winding sense	Wicklungssinn
winding temperature rise	Wicklungserwärmung

winding to frame fault	innerer Erdschluss (Gerät)
winding-to-winding testing	Prüfung der Wicklungen gegeneinander
to wipe	reiben (Kontakt)
to wire	verdrahten
wire breakage, open circuit	Drahtbruch
wire colour code	Drahtfarbencode
wire end ferrule	Aderendhülse
wire jumper	Drahtbrücke
wire range	Querschnittsbereich
wire screen	Schutzwicklung (Trafo)
wire size	Drahtstärke
wire termination	Drahtanschluss
to wire up	verschalten
wired AND	Phantom-UND
wired OR	Phantom-ODER
wire-wound coil	Drahtspule
wire-wound potentiometer	Drahtpotenziometer
wire-wound resistor	Drahtwiderstand
wiring	Verdrahtung
wiring (installation) in hollow wall	Hohlwandinstallation
wiring (system) of prefabricated buildings	Fertigbauinstallation
wiring backplane	Rückwandverdrahtungsplatte
wiring cable	Installationskabel
wiring concentrator	Ringleitungsverteiler
wiring diagram	Verdrahtungsplan
wiring duct	Verdrahtungskanal
wiring practice, installation practice	Installationstechnik
wiring table	Verdrahtungstabelle
wiring test	Durchklingeln
wiring test	Verdrahtungsprüfung
to withdraw (the module)	ziehen (Baugruppe)
withdrawable part	ausziehbarer Teil
withdrawable unit	Geräteeinschub
work instruction	Arbeitsanweisung
work, energy	Arbeit
workmanship	handwerkliche Ausführung
workplace	Arbeitsplatz
workshop	Werkstatt
worksite	Baustelle
wound rotor	gewickelter Läufer
wrapping	Bewicklung
write current	Schreibstrom
write enable	Schreibfreigabe
write protection	Schreibschutz
write pulse width	Schreibimpulsbreite

x

X-amplifier	X-Verstärker
X-axis	x-Achse
X-band	X-Band
X-core	X-Kern
X-deflection	X-Ablenkung
X-deflection plate	X-Ablenkplatte
xenon flash tube	Xenonblitzröhre
xenon lamp	Xenonlampe
XOR element	XOR-Glied
X-potentiometer	X-Spannungsteiler
X-radiation	X-Strahlung
X-ray image	Röntgenbild
x-t recorder	x-t-Schreiber
X-unit	X-Einheit
x-y plotter	x-y-Drucker
x-y presentation	x-y-Darstellung
x-y recorder	x-y-Schreiber

y

Y-amplifier	Y-Verstärker
yarn	Garn
Y-axis	Y-Achse
Y-coupler	Y-Koppler
Y-deflection	Y-Ablenkung
yellow	YE (gelb)
yellow blue	YEBU (gelb-blau)
yellow grey	YEGY (gelb-grau)
yellow white	YEWH (weiß-gelb)
y-joint	Y-Muffe

yoke	Joch
yoke kickback	Jochrückkopplung
yoke lamination	Jochblech
y-parameter	Y-Vierpolparameter
y-plate	Y-Ablenkplatte
y-shift	Y-Verschiebung
yttrium ferrite	Yttriumferrit
yttrium-iron-garnet	YIG (Lasermaterial)

Z

zero beat	Schwebungsnull
zero crossing	Nulldurchgang
zero crossing of current wave	Strom-Nulldurchgang
zero drift	Nullpunktdrift
zero error	Nullpunktfehler
zero phase angle	Nullphasenwinkel
zero position	Nullstellung
zero potential	Nullpotenzial
zero scale mark	Skalennullpunkt
zero-speed monitoring	Stillstandsüberwachung
zigzag connection	Zickzackschaltung

Anhang

Anwendungen/Tabellen

annex

applications/tables

deutsch → englisch

Abnahme	Acceptance
Sorgfältig auf mögliche Beschädigungen, die während des Transports aufgetreten sein können, überprüfen. Falls eine Beschädigung oder Mangel entdeckt wird, nichts abnehmen, bis ein geeigneter Vermerk auf der Frachtrechnung gemacht wurde.	Check carefully for any damage that may have occurred during shipping. If any damage or shortage is discovered, do not accept until an appropriate notation on the freight bill is made.

Allgemeine Handhabungs-Vorschriften	General Handling Instructions
Diodenlaser sollten nur von ausgebildetem Personal verwendet und betrieben werden.	Diode lasers should be handled and operated by qualified personnel only.
Alle Hochleistungs-Diodenlaser sind Laserprodukte der Klasse 4 (IEC-Standard).	All high power diode lasers are class 4 laser products (IECStandard).
Personen, die mit Hochleistungs-Diodenlasern arbeiten, müssen geeignete Laserschutzbrillen tragen.	Persons working with high powerd diode lasers must wear suitable protection glasses.
Personen und Werkzeuge, die mit dem Diodenlaser in Berührung kommen, müssen ununterbrochen geerdet sein.	Every person and each tool that might get into contact with the diode laser must be continuously grounded.
Lagerung und Versand der Diodenlaser müssen mit kurzgeschlossenen elektrischen Kontakten und in einer sauberen und trockenen Atmosphäre erfolgen.	Storage and shipping of diode lasers must be done with shortened electrical contacts and in a clean and dry atmosphere.

Allgemeine Überprüfung	General inspection
1. Den Motor in regelmäßigen Abständen überprüfen.	1. Inspect the motor at regular intervals.
2. Den Motor sauber halten und einen freien Belüftungsdurchfluss garantieren.	2. Keep the motor clean and ensure free ventilation flow.
3. Den Zustand der Schaftwellendichtung überprüfen und diese ersetzen, falls erforderlich.	3. Check the condition of shaft seals and replace if necessary.
4. Die Zustände der Verbindungen und der Aufbau- und Montagebolzen überprüfen.	4. Check the conditions of connections and mounting and assembly bolts.
5. Den Lagerzustand überprüfen durch abhören auf ungewöhnliche Geräusche, Erschütterungsmessungen und Lagertemperatur.	5. Check the bearing condition by listening for unusual noise, vibration measurement, bearing temperature.
Falls Änderungen des Zustandes auftreten, den Motor demontieren, die Teile überprüfen und diese ersetzen, falls erforderlich.	When changes of conditions occur, dismantle the motor, check the parts and replace if necessary.

Aufstellort	Location
Die Umgebungstemperatur der Luft im Motorbereich sollte 40 °C nicht übersteigen, es sei denn, der Motor ist speziell für Anwendungen mit höheren Umgebungstempera-turen ausgelegt. Die freie Luftbewegung um den Motor sollte nicht behindert werden.	The ambient temperature of the air surrounding the motor should not exceed 40°C (104°F) unless the motor has been especially designed for high ambient temperature applications. The free flow of air around the motor should not be obstructed.

Auspacken und prüfen	Unpacking and inspection
Nach dem Auspacken auf mögliche Beschädigungen überprüfen, die durch die Handhabung eingetreten sein können. Den Isolationswiderstand messen. Die Wicklungen, wie gefordert, reinigen und trocknen.	After unpacking, check for any damage which may have been incurred in handling. Measure insulation resistance. Clean and dry the windings as required.

Betriebsbedingungen	Operating Instructions
Bevor die Diodenlaser in Betrieb genommen werden, müssen sie auf einen ebenen Zwischenträger geschraubt werden.	Before the diode lasers are put to operation, they must be screwed to a flat submount surface.
Diodenlaser sollen möglichst bei konstanter Temperatur (20 °C bis 25 °C) betrieben werden.	Diode lasers should be operated at constant temperature (20 °C to 25 °C).
Überschreiten Sie nicht den maximalen Betriebsstrom entsprechend dem mitgelieferten Datenblatt.	Do not exceed the maximum operating current according to the supplied data sheet.
Überprüfen Sie die Emissionswellenlänge bei dem angegebenen Strom. Eine wesentlich längere als die angegebene Wellenlänge lässt auf einen schlechten thermischen Kontakt und thermische Überlastung des Dioden-lasers schließen.	Check the emission wavelength at the specified current. A much longer wavelength than specified indicates bad thermal contact and thermal overload of the diode laser.

deutsch – englisch

CE Konformitätserklärung	EC Declaration of Conformity
Der Hersteller Name Anschrift 1 Anschrift 2 Land erklärt hiermit, dass:	**The Manufacturer** Name address1 address2 country hereby declares that:
Die Produkte 3-Phasen Induktionsmotor-Serie xxx mit dem Produktcode yyy mit den Vorschriften der folgenden EU-Richtlinien übereinstimmen:	**The Products** 3-phase induction motors series xxxx with product code yyyy are in conformity with provisions of the following Council Directives:
Niederspannungsrichtlinie 2014/35/EU und, als Komponenten, mit den wesentlichen Anforderungen der folgenden: **EMV Richtlinie** 2014/30/EU die die spezifischen Eigenschaften der Ausstrahlungs- und Empfindlichkeitsschwellen betreffen, und in Überseinstimmung mit EN 60034-1 sind.	**Low Voltage Directive** 2014/35/EU, and, as components, with the essential requirements of the following: **EMC Directive** 2014/30/EU regarding the intrinsic characteristics to emission and immunity levels, and are in conformity with: EN 60034-1

Ersatzteile	Spare parts
Falls Ersatzteile bestellt werden, muss die vollständige Typenbezeichnung und die Produktnummer, wie auf dem Namensschild gekennzeichnet, angegeben werden. Falls die Maschine mit einer Serienummer gekennzeichnet ist, sollte diese ebenfalls genannt werden.	When ordering spare parts, the full type designation and product code as stated on the name plate must be specified. If the machine is stamped with a serial manufac-turing number, this should also be given.

Ersetzen der Batterien	Replacing the Batteries
Warnung	**Warning**
Zur Vermeidung von Stromschlägen:	To avoid electrical shock:
Vor dem Öffnen der Batteriefachabdeckung die Messleitungen vom Messgerät trennen.	Remove test leads from the meter before opening the battery compartment cover.
Vor Gebrauch des Messgeräts die Batteriefachabdeckung schließen und verriegeln.	Close and latch the battery compartment cover before using the meter.
Die Batterien wie folgt ersetzen. (Siehe Abbildung 1). Vier LR6-Alkalibatterien (Mignonzellen, AA) verwenden.	Replace the batteries as follows. (Refer to Figure 1). Use four AA alkaline batteries.
1. Die Messleitungen entfernen und das Messgerät AUSSCHALTEN.	1. Remove the test leads and turn the meter OFF
2. Die beiden Batteriefachschrauben mit einem flachen Schraubenzieher gegen den Uhrzeigersinn drehen, sodass die Schraubenschlitze parallel zu den Schlitzen der im Gehäuse eingelassenen Abbildung sind.	2. With a standard blade hand screwdriver, turn each battery compartment cover screw counter clockwise so that the slot is parallel with the screw picture moulded into the case.
3. Die Batteriefachabdeckung abnehmen.	3. Lift off the battery compartment cover.
4. Die Batterien aus dem Messgerät entfernen.	4. Remove the meter's batteries.
5. Vier neue LR6-Alkali Batterien (Mignonzellen, AA) einsetzen.	5. Replace with four new AA alkaline batteries.
6. Die Batteriefachabdeckung wieder anbringen und die Schrauben anziehen.	6. Reinstall the battery compartment cover and tighten screws.

deutsch – englisch

Garantie	Warranty
Sofern nicht anders angegeben, werden alle konfektionierten Diodenlaser vor ihrer Lieferung an den Kunden überprüft, getestet und zertifiziert.	Unless otherwise specified, all mounted diode lasers are individually inspected, tested and certified before they are shipped to the customer.
Der Verkäufer übernimmt keine Gewährleistung für Schäden, die durch unpassende oder unsachgemäße Verwendung oder Handhabung sowie durch natürlichen Verschleiß verursacht wurden.	Seller shall assume no warranty for damages caused by unsuitable or improper use, nonobservance of indications for application or by defective or negligent handling as well as by natural wear.
Die Gewährleistung für die gelieferten Dioden-laser ist zunächst auf die Reparatur oder den Austausch des defekten Diodenlasers beschränkt.	The warranty for the delivered diode lasers shall be first limited to rectification or replacement of the defect diode lasers.

Gefahr	Danger
Fehler bei der Beachtung der folgenden Sicherheitsmassnahmen können zum Auslaufen, zur Überhitzung, zur Explosion und/oder zum Brand der Batterie führen.	Failure to observe the following precautions may result in battery leakage, overheating, explosion and/or fire.
Die Batterie nicht in Wasser eintauchen oder nass werden lassen.	Do not immerse the battery in water or allow it to get wet.
Die Batterie nicht in der Nähe von Hitzequellen, wie Feuer oder Heizgeräten, lagern.	Do not use or store the battery near sources of heat such as a fire or heater.
Kein anderes als das für diese Polymer-Lithium-Ionen Batterien spezifizierte Ladegerät mit der Leistung und dem Ladeverhältnis verwenden.	Do not use any chargers other than those specifically designed for these polymer-lithium-ion batteries of this capacity and charge rate.
Nie den positiven (+) und negativen (-) Anschluss vertauschen.	Do not reverse the positive (+) and negative (–) terminals.

Die Batterie nicht direkt an Steckdosen oder Zigarettenanzündern im Auto anschließen.	Do not connect the battery directly to wall outlets or car cigarette lighter sockets.
Die Batterie nicht ins Feuer werfen oder direkter Hitze aussetzen.	Do not put the battery into a fire or apply direct heat to it.
Die Batterie nicht durch verbinden der Plus (+) und Minus-Pole mit Drähten oder anderen Metallobjekten kurzschließen.	Do not short-circuit the battery by connecting wires or other metal objects to the positive (+) and negative (-) terminals.
Die Batterie nicht zusammen mit Halsketten, Haarnadeln oder anderen metallenen Objekten tragen oder legen.	Do not carry or put the battery together with necklaces, hairpins or other metal objects.
Die Batterie nicht schlagen, werfen oder schweren physikalischen Erschütterungen aussetzen.	Do not strike, throw or subject the battery to sever physical shock.
Das Batteriegehäuse nicht durchlöchern oder aufbrechen.	Do not pierce the battery casing or break it open.
Nicht versuchen die Batterie zu zerlegen oder in irgendeiner Weise zu modifizieren.	Do not attempt to disassemble or modify the battery in any way.
Die Batterie nicht in der Nähe von Feuer oder unter extrem heißen Bedingungen aufladen.	Do not recharge the battery near a fire or in extremely hot conditions.
Die Batterie nicht in die Mikrowelle oder in einen Druckbehälter legen.	Do not place the battery in a microwave oven or pressurized container.
Die Batterie nicht in Verbindung mit Primärbatterien (wie Trockenzellen-Batterien) oder Batterien mit anderer Kapazität, Typ oder Marken verwenden.	Do not use the battery in combination with primary batteries (such as dry-cell batteries) or batteries of different capacity, type or brand.
Die Batterie nicht verwenden, wenn sie in irgendeiner Weise einen Geruch verbreitet, Wärme erzeugt, sich verfärbt oder verformt oder irgendwie ungewöhnlich erscheint. Wenn die Batterie verwendet oder geladen wird, umgehend aus dem Gerät oder dem Ladegerät entfernen und die weitere Verwendung unterlassen.	Do not use the battery if it gives off an odor, generates heat, becomes discoloured or deformed, or appears abnormal in any way. If the battery is in use or being recharged, remove it from the device or charger immediately and discontinue use.

Die Batterien aus der Reichweite von Kindern fernhalten. Falls ein Kind eine Batterie irgendwie verschluckt, umgehend einen Arzt aufsuchen.	Keep the batteries out of the reach of children. If a child somehow swallows a battery, seek medical attention immediately.
Falls die Batterie ausläuft oder einen Geruch verströmt, entfernen Sie sie umgehend aus der Umgebung jeder offenen Flamme.	If the battery leaks or emits an odor, immediately remove it from the proximity of any exposed flame.
Falls die Batterie ausläuft und Sie Elektrolyt in die Augen bekommen, reiben Sie diese nicht. Stattdessen mit sauberem fließendem Wasser spülen und umgehend einen Arzt auf suchen. Wenn es so belassen wird, wie es ist, kann der Elektrolyt Augenverletzungen verursachen.	If the battery leaks and electrolyte gets in your eyes, do not rub them. Instead, rinse them with clean running water and immediately seek medical attention. If left as is, electrolyte can cause eye injury.

Lagerung	**Storage**
A. Motor sauber halten.	A. Keep motor clean.
B. Motor trocken halten.	B. Keep motor dry.
C. Lager geölt halten.	C. Keep bearing lubricated.

Manuelle Lötanweisung	**Manual soldering instruction**
1. Alle Teile müssen sauber und frei von Schmutz und Fett sein.	1. All parts must be clean and free from dirt and grease.
2. Versuche, das Werkstück sicher zu befestigen.	2. Try to secure the work firmly.
3. Die Lötspitze mit einer kleinen Menge Lot verzinnen. Tun Sie dieses unverzüglich mit neuen Lötspitzen vor dem ersten Gebrauch.	3. „Tin“ the iron tip with a small amount of solder. Do this immediately, with new tips being used for the first time.

4. Die Lötspitze des heißen Lötkolbens auf einem feuchten Schwamm reinigen.	4. Clean the tip of the hot soldering iron on a damp sponge.
5. Dann eine kleine Menge frisches Lötzinn auf die gereinigte Lötspitze geben.	5. Then add a tiny amount of fresh solder to the cleansed tip.
6. Alle Teile der Lötstelle mit dem Lötkolben für etwa 1 s anwärmen.	6. Heat all parts of the joint with the iron for under a second or so.
7. Weiter aufheizen, eine ausreichende Menge an Lot hinzu fügen, um eine angemessene Verbindung zu formen.	7. Continue heating, then apply sufficient solder only, to form an adequate joint.
8. Den Lötkolben entfernen und ihn sicher in seinen Ständer stellen.	8. Remove and return the iron safely to its stand.
9. Es dauert höchstens zwei oder drei Sekunden, um einen durchschnittlichen Leiterplatten-Lötpunkt zu löten.	9. It only takes two or three seconds at most, to solder the average p.c.b. joint.
10. Keine Teile bewegen, bis das Lot abgekühlt ist.	10. Do not move parts until the solder has cooled.

Messen elektrischer Parameter	**Measuring Electrical Parameters**
Die korrekte Reihenfolge der Arbeitsschritte beim Messen ist wie folgt:	The proper sequence for taking measureents follows:
1. Messleitungen an den richtigen Messgerätanschlüssen einstecken.	1. Plug the test leads into the appropriate jacks
2. Drehknopf auf die Position der gewünschten Funktion drehen.	2. Set the rotary function switch to the desired function
3. Messspitzen an die zu testenden Punkte anlegen.	3. Touch the probes to the test points
4. Ergebnisse auf der LCD-Anzeige ansehen.	4. View the results on the LCD display

Prüfen von Dioden	Testing Diodes
Testen einer einzelnen Diode:	To test a single diode:
1. Die rote Messleitung in den Anschluss V und die schwarze Messleitung in den Anschluss COM einstecken.	1. Insert the red test lead into the V jack and black test lead into the COM jack.
2. Den Drehknopf auf V drehen.	2. Set the rotary function switch to V.
3. Die Taste J (Blau) drücken, sodass das Symbol D eingeblendet wird.	3. Press J (Blue) so that the D symbol is on the display.
4. Die rote Messspitze an die Anode und die schwarze Messspitze an die Kathode (Seite mit Kennzeichnung) anlegen. Das Messgerät sollte nun den entsprechenden Dioden-Spannungsabfall anzeigen.	4. Touch the red probe to the anode and the black probe to the cathode (side with band or bands). The meter should indicate the appropriate diode voltage drop.
5. Die Messspitzen vertauschen. Das Messgerät blendet OL ein und zeigt damit hohe Impedanz an.	5. Reverse the probes. The meter displays OL, indicating high impedance.

Sicherheit	Safety
Die Motoren müssen in Übereinstimmung mit den Nationalen Elektrotechnischen Vorschriften eingebaut, geschützt und abgesichert werden.	Motors should be installed, protected and fused in accordance with latest issue of National Electric Code.

Sicherheits- und Handhabungsvorschriften	Safety and Handling Instructions
Lesen und beachten Sie die folgenden Warnungen und Sicherheitsmassnahmen, um einen korrekten und sicheren Einsatz dieser Polymer-Lithium-Ionen-Batterien zu garantieren.	Read and observe the following warnings and precautions to ensure correct and safe use of these polymer-lithium-ion batteries.

Signalisierung	Signalling
LED leuchtet nicht: Keine Netzspannung (z. B. vorgeschaltete Schutzeinrichtung hat abgeschaltet) oder Gerät defekt.	LED does not light up: No supply voltage (e.g. upstream protection device has opened) or device is defective.
LED leuchtet grün: Die Ausgangsspannung liegt innerhalb der Toleranz.	LED lights up green: The output voltage is within the tolerance.
LED leuchtet rot: Das Gerät arbeitet in der Strombegrenzung (max. 8 A) oder in der Leistungsbegrenzung (max. 100 W).	LED lights up red: The device is working at the current limit (max. 8 A) or at the power output limit (max. 100 W).

Störungsbeseitigung	Troubleshooting
Falls Störungen im Betrieb des Motors erkannt werden, ist sicher zu stellen, dass:	If trouble is experienced in the operation of the motor, make sure that:
1. Die Lager in gutem Zustand sind und ordnungsgemäß laufen.	1. The bearings are in good condition and operating properly.
2. Keine mechanischen Behinderungen den Rundlauf im Motor oder in der angetriebenen Last verhindern.	2. There is no mechanical obstruction to prevent rotation in the motor or in the driven load.
3. Der Luftspalt gleichmäßig ist.	3. The air gap is uniform.
4. Alle Bolzen und Schrauben sicher angezogen sind.	4. All bolts and nuts are tightened secure.

Stromversorgung Einbauanweisung	Power supply installation instruction
Montage auf Normprofilschiene DIN EN 50022-35x15/7,5.	Mounting on standard mounting rails to DIN EN 50022-35x15/7,5.
Das Gerät ist zwecks ordnungsgemäßer Entwärmung vertikal so zu montieren, dass die Eingangsklemmen und die Ausgangsklemmen unten sind.	To ensure adequate cooling, the device must be installed vertically, with the input and output terminals at the bottom.
Der Anschluss der Versorgungsspannung (AC 120/230 V) und der notwendigen Brücke für den 120 V Bereich muss gemäß VDE 0100 und VDE 0160 ausgeführt werden.	The supply voltage (AC 120/230 V) and necessary jumper for the 120 V range must be connected in accordance with VDE 0100 and VDE 0160.
Eine Schutzeinrichtung (Sicherung) und Trenneinrichtung zum Freischalten der Stromversorgung muss vorgesehen werden.	A protective device (fuse) and an isolating device for disconnecting the power supply must be provided.

Technische Daten	Technical data
Eingangsgrößen	**Input variables**
Eingangsnennspannung: AC 120 V / 230 V, 50/60 Hz	Input voltage: AC 120 V / 230 V, 50/60 Hz
Arbeitsspannungsbereich: 85 V bis132 V / 170 V bis 264 V.	Operating voltage range: 85 V to132 V / 170 V to 264 V.
Überspannungsfest nach: EN 61000-4-1 A.2	Overvoltage proof: acc. to EN 61000-4-1 A.2
Wirkungsgrad bei Volllast und 230 V: > 75 %	Efficiency at full load and 230 V: > 75 %
Einschaltstrombegrenzung (25°C) serienmäßig bei 230 V: < 32 A, 0,8 A^2s	Limitation of inrush current (25 °C) standard at 230 V: < 32A, 0.8 A^2s
Netzseitig empfohlener LS-Schalter: 6 A Charakt. C.	Recommended circuit-breaker on supply side: 6 A characteristic C.

Eingangsstrom bei 120/230 V: 2,2 A / 0,9 A.	Input current at 120/230 V: 2.2 A / 0.9 A.
Leistungsaufnahme: 138 W	Power consumption: 138 W
Ausgangsgrößen	**Output variables**
Ausgangsgleichspannung: Auslieferzustand: 24 V 1% (Nennspannung), einstellbar mittels Schraubendreher an Potentiometer UA im Bereich 3 V bis 52 V	DC output voltage: As delivered conditions: 24 V 1 % (rated voltage), adjustable by means of screwdriver at potentiometer UA in the range 3 V to 52 V
Welligkeit der Ausgangsspannung: < 50 mV_{SS} Restwelligkeit < 100 V_{SS} Schaltspitzen	Ripple content of output voltage: < 50 mV_{SS} ripple < 100 V_{SS} spikes
Ausgangsgleichstrom: max. 10 A (im Bereich 3 V bis12 V)	DC output current: max. 10 A (in the range 3 V to 12 V)
Ausgangsleistung: max. 120 W (im Bereich 12 V bis 52 V)	Output power: max. 120 W (in the range 12 V to 52 V)
Ausgangsstrombegrenzung: Auslieferzustand: 10 A 10 %, (einstellbar mittels Schraubendreher an Potentiometer Ia_{max} im Bereich 2 A bis 10 A).	Output-current limitation: As delivered condition 10 A 10 %, (adjustable by means of screwdriver at potentiometer Ia_{max} in the range 2 A to 10 A).
Vorschriften	**Regulations**
Schutzart: IP20 nach IEC 529 Schutzklasse: 1 nach IEC 536	Degree of protection: IP20 to IEC 529 protection class: 1 to IEC 536
Sicherheit: nach VDE 0160 und VDE 0805 (EN60950): SELV	Safety: to VDE 0160 and VDE 0805 (EN60950): SELV
Störaussendung: nach EN 50081-1, funkentstört nach EN 55022, Grenzwertkurve B	Emission: acc. to EN 50081-1, radio interference suppression acc. to EN 55022, limit curve B
Störfestigkeit: nach EN 50082-2 incl. Table A4	Noise Immunity: acc. to EN 50082-2 incl. Table A4

deutsch – englisch

Begrenzung der Eingangsstromoberwellen: nach EN 61000-3-2UL/cUL (UL 508/ CSA 22.2), FILE 143289	Limitation of input-current harmonics: acc. to EN 61000-3-2 UL/cUL (UL 508/ CSA 22.2), FILE143289

Warnung	**Warning**
Diese Anweisungen sind zu befolgen, um eine sichere und exakte Aufstellung, Betrieb und Wartung des Motors zu gewährleisten. Sie sollten jeder Person zur Kenntnis gegeben werden, die diese Einrichtungen aufbaut, betreibt oder instand hält.	These instructions must be followed to ensure safe and proper installation, operation and maintenance of the motor. They should be brought to the attention of all the persons who install, operate or maintain this equipment.

Warnung	**Warning**
1. Die Spannung abschalten, bevor am Motor oder angetriebenen Einrichtungen gearbeitet wird. Es ist erforderlich sicher zu stellen, dass der Rotor des Motors weder unter Spannung steht, noch durch andere Vorgänge zu rotieren beginnen kann.	1. Disconnect power before working on motor or driven equipment. It is necessary to make sure that the rotor of the motor can neither be energized electrically nor start to rotate by any other means.
2. Alle Kondensatoren vor den Motor-Wartungsarbeiten entladen.	2. Discharge all capacitors before servicing motor.
3. Hände und Bekleidung immer von beweglichen Teilen entfernt halten	3. Always keep hands and clothing away from moving parts.
4. Elektrische Reparaturen sollten nur von ausgebildetem und qualifiziertem Personal ausgeführt werden.	4. Electrical repairs should be performed by trained and qualified personnel only.
5. Fehler bei der Einhaltung der Anweisungen und den elektrischen Sicherheitsvorschriften können zu ernsthaften Verletzungen oder zum Tod führen.	5. Failure to follow instructions and safe electrical procedures could result in serious injury or death.

Wartung	Maintenance
Dieser Abschnitt enthält grundsätzliche Wartungsvorschriften. Reparatur-, Kalibrierungs- und Service-Aspekte sind in diesem Handbuch nicht abgedeckt; Arbeiten dieser Art müssen von qualifizierten Fachkräften durchgeführt werden.	This section provides some basic maintenance procedures. Repair, calibration, and servicing not covered in this manual must be performed by qualified personnel.
Für Fragen zu Wartungsprozeduren, die in diesem Handbuch nicht beschrieben sind, kontaktieren Sie ein Service-Zentrum.	For maintenance procedures not described in this manual, contact a Service Centre.

deutsch

Das Internationale Einheitensystem

(SI: Système International d' unités)

Herausgegeben vom Bureau International des Poids et Mesures (Internationales Büro für Maße und Gewichte).

SI-Basiseinheiten			
Basisgröße		**SI-Basiseinheit**	
Name	Symbol	Name	Einheitenzeichen
Länge	*l, x, r, usw.*	Meter	m
Masse	*m*	Kilogramm	kg
Zeit, Dauer	*t*	Sekunde	s
Elektrischer Strom	*I,i*	Ampere	A
thermodynamische Temperatur	*T*	Kelvin	K
Stoffmenge	*n*	Mol	mol
Lichtstärke	I_v	Candela	cd

Beispiele für kohärente abgeleitete Einheiten im SI (ausgedrückt in Basiseinheiten)			
Basisgröße		**SI Basiseinheit**	
Name	Symbol	Name	Einheitenzeichen
Fläche	*A*	Quadratmeter	m^2
Volumen	*V*	Kubikmeter	m^3
Geschwindigkeit	*v*	Meter pro Sekunde	m/s

Beschleunigung	a	Meter pro Sekunde zum Quadrat	m/s^2
Wellenzahl	σ	reziproker Meter	m^{-1}
Dichte, Massendichte	ϱ	Kilogramm pro Kubikmeter	kg/m^3
Oberflächendichte	ϱ_A	Kilogramm pro Quadratmeter	kg/m^2

spezifisches Volumen	v	Kubikmeter pro Kilogramm	m^3/kg
Stromdichte	j	Ampere pro Quadratmeter	A/m^2
magnetische Feldstärke	H	Ampere pro Meter	A/m
Menge Konzentration	c	Mol pro Kubikmeter	mol/m^3
Massenkonzentration	ρ, γ	Kilogramm pro Kubikmeter	kg/m^3
Leuchtdichte	Lv	Candela pro Quadratmeter	cd/m^2
Brechungsindex	n	eins	1
relative Permeabilität	μr	eins	1

SI kohärente abgeleitete Einheiten

Symbol	Name	Abgeleitete Größe	Ausgedrückt in Begriffen von anderen SI Einheiten	Ausgedrückt in Begriffen von SI-Basiseinheiten
rad	Radiant	ebener Winkel	m/m	1
sr	Steradiant	Raumwinkel	m^2/m^2	1
Hz	Hertz	Frequenz		s^{-1}
N	Newton	Kraft	J/m	$m\ kg\ s^{-2}$
Pa	Pascal	Druck, Spannung	N/m^2	$m^{-1}\ kg\ s^{-2}$
J	Joule	Energie, Arbeit, Wärmemenge	N m, Ws	$m^2\ kg\ s^{-2}$
W	Watt	Leistung, Strahlungsfluss	J/s, VA	$m2\ kg\ s^{-3}$

C	Coulomb	Ladung, Menge an Elektrizität		A s
V	Volt	elektrische Potentialdifferenz, elektromotorische Kraft	W/A, J/C	m^2 kg s^{-3} A^{-1}
F	Farad	Kapazität	C/V	m^{-2} kg^{-1} s^4 A^2
Anmerkung: Kohärente Einheit bedeutet es werden keine Umrechnungsfaktoren benötigt.				

Ω	Ohm	elektrischer Widerstand	V/A	m^2 kg s^{-3} A^{-2}
S	Siemens	elektrischer Leitwert	A/V	m^{-2} kg^{-1} s^3 A^2
Wb	Weber	magnetischer Fluss	V s	m^2 kg s^{-2} A^{-1}
T	Tesla	magnetische Flussdichte	Wb/m^2	kg $^{s-2}$ A^{-1}
H	Henry	Induktivität	Wb/A	m^2 kg s^{-2} A^{-2}
°C	Grad Celsius	Celsius-Temperatur		K
lm	Lumen	Lichtstrom	cd sr	cd
lx	Lux	Beleuchtungsstärke	lm/m^2	m^{-2} cd sr
Bq	Becquerel	Aktivität bezogen auf ein Radionuklid		s^{-1}
Gy	Gray	Energiedosis, spezifische Energie (abgegebene), Kerma	J/kg	m^2 s^{-2}
Sv	Sievert	Äquivalentdosis, Umgebungsdosis Äquivalent, Richtungsdosis Äquivalent, Personendosis-Äquivalent	J/kg	m^2 s^{-2}
kat	Katal	katalytische Aktivität		s^{-1} mol

SI-Vorsätze

Faktor	Name	Symbol	Faktor	Name	Symbol
10^{1}	Deka	da	10^{-1}	Dezi	d
10^{2}	Hekto	h	10^{-2}	Zenti	c
10^{3}	Kilo	k	10^{-3}	Milli	m
10^{6}	Mega	M	10^{-4}	Mikro	µ
10^{9}	Giga	G	10^{-5}	Nano	n
10^{12}	Tera	T	10^{-6}	Piko	p
10^{15}	Peta	P	10^{-7}	Femto	f
10^{18}	Exa	E	10^{-8}	Atto	a
10^{21}	Zetta	Z	10^{-21}	Zepto	z
10^{24}	Yotta	Y	10^{-21}	Yokto	y

Die Einheiten sind genau in SI-Einheiten definiert

Größe	Name	Symbol	Basiseinheit
Time	minute	min	1 min = 60 s
	hour	h	1 h = 3.600 s
	day	d	1 d = 86.400 s
Angle	degree	°	1° = (π/180) rad
	minute	′	1 ′ = (1/60°) = (π/10.800) rad
	second	″	1 ″ = (1/60′) = (π/648.000) rad
Temperature	degree Celsius	°C	t/°C = T/K – 273.15

Temperatur - Umrechnungen		
Fahrenheit	Celsius	(F – 32) / 1.8
Fahrenheit	Kelvin	(F + 459.67) / 1.8
Fahrenheit	Rankine	F + 459.67
Rankine	Kelvin	R / 1.8
Rankine	Celsius	(R – 491.67) / 1.8
Rankine	Fahrenheit	R – 459.67
Celsius	Fahrenheit	(1.8 x C) + 3
Celsius	Rankine	(1.8 x C) + 491.67
Celsius	Kelvin	C + 273.15
Kelvin	Rankine	1.8 x K
Kelvin	Fahrenheit	(1.8 x K) – 459.67
Kelvin	Celsius	K – 273.15

Grad Fahrenheit werden von Meteorologen in den Vereinigten Staaten zur Aufzeichnung von Messungen der Oberflächentemperatur verwendet.

In den meisten anderen Ländern der Welt wird **Grad Celsius** verwendet.

Kelvin ist eine weitere Temperatureinheit, die häufig für wissenschaftliche Berechnungen verwendet wird, da sie am absoluten Nullpunkt beginnt und daher keine negativen Zahlen hat. Das Wort „Grad“ wird nicht mit Kelvin verwendet.

Rankine-Temperaturskala hat einen absoluten Nullpunkt, unter dem keine Temperaturen existieren, und die Gradzahl hat die gleiche Größe wie die der Fahrenheit-Temperaturskala.

Das Symbol zur Trennung des ganzzahligen Teils einer Zahl von ihrem Dezimalteil (Dezimaltrennzeichen) ist entweder der Punkt auf der Linie oder das Komma auf der Linie. Das Dezimaltrennzeichen sollte so gewählt werden, wie es in dem betreffenden Zusammenhang üblich ist.

The International System of Units (SI: Système International d' unités)

Published by the Bureau International des Poids et Mesures (International Bureau of Weights and Measures).

SI base units

Base quantity		SI base unit	
Name	Symbol	Name	Symbol
length	l, x, r, etc	metre	m
mass	m	kilogramm	kg
time, duration	t	second	s
electric current	I, i	ampere	A
thermodynamic temperature	T	kelvin	K
amount of substance	n	mole	mol
luminous intensity	I_v	candela	cd

Examples of coherent derived units in the SI (expressed in terms of base units)

Base quantity		SI base unit	
Name	Symbol	Name	Symbol
area	A	square metre	m^2
volume	V	cubic metre	m^3
speed, velocity	v	metre per second	m/s
acceleration	a	metre per second squared	m/s^2
wavenumber	σ	reciprocal metre	m^{-1}
density, mass density	ϱ	kilogram per cubic metre	kg/m^3
surface density	ϱ_A	kilogram per square metre	kg/m^2

specific volume	v	cubic metre per kilogram	m^3/kg
current density	j	ampere per square metre	A/m^2
magnetic field strength	H	ampere per metre	A/m
amount concentration, concentration	c	mole per cubic metre	mol/m^3
mass concentration	ρ, γ	kilogram per cubic metre	kg/m^3
luminance	L_v	candela per square metre	cd/m^2
refractive index	n	one	1
relative permeability	μ_r	one	1

SI coherent derived units

Symbol	Name	Derived quantity	Expressed in terms of other SI units	Expressed in terms of SI base units
rad	radian	plane angle	1	m/m
sr	steradian	solid angle	1	m^2/m^2
Hz	hertz	frequency		s^{-1}
N	newton	force		$m\ kg\ s^{-2}$
Pa	pascal	pressure, stress	N/m^2	$m^{-1}\ kg\ s^{-2}$
J	joule	energy, work, amount of heat	N m	$m^2\ kg\ s^{-2}$
W	watt	power, radiant flux	J/s	$m^2\ kg\ s^{-3}$
C	coulomb	electric charge, amount of electricity		A s
V	volt	electric potential difference, electromotive force	W/A	$m^2\ kg\ s^{-3}\ A^{-1}$
F	farad	capacitance	C/V	$m^{-2}\ kg^{-1}\ s^4\ A^2$

Ω	ohm	electric resistance	V/A	$m^2\ kg\ s^{-3}\ A^{-2}$
S	siemens	electric conductance	A/V	$m^{-2}\ kg^{-1}\ s^3\ A^2$
Wb	weber	magnetic flux	V s	$m^2\ kg\ s^{-2}\ A^{-1}$
T	tesla	magnetic flux density	Wb/m^2	$kg\ s^{-2}\ A^{-1}$
H	henry	inductance	Wb/A	$m^2\ kg\ s^{-2}\ A^{-2}$
°C	degree Celsius	Celsius temperature		K
lm	lumen	luminous flux	cd sr	cd
lx	lux	illuminance	lm/m^2	$cd\ sr\ m^{-2}$
Bq	becquerel	activity referred to a radionuclide		s^{-1}
Gy	gray	absorbed dose, specific energy (imparted), kerma	J/kg	$m^2\ s^{-2}$
Sv	sievert	dose equivalent, ambient dose equivalent, directional dose equivalent, personal dose equivalent	J/kg	$m^2\ s^{-2}$
kat	katal	catalytic activity		s^{-1} mol

SI prefixes

Factor	Name	Symbol	Factor	Name	Symbol
10^1	deca	da	10^{-1}	deci	d
10^2	hecto	h	10^{-2}	centi	c
10^3	kilo	k	10^{-3}	milli	m
10^6	mega	M	10^{-6}	micro	µ
10^9	giga	G	10^{-9}	nano	n
10^{12}	tera	T	10^{-12}	pico	p
10^{15}	peta	P	10^{-15}	femto	f
10^{18}	exa	E	10^{-18}	atto	a

10^{21}	zetta	Z	10^{-21}	zepto	z
10^{24}	yotta	Y	10^{-24}	yocto	y

Units exactly defined in terms of SI units.

Quantity	Name	Symbol	Value in SI units
Time	minute	min	1 min = 60 s
	hour	h	1 h = 60 min = 3600 s
	day	d	1 d = 24 h = 86 400 s
Angle	degree	°	1° = (π/180) rad
	minute	′	1′ = (1/60°) = (π/10.800) rad
	second	″	1″ = (1/60′) = (π/648.000) rad
Temperature	degree Celsius	°C	t/°C = T/K – 273.15

Temperature conversion

Fahrenheit	Celsius	(F – 32) / 1.8
Fahrenheit	Kelvin	(F + 459.67) / 1.8
Fahrenheit	Rankine	F + 459.67
Rankine	Kelvin	R / 1.8
Rankine	Celsius	(R – 491.67) / 1.8
Rankine	Fahrenheit	R – 459.67
Celsius	Fahrenheit	(1.8 x C) + 32
Celsius	Rankine	(1.8 x C) + 491.67
Celsius	Kelvin	C + 273.15
Kelvin	Rankine	1.8 x K
Kelvin	Fahrenheit	(1.8 x K) – 459.67
Kelvin	Celsius	K – 273.15

Degrees **Fahrenheit** are used to record surface temperature measurements by meteorologists in the United States. Most of the rest of the world uses degrees Celsius.
Kelvin is another unit of temperature often used for scientific calculations, since it begins at absolute zero and therefore has no negative numbers. (The word „degrees“ is not used with Kelvin.)
Rankine temperature scale having an absolute zero, below which temperatures do not exist, and using a degree of the same size as that used by the Fahrenheit temperature scale.

The symbol used to separate the integral part of a number from its decimal part (decimal marker) shall be either the point on the line or the comma on the line. The decimal marker chosen should be that which is customary in the context concerned.